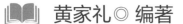 黄家礼◎ 编著

线条的流动
是几何史的律动

THE FLOW OF LINES
IS THE RHYTHM
OF GEOMETRIC HISTORY

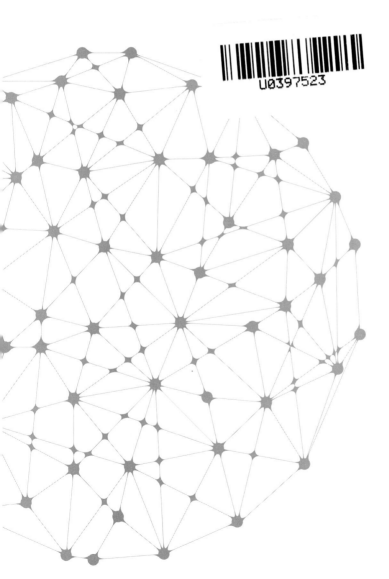

几何明珠

第四版

 上海教育出版社
SHANGHAI EDUCATIONAL
PUBLISHING HOUSE

图书在版编目（CIP）数据

几何明珠 / 黄家礼编著. —4版. — 上海：上海教育
出版社，2024.6
ISBN 978-7-5720-2685-0

Ⅰ.①几… Ⅱ.①黄… Ⅲ.①平面几何 – 普及读物
Ⅳ.①O123.1-49

中国国家版本馆CIP数据核字(2024)第110242号

策划编辑　陈月姣
责任编辑　杨花花　陈江徽　陈月姣
封面设计　馨　妍

几何明珠
黄家礼　编著

出版发行　上海教育出版社有限公司
官　　网　www.seph.com.cn
地　　址　上海市闵行区号景路159弄C座
邮　　编　201101
印　　刷　上海普顺印刷包装有限公司
开　　本　700×1000　1/16　印张 22.5
字　　数　403 千字
版　　次　2024年6月第1版
印　　次　2025年3月第3次印刷
书　　号　ISBN 978-7-5720-2685-0/G·2365
定　　价　68.00 元

如发现质量问题，读者可向本社调换　电话：021-64373213

序

　　自《周髀算经》《九章算术》《墨经》及《几何原本》问世以来，历经数千年的风霜雨雪，几何学形成了宏大、严谨的逻辑体系，支系繁多、变幻莫测的几何大千世界，占据着数学王国的半壁河山.

　　在几何学发展的历史长河中，自不乏洪涛大浪，激流险滩，然而也曾溅起无数朵晶莹的浪花，像颗颗明珠，闪烁着真理的光辉，把几何学点缀得更加美妙，更加富于情趣.

　　由于种种原因，我们"正规"的几何教学没有能够给学生接触这些内容创造必要的机会，致使青少年在这些宝贵的数学遗产面前，显得那样贫乏、陌生，更无法汲取这些几何明珠发现过程中的思维经验和难得的启示.

　　欣喜的是我们有远见的数学家和数学普及工作者为了弥补这一缺陷，为青少年和数学爱好者撰写了大批趣味数学、数学游戏和普及读物，涉及有关内容的如《数学万花镜》《趣味几何学》《100个著名的初等数学问题》《数海钩沉》《几何学的新探索》《几何的有名定理》，但这些书籍有的是一鳞半爪，难窥全豹；有的仅是简略介绍，缺乏"数学味"；有的则是用复数、变换等"统一"处理方法，既失去了这些"明珠"发现的历史本来面目，又难于为只熟悉"综合几何"方法的广大青少年所接受. 而我们面前的这本《几何明珠》正好弥补了这种"不足"，它既注意了选材的丰富和叙述的生动，又不失数学的严谨性；既不脱离课本，又不局限于课本；既开阔视野，又锻炼思维；既可作为正课学习的参考书，让读者从中汲取对"双基"的启迪，又提供了深入探索研究的素材. 当然，如果本书若能注意更多一点收集我国古今几何方面发现的珍品，将会更加全面、丰富.

本书作者知识渊博，思想活跃，文笔简练清新．特别难能可贵的是他运用波利亚倡导的类比、归纳、推广、检验等一套合情推理的方法，按照几何明珠发现的本来历史过程在现行几何课本中寻找它们的"近亲"，然后再"推广"下去，使我们在阅读时总有似曾相识的感触，甚至不禁要问自己：为什么我在学到这里时没有发现它呢？面对一个又一个思路别致、风格迥异的证明，我们自然会问自己：我能找出一个新证法吗？归纳、类比、实验、观察、推广、猜测是攻克数学难关、发现数学真理的有力武器．几何学的奥妙及所研究的课题是无穷无尽的，我们几何课本中许多内容的深处都埋藏着璀璨的明珠，善读者、乐思者必会有所发现．本书正好为我们提供了乐思善读的丰富经验和模仿练习的众多良机．

杨之

1988 年夏于天津市宝坻

本书初版于 1997 年, 关于这本书的一些往事, 历历在目.

1987 年, 是我参加工作后的第 7 年, 这一年我获得在武汉脱产学习两年的机会. 其间, 我对自己在各报刊发表的文章作了一个整理, 进而有想出一本集子的冲动, 这个想法得到《中学数学》杂志主编汪江松教授的支持, 于是开始动笔. 我在学员宿舍角落摆上一张小课桌, 再安装一个小台灯, 这本书的初稿就是在这个小空间完成. 每晚基本都是 12 点过后上床睡觉. 书稿完成后, 出版事宜由汪江松教授全程帮忙完成. 我要特别感谢我在武汉的几位室友对我的包容和支持! 第一版后被推荐参加科研成果评选, 竟获湖北省优秀著作一等奖.

1999 年 10 月, 九章出版社孙文先先生曾致信称赞:《几何明珠》内容精湛, 体系完整, 妙趣横生, 是不可多得的中学数学课外读物, 希望出版繁体字版本, 并在使用繁体字的华文地区推广.

这就有了 2000 年出版的《几何明珠 (第二版)》, 出版后, 孙先生给我寄了一大包样书. 2002 年我调上海后, 为满足一些新朋友的需要, 又厚着脸皮, 找孙先生讨要了第二批样书. 同时孙先生还告诉我, 台北市一所很好的中学一直把它作为教材使用. 我现在手头的繁体版是第 4 次印刷本.

关于《几何明珠 (第二版)》, 要特别感谢科学出版社的张鸿林先生. 张先生学养深厚, 著译等身, 是学术大咖. 当时他已从编辑岗位退休, 本书繁体字编辑排版是在大陆完成的, 负责人就是张鸿林先生. 张老师极其认真, 对第一版中的疏忽一一订正, 不放过一个标点. 张老师告诉我, 为了核准书中的近 200 位外国数学家译名,他跑遍了北京(包括高校)各大图书馆.张先生的科学严谨给我留下深刻印象,成为我学习的楷模!

该书第一版曾是北京海淀图书城数学书店的一本畅销书.之所以能在台湾出版,也是这个原因.海淀图书城的数学书店就是孙文先先生开的.据说当时他女儿在北大念书,顺便开了这家店.

《几何明珠(第三版)》于2014年由国家行政学院出版社出版.《几何明珠(第四版)》在第三版的基础上作了进一步的优化,充实了一些最新研究成果.从第一版24章到现在的30章,配套的习题也更加丰富.同时,作者还将在创办的微信平台"兰乔教育"(shlqjy2020)开辟《几何明珠》读者专栏,提供书中有关问题的详细解答,与读者互动,就有关问题继续探讨.

几何,曾让一些人恐惧,也让一些人痴迷.柏拉图在《理想国》中借苏格拉底之口说,几何学是能把人的灵魂引向真理从而认识永恒事物的学问.几千年来,人类从没停止对它的探索与欣赏.几何的魅力,几何在人类理性思维培养中的价值,以及它所蕴含的简洁美、和谐美、对称美、奇异美、抽象美……那么神奇、迷人,令人神往,使人陶醉.

感谢上海教育出版社,感谢编辑为《几何明珠》第四版所付出的辛勤劳动!对部分瑕疵的订正和进一步的完善!让拙作能有机会以一种全新的面貌再次与大家见面!感谢上海市教育委员会教学研究室黄华老师、华东师范大学刘祖希等领导和专家的肯定及为本书所写的推荐语,让我备受鼓舞!

限于水平,难免仍有败笔甚至错误,敬请各位批评指正!

黄家礼

2024年2月于上海

目录

第10章 三角形的五心/125

第11章 欧拉线/147

第12章 欧拉定理/153

第13章 圆幂定理/161

第14章 婆罗摩笈多定理/171

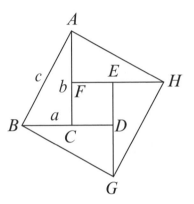

第1章

勾股定理

真理照亮了世界，
它的存在是永恒的.
从遥远的往日直到今天，
冠着毕达哥拉斯名字的定理
真善与美丝毫未见逊色.

——莎弥苏

§1.1 定理及简史

勾股定理 直角三角形的两条直角边的平方和等于斜边的平方.

若设 a、b、c 为直角三角形的三边,c 为斜边,则

$$a^2 + b^2 = c^2.$$

我国古代称直角三角形为勾股形,并且直角边中较小者为勾,另一直角边为股,斜边为弦,所以我国称这个定理为勾股定理. 也有人称商高定理.

北京大学张顺燕教授在《数学的源与流》(图 1-1)这本书中说,勾股定理是初等几何中最精彩、最著名、最有用的定理. 它的重要意义表现在:

图 1-1

1. 它的证明是论证几何的发端.

2. 它是历史上第一个把数与形联系起来的定理,即它是第一个把几何与代数联系起来的定理.

3. 它导致了无理数的发现,引起第一次数学危机,大大加深了人们对数的理解.

4. 勾股定理是历史上第一个给出了完全解答的不定方程,它引出了费马大定理.

5. 它是欧氏几何的基础定理,并有巨大的实用价值.

图 1-2

这条定理不仅在几何学中是一颗光彩夺目的明珠,被誉为"几何学的基石",而且在高等数学和其他科学领域也有着广泛的应用. 1971 年 5 月 15 日,尼加拉瓜发行了一套题为"改变世界面貌的十个数学公式"的邮票(图 1-2),这十个数学公式是由著名数学家选出的,勾股定理位于其中之首.

今天世界上许多科学家都在试探寻找与其他星球"人"交流的"语言",我国著名数学家华罗庚曾建议,发射勾股定理的图形,如果宇宙"人"也拥有文明的话,他们应该能识别这种"语言". 可见勾股定理的重要意义.

勾股定理从被发现至今已有 5000 多年的历史,5000 多年来,世界上几个文明古国都相继发现和研究过这个定理. 古埃及人在建造金字塔和测量尼罗河泛滥后的土地时,就应用过勾股定理. 我国也是最早了解勾股定理的国家之一,在 4000 多

年前,我国人民就应用了这一定理,据我国一部古老的算书《周髀算经》(约西汉时代,公元前100多年的作品)记载,商高(约公元前1120年)答周公曰:"勾广三,股修四,径隅五".这句话的意思就是:在直角三角形中,若勾长为3,股长为4,则弦长一定为5.这就是人们常说的"勾三,股四,弦五",这当然是勾股定理的特殊情形.但这本书中同时还记载有另一位中国学者陈子(公元前7世纪—前6世纪)与荣方在讨论测量问题时说的一段话:"若求邪(斜)至日者,以日下为勾,日高为股,勾股各自乘,并而开方除之,得邪至日"(图1-3).

即 邪至日 = $\sqrt{勾^2 + 股^2}$.

图 1-3

图 1-4

这里给出的是任意直角三角形三边间的关系.因此,也有人主张把勾股定理称为"陈子定理".20世纪50年代初曾展开关于这个定理命名问题的讨论.当时确定的标准是:定理的发现者为谁,应该满足两个条件,一是应该把这个数理关系推衍到普遍化;二是必须"证明"了这一普遍定理.由于当时对商高和陈子是否具备上述两个条件难以作出确切判断,故数学史家钱宝琮(1892—1974)(图1-4)等主张,称其为"勾股定理".

2000多年前,由于古希腊的毕达哥拉斯(Pythagoras,前580至前570之间—约前500)学派也发现了这条定理,所以希腊人把它叫毕达哥拉斯定理.相传当时的毕达哥拉斯学派发现,若 m 为大于1的奇数,则 m、$\dfrac{m^2-1}{2}$、$\dfrac{m^2+1}{2}$ 便是一个可构成直角三角形三边的三元数组.果真如此,可见这个学派当时是通晓勾股定理的.但这一学派内部有一规定,就是把一切发明都归功于学派的头领,而且常常秘而不宣.据传说,发现这个定理的时候,他们还杀了100头牛酬谢供奉神灵,表示庆贺.因此,这个定理也叫"百牛定理".至于毕达哥拉斯学派是否证明了这一定理,数学史界有两种不同的观点,一种意见认为证明过,理由如前所述;另一种意见则认为证明勾股定理要用到相似形理论,而当时毕达哥拉斯学派没有建立完整的相似理论,因此他们没有证明这一定理.

　　人类对勾股定理的认识经历了一个从特殊到一般的过程,而且在世界上很多地区的现存文献中都有记载,所以很难区分这个定理是谁最先发现的.国外一般认为这个定理是毕达哥拉斯学派首先发现的,因此,国外称它为毕达哥拉斯定理.历史文献确凿地证明,商高知道特殊情况下的勾股定理比毕达哥拉斯学派至少要早五六个世纪,而陈子掌握普遍性的勾股定理的时间要比毕达哥拉斯早一二百年,这就是我们把它称为"勾股定理""商高定理"或"陈子定理"的理由.

§1.2　定理的证明

　　几千年来,人们给出了勾股定理的各种不同的证明,有人统计,现在世界上已找到它的证明方法有 400 多种.仅 1940 年,由鲁姆斯搜集整理的《毕达哥拉斯定理》一书就给出了约 370 种不同的证明.

　　我们的祖先对勾股定理作过深入研究.公元 3 世纪三国时期数学家赵爽(字君卿,生平不详)在对《周髀算经》作注时给出一张"弦图"(图 1-5),并附"勾股圆方图说"一段文字:"勾股各自乘,并之为弦实,开方除之即弦.案:弦图,又可以勾股相乘为朱实二,倍之为朱实四,以勾股之差相乘之为中黄实,加差实,亦成弦实."这里第一句话是对勾股定理的一般陈述,"案"以下的文字是对"弦图"构造的解说,也是对勾股定理的一个完整的证明.

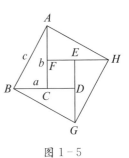

图 1-5

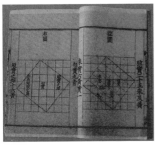

《周髀算经》(宋刻本)弦图
上海图书馆藏

图 1-6

　　赵爽的"弦图"已失传,现在能看到的采自上海图书馆宋刻的《周髀算经》(图 1-6).对于赵爽的"弦图"及文字,钱宝琮先生解释为:"实"指面积,把图中(△ABC 等)四个直角三角形涂上朱色,其面积叫作"朱实",中间的正方形(正方形 CDEF)涂上黄色,其面积叫作"中黄实".于是上文用算式表示就是

$$ab=2S_{\triangle ABC} \qquad\qquad （勾股相乘为朱实二）$$

$$2ab=4S_{\triangle ABC} \qquad\qquad （倍之为朱实四）$$

$$(b-a)^2=S_{CDEF} \qquad\qquad （勾股之差相乘之为中黄实）$$

$$2ab+(b-a)^2=c^2(=S_{ABGH}) \quad （加差实,亦成弦实）$$

即

$$a^2+b^2=c^2.$$

图 1-7

李文林先生则运用面积出入相补法对"弦图"进行解读,他认为,钱先生的解释:从"$2ab+(b-a)^2=c^2$ 化简为 $a^2+b^2=c^2$",这种代数运算,在当时还没有基础. 根据吴文俊先生"古证复原"原则,"面积出入相补法"的解释可能更接近事实.

"弦图"作为我国古代数学成就的代表得到公认,并把它作为 2002 年 8 月在北京召开的国际数学家大会会徽(图 1-7).

赵爽的"弦图"开了"面积出入相补证法"的先河,至今还被采用. 还有三国时期刘徽,清代的梅文鼎、李锐、华蘅芳等,创造了许多不同的面积证法,据说不下 200 种,下面将他们研究的图形录绘若干幅,如图 1-8,从中我们可领会他们研究的神妙.

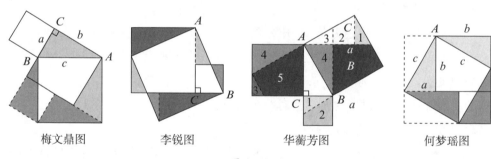

梅文鼎图　　　　李锐图　　　　华蘅芳图　　　　何梦瑶图

图 1-8

现存勾股定理最早的证明出自欧几里得(Euclid,约公元前 330—前 275)的《几何原本》命题 47. 他把勾股定理换成了另一种形式:"直角三角形斜边上的正方形面积等于两直角边上的正方形面积之和". 如图 1-9,其证法是:

先证 $\triangle ABD \cong \triangle FBC$. $S_{矩形BDLM}=2S_{\triangle ABD}$,$S_{正方形ABFG}=2S_{\triangle FBC}$.

从而 $S_{矩形BDLM}=S_{正方形ABFG}$.

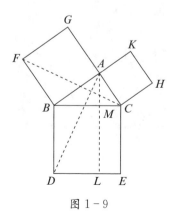

图 1-9

同理 $S_{矩形CELM} = S_{正方形ACHK}$.

上述两式相加即得 $S_{正方形BCED} = S_{正方形ABFG} + S_{正方形ACHK}$.

但上述证法不是最简的,最简的证法是利用相似三角形的理论证明.

如图 1-10,作 Rt$\triangle ABC$ 斜边 AB 上的高 CD,则$\triangle ABC \backsim \triangle ACD \backsim \triangle CBD$,有 $a^2 = qc, b^2 = pc$.

所以 $a^2 + b^2 = qc + pc = (q+p)c = c^2$.

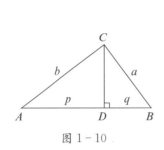

图 1-10

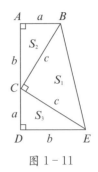

图 1-11

值得一提的是在多达 400 多种的证法之中,居然有两种证法:一个出自美国第二十任总统加菲尔德(Garfield,1831—1881)之手;另一个是由身为国王的印度数学家婆什迦罗(Bhaskara,1114—1185)给出.

1876 年 4 月,加菲尔德在波士顿周刊《新英格兰教育杂志》上发表了勾股定理的一个别开生面的证法. 1881 年他当选为总统,于是他的证明也就成为人们津津乐道的一段轶事.

加菲尔德的证法确实十分干净利落. 如图 1-11,在 Rt$\triangle ABC$ 的斜边 BC 上作等腰直角三角形 BCE,过点 E 作 $ED \perp AC$,垂足为 D,则有$\triangle ABC \cong \triangle DCE$.

设梯形 $ABED$ 面积为 S,则 $S = \dfrac{1}{2}(a+b)^2 = \dfrac{1}{2}(a^2 + 2ab + b^2)$.

又 $S = S_1 + S_2 + S_3 = \dfrac{1}{2}c^2 + \dfrac{1}{2}ab + \dfrac{1}{2}ab = \dfrac{1}{2}(c^2 + 2ab)$.

两式比较即得 $a^2 + b^2 = c^2$.

婆什迦罗的证明也很奇妙:

如图 1-12(a)是由四个直角三角形和一个正方形构成的一个边长为 c 的大正方形,因而其面积为 c^2,中间的小正方形的边长是 $b-a$. 把(a)中的四个直角三角形拼成两个长方形,再与小正方形拼在一起,得到图(b),在该图中引一铅垂虚线,标上各边的长,适当简化后恰好成为图(c)所示的由边长分别为 a、b 的两个正方形组成. 因此有 $c^2 = a^2 + b^2$,勾股定理得证.

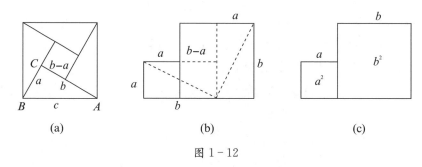

图 1-12

我国著名数学家、教育家傅种孙(1898—1962),曾任北京师范大学校长.利用一幅"地锦图"(图1-13)证明勾股定理,被称为"铺地锦法":将弦方移至任意位置,弦方中的若干小块都可以凑成勾方和股方,其妙无穷!

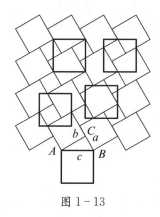

图 1-13

至今,还不断有勾股定理新的证法出现.下面选举两种证法:

证法 1 (见美国《数学教师》1990 年第四期)如图 1-14,以 B 为圆心、BA 为半径作圆,交 BC 所在直线于 D、E 两点,交 AC 延长线于点 F,则有 $FC=CA=b$,$BD=BA=BE=c$,$CD=c-a$,$CE=c+a$.

由相交弦定理,得 $b \cdot b=(c+a)(c-a)$,即 $a^2+b^2=c^2$.

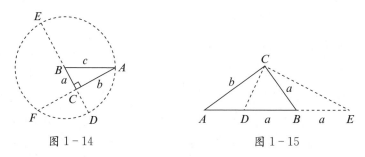

图 1-14   图 1-15

证法 2 (张劲松,2009 年《数学通报》第 4 期)如图 1-15,在 AB 上截取 $BD=a$,延长 AB 至 E,使得 $BE=a$,并连接 CD、CE,则 $\angle DCE=90°$,得 $\angle ACD=$

$\angle BCE = \angle BEC$.

由此，$\triangle ACD \backsim \triangle AEC$，故 $\dfrac{b}{c-a} = \dfrac{c+a}{b}$，即 $a^2 + b^2 = c^2$.

勾股定理的逆命题成立，而且应用也很广泛.

勾股定理的逆定理 在 $\triangle ABC$ 中，若 $AC^2 + BC^2 = AB^2$，则 $\angle C$ 为直角.

证明 如图 1-16，过点 C 作 AB 的垂线，垂足为 D.

在 $\mathrm{Rt}\triangle ADC$ 与 $\mathrm{Rt}\triangle CDB$ 中，由勾股定理有 $AC^2 = CD^2 + AD^2$，$BC^2 = CD^2 + BD^2$.

所以 $AC^2 + BC^2 = 2CD^2 + AD^2 + BD^2$.

已知 $AC^2 + BC^2 = AB^2$，

所以 $AB^2 = (AD + DB)^2 = 2CD^2 + AD^2 + BD^2$.

故得 $CD^2 = AD \cdot BD$，即 $\dfrac{BD}{CD} = \dfrac{CD}{AD}$.

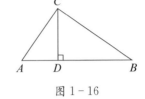

图 1-16

所以 $\mathrm{Rt}\triangle BCD \backsim \mathrm{Rt}\triangle CAD$，即 $\angle BCD = \angle CAD$.

所以 $\angle BCA = \angle BCD + \angle DCA = \angle CAD + \angle ACD = 90°$.

即 $\triangle ABC$ 的 $\angle C$ 为直角.

§1.3 定理的变形与推广

1. 定理的变形

若 a、b、c 为直角三角形的三边，c 为斜边，则

(1) $a^2 = c^2 - b^2$.

(2) $c^2 = (a+b)^2 - 2ab$.

(3) $2ab = (a+b+c)(a+b-c)$ 或 $\dfrac{1}{2}ab = p(p-c)$.

(4) $2ab = (b+c-a)(a+c-b)$ 或 $\dfrac{1}{2}ab = (p-a)(p-b)$.

其中 $p = \dfrac{1}{2}(a+b+c)$.

2. 定理的推广

（1）将上面图形一般化，可得

定理 1.1 在直角三角形的勾股弦上分别向外作任意相似的图形，则弦上图形的面积等于勾和股上图形的面积之和（图 1-17）.

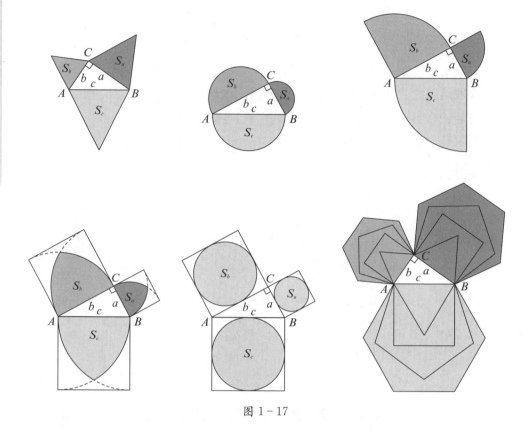

图 1－17

证明 设弦上图形的面积为 S_c，勾、股上图形面积分别为 S_a、S_b，则

$$\frac{S_a}{S_c}=\left(\frac{a}{c}\right)^2, \frac{S_b}{S_c}=\left(\frac{b}{c}\right)^2,$$

$$S_a+S_b=\frac{a^2+b^2}{c^2}S_c=S_c.$$

在欧几里得《几何原本》第六卷就有上述推广的记载.

（2）将直角三角形向任意三角形推广，可得

定理 1.2 若 a、b、c 分别表示△ABC 的三条边长，∠C 为边 c 的对角，则

$$c^2=a^2+b^2-2ab\cos C.$$

这个定理称为余弦定理，当∠$C=90°$时，即为勾股定理.

定理 1.3 在任意三角形的大边上向内侧作平行四边形，使它的另两个顶点位于三角形外，再在三角形的另两条边上分别作平行四边形，使与三角形两边分别平行的边过大边上所作平行四边形的另两个顶点，则大边上平行四边形的面积等于另两条边上平行四边形面积之和.

证明　如图 1-18 所示,依题设,有

$$S_{\triangle ABC}=S_{\triangle A'B'C'},$$

$$S_{\square ACC'A'}=S_{\square ACED},$$

$$S_{\square BB'C'C}=S_{\square BFHC}.$$

若从五边形 $ABB'C'A'$ 减去 $\triangle A'B'C'$ 的面积,则得 $S_{\square ABB'A'}$;若从五边形 $ABB'C'A'$ 减去 $\triangle ABC$ 的面积,则得

$$S_{\square ACC'A'}+S_{\square BB'C'C}.$$

故有

$$S_{\square ABB'A'}=S_{\square ACC'A'}+S_{\square BB'C'C}=S_{\square ACED}+S_{\square BFHC}.$$

命题得证.

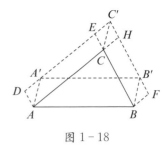

图 1-18

定理 1.3 是古希腊数学家帕普斯(Pappus,约 300—约 350)发现的,并载于他的《数学汇编》第四卷.

(3) 把三角形向多边形推广,可得

定理 1.4　点 P 是凸多边形,$A_1A_2\cdots A_n$ 所在平面上任意一点,从点 P 分别向各边作垂线,垂足为 B_1、B_2、$\cdots$、B_n,则 $A_1B_1^2+A_2B_2^2+\cdots+A_nB_n^2=B_1A_2^2+B_2A_3^2+\cdots+B_{n-1}A_n^2+B_nA_1^2$(图 1-19).

证明　$A_1B_1^2+A_2B_2^2+\cdots A_nB_n^2$

$$=(PA_1^2-PB_1^2)+(PA_2^2-PB_2^2)+\cdots+(PA_n^2-PB_n^2)$$

$$=(PA_2^2-PB_1^2)+(PA_3^2-PB_2^2)+\cdots+(PA_1^2-PB_n^2)$$

$$=B_1A_2^2+B_2A_3^2+\cdots+B_nA_1^2.$$

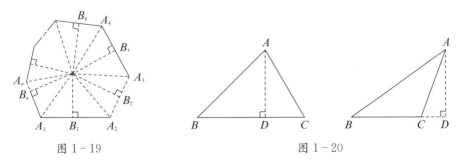

图 1-19

图 1-20

特别地,对于三角形当点 P 在 A 点处时(图 1-20),有

$$AB^2+CD^2=AC^2+BD^2.$$

当 C、D 两点重合时即为勾股定理.

(4) 把三角形向平行四边形推广,可得

定理 1.5 （广义勾股定理）平行四边形对角线的平方和等于它的四边的平方和,即等于相邻两边平方和的二倍.

证明 由定理 1.2,有

$$AC^2 = AB^2 + BC^2 - 2AB \cdot BC \cdot \cos \angle ABC,$$

$$BD^2 = AB^2 + AD^2 - 2AB \cdot AD \cdot \cos \angle DAB,$$

因为

$$\angle ABC + \angle DAB = 180°,$$

所以

$$\cos \angle DAB = \cos(180° - \angle ABC) = -\cos \angle ABC,$$

故

$$AC^2 + BD^2 = 2(AB^2 + AD^2).$$

这就是有名的阿波罗尼奥斯(Apollonius,约前 262—前 190)定理(见第 9 章).

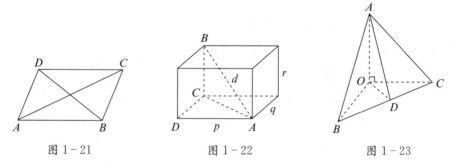

图 1-21　　　　　图 1-22　　　　　图 1-23

(5) 向空间推广,可得

定理 1.6 设长方体的长、宽、高及对角线的长分别为 p、q、r 及 d,则

$$d^2 = p^2 + q^2 + r^2.$$

证明 如图 1-22 所示,依题设,有 $BC \perp AC, CD \perp DA$,

所以

$$d^2 = AB^2 = AC^2 + BC^2$$
$$= AD^2 + DC^2 + BC^2$$
$$= p^2 + q^2 + r^2.$$

定理 1.7 在直角四面体 $O\text{-}ABC$ 中,$\angle AOB = \angle BOC = \angle COA = 90°$,$S$ 是顶点 O 所对的面的面积,S_1、S_2、S_3 分别为侧面 $\triangle OAB$、$\triangle OAC$、$\triangle OBC$ 的面积,则

$$S^2 = S_1^2 + S_2^2 + S_3^2.$$

证明 如图 1-23,作 $OD \perp BC$,垂足为 D,依立体几何知识知,$AD \perp BC$,

从而 $S^2 = \left(\dfrac{1}{2}BC \cdot AD\right)^2$

$\qquad = \dfrac{1}{4}BC^2 \cdot AD^2$

$\qquad = \dfrac{1}{4}BC^2 \cdot (AO^2 + OD^2)$

$\qquad = \dfrac{1}{4}(OB^2 + OC^2)AO^2 + \dfrac{1}{4}BC^2 \cdot OD^2$

$\qquad = \left(\dfrac{1}{2}OB \cdot OA\right)^2 + \left(\dfrac{1}{2}OC \cdot OA\right)^2 + \left(\dfrac{1}{2}BC \cdot OD\right)^2$

$\qquad = S_1^2 + S_2^2 + S_3^2.$

同样地,还可以将勾股定理推广到 n 维空间.

§1.4　定理的应用

勾股定理的应用是相当广泛的,我国古代名著《九章算术》(约公元前 100 年前后成书)的第九章,就专门讨论勾股定理的应用.前面所给出的变形及推广已构成一庞大的勾股"家族".下面略举几个典型的例子谈谈它的应用.

例 1.1　设 $A(x_1, y_1)$、$B(x_2, y_2)$ 是平面内两点,求 A、B 两点间的距离 $|AB|$.

解　如图 $1-24$,作 $AC \perp BC$,则 $|AC| = |x_2 - x_1|$,同理,$|BC| = |y_2 - y_1|$,依勾股定理,有

$$|AB| = \sqrt{|x_2 - x_1|^2 + |y_2 - y_1|^2}$$
$$\qquad = \sqrt{(x_2 - x_1)^2 + (y_2 - y_1)^2}.$$

此即推导出了我们常用的距离公式.

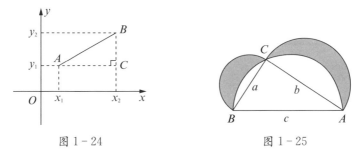

图 $1-24$　　　　　　　　　　　图 $1-25$

例 1.2　(月牙定理)图 $1-25$ 是以 Rt$\triangle ABC$ 各边为直径所作的三个半圆形,试证明图中两个带阴影的月牙形面积之和等于 Rt$\triangle ABC$ 的面积.

证明 因为 $\triangle ABC$ 为直角三角形.

所以

$$a^2 + b^2 = c^2.$$

故有

$$\frac{1}{2}\pi\left(\frac{a}{2}\right)^2 + \frac{1}{2}\pi\left(\frac{b}{2}\right)^2 = \frac{1}{2}\pi\left(\frac{c}{2}\right)^2.$$

即直角边上两个半圆面积之和等于斜边上半圆的面积. 也可直接应用定理 1.1，减去公共部分(不带阴影的两弓形)即得结论.

这是古希腊希波克拉底(Hippocrates，约公元前 460—前 377)研究过的一个问题. 这一问题的发现，曾给数学家们很大鼓舞，他们想以此来寻求化圆为方的方法，但最终还是失败了，直到 1882 年林德曼(Lindemann，1852—1939)证明了 π 的超越性后，才彻底地否定了这个问题.

例 1.3 已知 a、b、c、d 为正实数，且 $a^2 + b^2 = 1$，$c^2 + d^2 = 1$，求证 $ac + bd \leqslant 1$.

证明 （加菲尔德构图法）

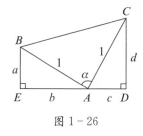

图 1-26

构造如图 1-26 的直角梯形 $BCDE$，设 $\angle BAC = \alpha$. 显然在 $Rt\triangle ABE$ 与 $Rt\triangle ACD$ 中，满足题设

$$a^2 + b^2 = 1, \quad c^2 + d^2 = 1.$$

因为

$$S_{梯形} = \frac{1}{2}(a+d)(b+c).$$

又

$$S_{梯形} = S_{\triangle ABE} + S_{\triangle ACD} + S_{\triangle ABC} = \frac{1}{2}(ab + cd + \sin\alpha).$$

所以

$$(a+d)(b+c) = ab + cd + \sin\alpha.$$

即

$$ac + bd = \sin\alpha \leqslant 1(当 \alpha = 90° 时取等号).$$

《九章算术》(成书于公元前 1 世纪)德文本译者 K·福格十分赞赏《九章算术》丰富多彩的算题，他说："《九章算术》所含的 246 个算题，就其内容丰富性来说，在任何传世的早期数学文献中，无论是埃及的还是巴比伦的，它都堪称无与伦比. 这种以算题形式出现的数学专著，一部是古希腊亚历山大时期的海伦的著作，限于几何领域；另一部是东罗马的《希腊箴言》. 印度阿耶波多《数学》并没有录应用题."

《九章·勾股》中脍炙人口的"莲花问题""折竹问题"堪称勾股定理应用经典，

其始发点在我华夏. 在丝绸之路干道及支线上，印度、阿拉伯、波斯、东欧、日本等国，其数学读物中都可以找到它们的印迹.

表 1-1　"莲花问题""折竹问题"插图

《九章算术》南宋注释本(1261)	印度婆什迦罗(Bhaskara)《丽罗娃祇》(1150)
	德国卡兰德里(Calandri)《算术》(1491)
	俄文本《古老的算题》(1978)
《九章算术》南宋注释本(1261)	印度婆什迦罗(Bhaskara)《丽罗娃祇》(1150)
	俄文本《古老的算题》(1978)
	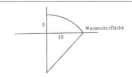阿拉伯数学家凯拉吉(al-Karaji)专著(11世纪) 据德文 Tropfke《初等数学史》改绘

§1.5　勾股定理及其他

1. 勾股定理与无理数

无理数是无限不循环小数,如$\sqrt{2}=1.41421356\cdots$. 但是,这些无理数可用勾股定理精确地求出. 如图 1-27(a)和图 1-27(b).

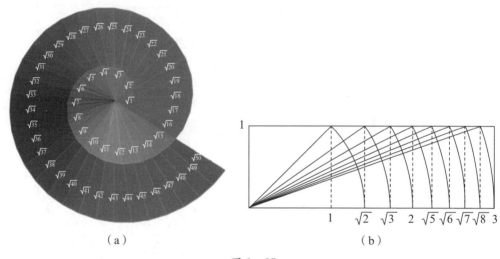

（a）　　　　　　　　　　　（b）

图 1-27

2. 勾股定理与三角公式

如图 1-28,点 C 在半径为 1 的半圆上,$CM \perp AB$,垂足为 M,$ON \perp AC$,垂足为 N,$\angle OAC = \angle ACO = \alpha$,则 $\angle COM = 2\alpha$,图中各条线段长度如图所示.

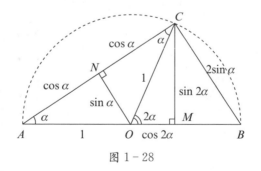

图 1-28

通过这个图形,在不同的直角三角形中运用勾股定理可推得一系列三角公式(具体过程读者可自己写出). 如在 $\triangle AON$ 中运用勾股定理,可得

$$\sin^2 \alpha + \cos^2 \alpha = 1.$$

分别在 △BMC 和 △AMC 中运用勾股定理,可得半角公式:

$$\sin^2 \alpha = \frac{1 - \cos 2\alpha}{2},$$

$$\cos^2 \alpha = \frac{1 + \cos 2\alpha}{2}.$$

由 $MC = AC\sin \alpha$,可得倍角公式:

$$\sin 2\alpha = 2\cos \alpha \sin \alpha.$$

由 $AM = AC\cos \alpha = 2\cos^2 \alpha$,$OM = AM - OA = 2\cos^2 \alpha - 1$,可得倍角公式:

$$\cos 2\alpha = 2\cos^2 \alpha - 1.$$

将 $\sin^2 \alpha + \cos^2 \alpha = 1$ 代入上式化简,可得倍角公式:

$$\cos 2\alpha = \cos^2 \alpha - \sin^2 \alpha.$$

$$\cos 2\alpha = 1 - 2\sin^2 \alpha.$$

3. 勾股数

使等式

$$x^2 + y^2 = z^2$$

成立的任何三个正整数,称为勾股数.

在《九章算术·勾股》(约公元前 1 世纪的著作)二十四题中出现了八组勾股数:

3,4,5;	5,12,13;	7,24,25;	8,15,17;
20,21,29;	20,99,101;	48,55,73;	60,91,109.

下面是几个求勾股数的公式:

(1) 毕达哥拉斯公式

$$\left(\frac{m^2+1}{2}\right)^2 = \left(\frac{m^2-1}{2}\right)^2 + m^2.$$

当 m 为大于 1 的正奇数时,m,$\dfrac{m^2-1}{2}$,$\dfrac{m^2+1}{2}$ 是一组勾股数.

(2) 柏拉图公式

$$(m^2+1)^2 = (m^2-1)^2 + (2m)^2.$$

这个公式也不能给出所有勾股数组,因为 m^2+1 与 m^2-1 相差 2,像 7,24,25 这样的勾股数组就不能给出.

(3) 欧几里得公式

$$(m^2+n^2)^2 = (m^2-n^2)^2 + (2mn)^2.$$

其中 m、n 都是正整数,$m > n$,$(m,n) = 1$.

（4）刘徽公式

$$(mn)^2 + \left(\frac{m^2-n^2}{2}\right)^2 = \left(\frac{m^2+n^2}{2}\right)^2.$$

其中 m、n 为同奇或同偶的正整数,且 $m>n$.

有趣的是,1989 年,一位美国教师塔塞尔(L. T. Van Tassel)发现一组"回文勾股数":88209,90288,126225. 即有

$$88209^2 + 90288^2 = 126225^2.$$

注意 88209 与 90288 互为逆序数. 他的这一结论发表在美国《数学教师》上. 之后他的学生佩瑞兹(D. Perez)又找到:

$$125928^2 + 829521^2 = 839025^2,$$

$$5513508^2 + 8053155^2 = 9759717^2.$$

接着要问,"回文勾股数"是否有无穷个?

回答是肯定的. 当 $k=100001,1000001,10000001,\cdots$（中间依次加一个 0)时,有

$$(88209k)^2 + (90288k)^2 = (126225k)^2.$$

且 $88209k,90288k,126225k$ 均为回文勾股数.

在此基础上,进一步可得出

$$[1980(10^{n+1}-1)]^2 + [209(10^{n+1}-1)]^2 = [1991(10^{n+1}-1)]^2.$$

其中 n 为正整数. 需要说明的是,上述回文勾股数包含退化的回文勾股数,如 19602 与 20691,因为 196020 的数字顺序颠倒后是 020691,即 20691.

4. 费马大定理

从勾股方程

$$x^2 + y^2 = z^2$$

的正整数解,自然联想到下面这些方程:

$$x^3 + y^3 = z^3$$
$$x^4 + y^4 = z^4$$
$$\cdots\cdots$$
$$x^n + y^n = z^n（n \text{ 为大于 2 的整数})$$

（※）

有没有正整数解?

法国数学家费马(P. Fermat,1601—1665,见 24 章)曾宣称,他解决了这个问题,当 n 为大于 2 的整数时,方程(※)没有正整数解. 他在一本古希腊数学家丢番图(Diophantos 活跃于公元 250 年前后,生卒不详)的著作的边页上写道:"我已经找到这个令人惊讶的证明,但是书页的边太窄,无法把它写出."费马是否真的证明

了这个问题,我们无从知晓.但这个问题却困扰了数学家 350 年之久,许多数学家穷其一生研究费马大定理,最终均以失败告终.17 世纪德国人募捐了 10 万金马克(金马克是德国在 1873 年到 1914 年期间发行流通的货币),拟奖励解决者;1850 年和 1861 年法国科学院曾先后两度悬赏一枚金质奖章和 3000 法郎,但仍无人报领;1908 年,一位德国商人将 10 万马克赠予哥廷根科学院,再次向全世界征求"费马大定理"的证明,限期 100 年.

1993 年 6 月 23 日,美国普林斯顿大学教授安德鲁·怀尔斯在他的家乡剑桥大学的牛顿研究所作了一场报告,汇报了他长达 8 年潜心研究的成果,最后他在黑板上写道:"费马大定理由此得证".当他把这几个大字写完时,会场先是寂静无声,然后爆发出一阵经久不息的掌声.照相机、摄像机记录了这个历史性时刻.许多人以短信、电子邮件向全世界通告了这个消息.

图 1 - 29　怀尔斯在北大演讲

第二天,世界各大报纸纷纷报道了这个新闻.一夜之间,怀尔斯成了世界最著名的数学家.《人物》杂志将怀尔斯与戴安娜王妃一起列为"本年度 25 位最具魅力者".1995 年 5 月《数学年刊》以整整一期的篇幅刊登了他的研究成果.

2005 年 8 月 28 日,怀尔斯第一次踏上中国的土地,29 日到北京大学,30 日下午在北京大学英杰交流中心阳光大厅演讲.讲台上,怀尔斯回顾了费马大定理的历史和 300 多年来数学家攻克费马大定理的灿烂历程.同时也交流了他的研究心得,与中国同行分享了他的成功与喜悦.

谈起费马大定理的意义,有人归纳为三条:

(1)人类智力活动的一曲凯歌

怀尔斯的导师、剑桥大学教授约翰·科茨说:"这个最终的证明可与分裂原子或发现脱氧核糖核酸(DNA)的结构相比,对费马大定理的证明是人类智力活动的一曲凯歌."

（2）会下金蛋的鹅

希尔伯特被公认为攻克数学难题的高手,他在一次讲演中提到费马大定理,当时有人问他为什么自己不试试解决这个难题? 他风趣地回答:"干吗要杀死一只会下金蛋的鹅?"

300 多年来,人们在攻克费马大定理的过程中,提出了许多新的问题,也产生了许多新的理论和方法,这些问题和方法对数学的发展和推动远非一个定理所能比拟.

（3）促进其他科学技术的发展

由研究"费马大定理"而发展出来的技术,如"编码理论""加密学"已被广泛应用到各种科学技术之中.我国著名数学家齐民友说:"费马大定理犹如一颗光彩夺目的宝石,它藏在深山绝谷的草丛之中……在征服它的路上,人们找到了丰富的矿藏.……这颗宝石可以成为价值连城的珍宝,但连同这些矿藏,却成了人类文明的一部分."

5. 千姿百态的"勾股树"

利用几何画板可以"描绘"出千姿百态的"勾股树"（图 1 - 30）.这棵树的树干和树枝是由勾股图形"迭代"而成的. 现代技术更深入地展示了这个定理的美妙.

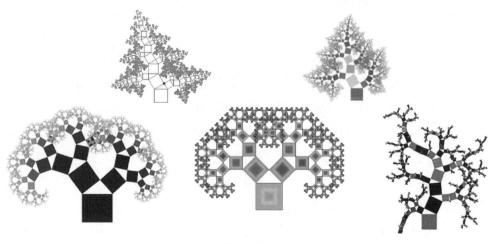

图 1 - 30

练习与思考

1. 在 Rt△ABC 中,D 是斜边 AB 上任意一点,求证:
$$(CD \cdot AB)^2 = (AD \cdot BC)^2 + (BD \cdot AC)^2.$$
并指出勾股定理是其特殊形式.

2. 设 AC 为 □$ABCD$ 较长的对角线,从 C 引 AB、AD 的垂线 CE、CF,分别与 AB、AD 的延长线交于点 E、F.求证:$AB \cdot AE + AD \cdot AF = AC^2$.

3. 在△ABC 中,$BC=3$,$AC=4$,AE 和 BD 分别是 BC 和 AC 边上的中线,且 $AE \perp BD$,求 AB.

4. "池中之葭"问题(原载《九章算术》勾股章):今有池方一丈,葭(芦苇)生其中央,出水一尺(图(1)),引葭赴岸,适与岸齐(图(2)),问水深、葭长各几何?

（1）　　　　　　　　　（2）

第 4 题图

5. 美国哥伦比亚大学普林顿收藏馆收藏了一块很神奇的泥板.这块泥板是在巴比伦挖掘出来的,编号为 322.上面记载的文字属古巴比伦语,可推测所属年代在公元前 1600 年以前.之前人们一直以为普林顿 322 号是一张商业账目表,直到 1945 年,诺依格包尔首先揭示了它的数论意义.你能知道这些数之间的关系吗?可借助计算器进行探索.

第 5 题图　普林顿 322 号

a	b	c
120	119	169
3456	3367	4825
4800	4601	6649
13500	12709	18541
72	65	97
360	319	481
2700	2291	3541
960	799	1249
600	481	769
6480	4961	8161
60	45	75
2400	1679	2929
240	161	289
2700	1771	3229
90	56	106

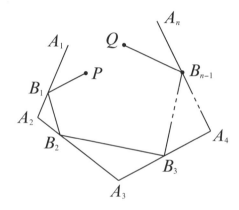

第**2**章

光反射定理

我曾观测苍穹,今又度量大地.

灵魂遨游太空,身躯化为尘泥.

——开普勒

人是何等了不起的杰作!

多么高贵的理性! 多么伟大的力量!

多么文雅的举动!

举止多么像天使! 理解力多么像上帝!

宇宙的精华! 万物的灵长!

——莎士比亚

§2.1 定理及简史

光反射定理 若 P、Q 是直线 ST 同侧任意两点,则从 P 到直线 ST 再到点 Q 的一切路径中,以通过直线上点 R,使 PR 及 QR 与 ST 的夹角相等的那条路径最短(图 2-1).

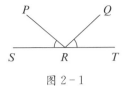

图 2-1

有人称此定理为海伦定理.海伦(Heron,生平不详)是古希腊数学家.但上述定理还可以追溯到公元前 300 年左右的欧几里得时期.

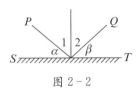

图 2-2

作为几何学家的欧几里得,曾在他的光学著作中给出过光学的一个基本定律,这定律是说入射线与镜面所成的角 α,等于反射线与镜面所成的角 β,现今的普遍说法是 $\angle 1 = \angle 2$,$\angle 1$ 为入射角,$\angle 2$ 为反射角(图 2-2).这一结论在物理学中也被称为"光行最速"或"光程最短"原理:光在同一媒质内所走过的路程最短,在不同媒质中通过的总时间最少.以此可解决某些极值问题.

海伦在他的《镜面反射》一书中从上述的光学基本定律出发,得出了前面的光反射定理,因此也叫海伦定理.

1775 年意大利数学家法尼亚诺(Fagnano,1715—1797)提出并用微积分方法解决了这样一个有趣的问题:怎样作一个锐角三角形的周长最短的内接三角形? 它的结论是:过三角形的垂心 H 向三边作垂线,则垂足三角形就是周长最短的内接三角形.这就是所谓法尼亚诺问题.但这一问题的初等解法以匈牙利数学家费耶尔(Fejer,1880—1958)和德国数学家施瓦兹(Schwarz,1843—1921)给出的解法最令人称道,他们的解法以简明巧妙闻名于世,有趣的是他们的解法都用到了海伦定理.

§2.2 定理的证明

这里我们证明海伦定理,法尼亚诺问题将在本章末介绍.

证明 如图 2-3 所设,P' 为 P 关于直线 ST 的对称点,R' 为直线 ST 上任意一点,则 $PR = P'R$,$\angle \alpha = \angle \gamma$,又 $\angle \alpha = \angle \beta$,故 P'、R、Q 三点共线,据"三角形两边之和大于第三边",有

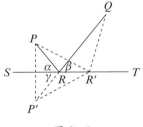

图 2-3

$$PR+RQ=P'R+RQ=P'Q<P'R'+R'Q=PR'+R'Q.$$

顺便指出,其逆命题也成立.

逆定理 若 P、Q 为直线 ST 同侧两点,R 为 ST 上一动点,则当 $PR+RQ$ 最短时,必有 $\angle PRS=\angle QRT$.

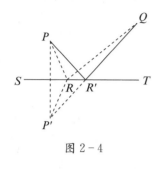

图 2-4

证明 如图 2-4. 设 P 关于直线 ST 的对称点为 P',则 $\angle PRS=\angle P'RS$,若 $\angle PRS\neq\angle QRT$,则 P'、R'、Q 三点不在同一条直线上,即

$$PR+RQ=P'R+RQ$$

为折线. 连接 $P'Q$,设与直线 ST 交于点 R',则

$$PR'+R'Q=P'R'+R'Q=P'Q<P'R+RQ=PR+RQ.$$

这与 $PR+RQ$ 为最短相矛盾. 故必有 $\angle PRS=\angle QRT$.

§2.3 定理的推广

定理 2.1 设 P、Q 为直线 ST 同侧两点,A、B 是 ST 上两动点,且 $AB=a$,则从点 P 到点 A,再到点 B,最后到点 Q 的路径中,以当 $\angle PAS=\angle QBT$ 时的路径为最短.

证明 如图 2-5,作 $\square ABQQ'$,则 $\angle Q'AB=\angle QBT=\angle PAS$,所以 $PA+AQ'$ 为从点 P 到 ST 再到点 Q' 的最短路径. 从而 $PA+AQ'+Q'Q=PA+AB+BQ$ 为最短路径.

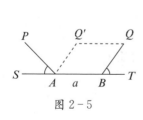

图 2-5

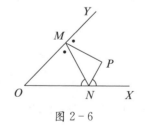

图 2-6

定理 2.2 若 P 为锐角 $\angle XOY$ 内一定点,M、N 分别为 OY、OX 上两动点,则 $PM+MN+NP$ 当 $\angle PMY=\angle NMO$,$\angle MNO=\angle PNX$ 时为最短(图 2-6).

定理 2.3 若 P、Q 是锐角 $\angle XOY$ 内两定点,M、N 分别为 OY、OX 上两动点,则 $PM+MN+NQ$ 当 $\angle PMY=\angle NMO$,$\angle MNO=\angle QNX$ 时为最短.

证明 如图 2.7 所示，分别作 P、Q 关于 OY、OX 的对称点 P'、Q'，由 $\angle PMY=\angle NMO$，$\angle MNO=\angle QNX$，可得 P'、M、N、Q' 四点共线，从而有

$$PM+MN+NQ=P'Q'.$$

设 M'、N' 分别为 OY、OX 上任意两点，则

$$\begin{aligned}PM'+M'N'+N'Q&=P'M'+M'N'+N'Q'\\&\geqslant P'Q'=PM+MN+NQ.\end{aligned}$$

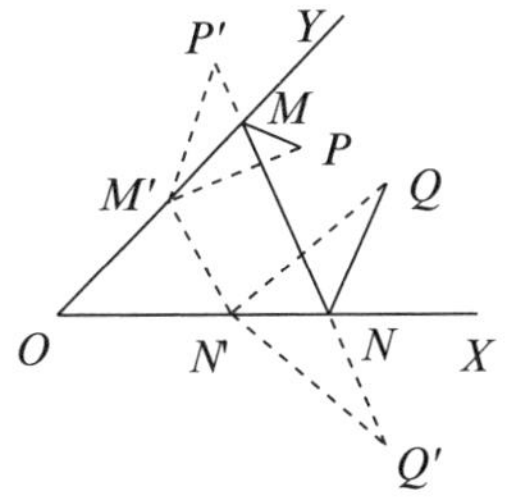

图 2-7

命题得证.

特别地，当点 P、Q 重合时，即为定理 2.2.

由定理 2.1 和定理 2.3，还可得到定理 2.4.

定理 2.4 若 P、Q 为锐角 $\angle XOY$ 内两定点，A、B 为 OY 上两动点，C、D 为 OX 上两动点，且 $AB=a$，$CD=b$，则 $PA+AB+BC+CD+DQ$ 当 $\angle PAY=\angle CBO$，$\angle BCO=\angle QDX$ 时为最短.

证明 如图 2-8，作▱$PABP'$、▱$CDQQ'$，根据定理 2.3，可得 $P'B+BC+CQ'$ 为从点 P' 到 OY 上一点再到 OX 上一点再到点 Q' 的最短路径. 从而 $PA+AB+BC+CD+DQ$ 为最短路径.

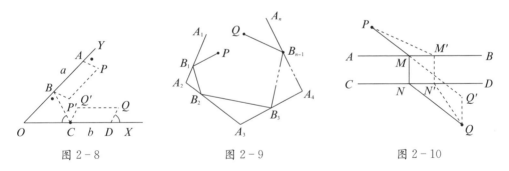

图 2-8

图 2-9

图 2-10

将 $\angle XOY$ 推广到凸折线，还可得定理 2.5.

定理 2.5 如图 2-9，若 P、Q 为凸折线 $A_1A_2\cdots A_n$ 内两定点，B_1、B_2、$\cdots$、B_{n-1} 分别是 A_1A_2、A_2A_3、$\cdots$、$A_{n-1}A_n$ 上的动点，则 $PB_1+B_1B_2+B_2B_3+\cdots+B_{n-1}Q$ 当 $\angle PB_1A_1=\angle B_2B_1A_2$，$\angle B_1B_2A_2=\angle B_3B_2A_3$，$\cdots$，$\angle B_{n-2}B_{n-1}A_{n-1}=\angle A_nB_{n-1}Q$ 时为最短.

证明方法参考定理 2.3 的证明，此处证明过程略.

定理 2.6 设 M、N 分别为两平行线 AB、CD 上两动点，$MN\perp AB$，P、Q 为直线 AB、CD 外侧两定点，如图 2-10 所示，则 $PM+MN+NQ$ 当 $\angle PMA=\angle QND$ 时为最短.

证明 作 $QQ' \perp CD$，使 $QQ' = MN$，则 $MNQQ'$ 为平行四边形. 又 $AB \parallel CD$，$\angle PMA = \angle QND$，所以 P、M、Q' 三点共线.

设 $M'N'$ 为 AB、CD 的任一公垂线段，则

$PM' + M'N' + N'Q = PM' + M'Q' + Q'Q \geqslant PQ' + Q'Q = PM + MN + NQ$，证毕.

值得指出的是，定理 2.1～定理 2.6 的逆命题均成立. 即有

定理 2.1′ 设 P、Q 为直线 ST 同侧两点，点 A、B 是 ST 上两动点，且 $AB = a$，则当 $PA + AB + BQ$ 最短时，必有 $\angle PAS = \angle QBT$（见图 2-5）.

定理 2.2′ P 为锐角 $\angle XOY$ 内一定点，M、N 分别为 OY、OX 上两动点，则当 $PM + MN + NP$ 最短时必有 $\angle PMY = \angle NMO$，$\angle MNO = \angle PNX$（见图 2-6）.

定理 2.3′ P、Q 为锐角 $\angle XOY$ 内两定点，M、N 分别为 OY、OX 上两动点，则当 $PM + MN + NQ$ 最短时必有 $\angle PMY = \angle NMO$，$\angle MNO = \angle QNX$（见图 2-7）.

定理 2.4′ P、Q 为锐角 $\angle XOY$ 内两定点，A、B 为 OY 上两动点，C、D 为 OX 上两动点，且 $AB = a$，$CD = b$（见图 2-8），则当 $PA + AB + BC + CD + DQ$ 最短时，必有 $\angle PAY = \angle CBO$，$\angle BCO = \angle QDX$.

定理 2.5′ 若 P、Q 为凸折线 $A_1A_2 \cdots A_n$ 内两定点，B_1、B_2、$\cdots$、B_{n-1} 分别是 A_1A_2、A_2A_3、$\cdots$、$A_{n-1}A_n$ 上的动点（见图 2-9），则当 $PB_1 + B_1B_2 + \cdots + B_{n-1}Q$ 最短时，必有

$\angle PB_1A_1 = \angle B_2B_1A_2$，$\angle B_1B_2A_2 = \angle B_3B_2A_3$，$\cdots$，$\angle B_{n-2}B_{n-1}A_{n-1} = \angle A_nB_{n-1}Q$.

定理 2.6′ 若 M、N 分别为两平行线 AB、CD 上两动点，且 $MN \perp AB$，P、Q 为直线 AB、CD 外侧两定点（见图 2-10），则当 $PM + MN + NQ$ 最短时，必有 $\angle PMA = \angle QND$.

上述定理的证明可仿海伦定理逆定理的证明，留读者自己给出.

最后我们给出海伦定理向二次线段的一个推广：

定理 2.7 若 P、Q 为两定点，l 为定直线，过 PQ 中点 S 作 $SM \perp l$，垂足为 M，则 M 为 l 上唯一的使 $PM^2 + MQ^2$ 为最小的点.

证明 如图 2-11，作 $PE \perp l$，$QF \perp l$，E、F 分别为垂足，并设 $PE = a$，$QF = b$，$EF = c$，$EM = x$，则 a、b、c 为定值.

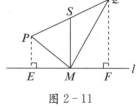

图 2-11

$$PM^2 + QM^2 = a^2 + x^2 + b^2 + (c-x)^2 = a^2 + b^2 + 2\left[\left(x - \frac{c}{2}\right)^2 + \frac{c^2}{4}\right].$$

显然当且仅当 $x = \dfrac{c}{2}$ 时（即点 M 唯一），$PM^2 + MQ^2$ 为最小.

§2.4 定理的应用

光反射定理 2.1～定理 2.7 及逆定理在实际应用中的经济学价值是显而易见的,下面仅举几例.

例 2.1 在一条笔直的公路 l 同侧有两家工厂 A、B,现要在公路 l 上建一汽车站.问:汽车站设在什么地方,才能使这两家工厂到汽车站的距离之和最短?

解 如图 2-12,作点 A 关于 l 的对称点 A',连接 $A'B$,交 l 于点 C,则 $\angle 1 = \angle 2$,由海伦定理知,当在点 C 处建汽车站时,能使 $AC + CB$ 最短.

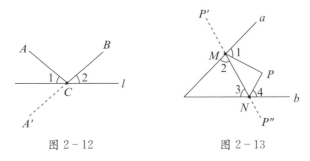

图 2-12　　　　　图 2-13

例 2.2 如图 2-13,a、b 为两条交叉成锐角的公路,在公路 a、b 间有一邮局 P,现要在公路 a、b 上各安装一邮筒,问:这两邮筒放在什么地方,才能使邮递员从邮局 P 到公路 a 边的邮筒取信后,再到公路 b 边的邮筒取信,然后回到邮局 P 所走的路径最短?

解 作点 P 关于直线 a 的对称点 P',关于直线 b 的对称点 P'',连接 $P'P''$,分别交 a、b 于点 M、N.

连接 PM、PN,则有 $\angle 1 = \angle 2$,$\angle 3 = \angle 4$.

由定理 2.2 知 $PM + MN + NP$ 为最短路径,故邮筒应分别安装在点 M、N 处.

例 2.3 一条河两岸分别有村庄 A 和 B,现要在河上建一座桥,问:桥应建在什么地方,才能使从村庄 A 到村庄 B 所走的路径最短?

解 如图 2-14 所设,d 为河宽,作 $BB' \perp l_2$,且使 $BB' = d$,连接 AB',交 l_1 于点 E,作 $EF \perp l_2$,垂足为 F.连接 FB,可得 $\angle 1 = \angle 2$,由定理 2.6 知在 EF 处建桥时,可使村庄 A 到村庄 B 的路径最短.

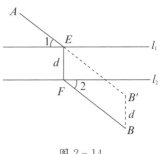

图 2-14

例 2.4 在□$ABCD$ 的 AB 边上有一定点 K,以 K 为顶点作□$KLMN$,使点 L、M、N 分别在 BC、CD、AD 上,且使□$KLMN$ 周长最短.

作法 如图 2-15,作 K 关于直线 AD 的对称点 K',设□$ABCD$ 的中心为 O,连接 KO 延长交 CD 于点 M,连接 $K'M$ 交 AD 于点 N,连接 NO 延长交 BC 于点 L,则四边形 $KLMN$ 为所求.

证明 据中心对称图形易知四边形 $KLMN$ 为平行四边形,欲证□$KLMN$ 周长最短,只须证明半周长 $KN+NM$ 最短即可,K、M 为 AD 同侧两点,由海伦定理即得结论.

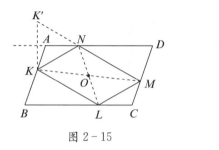

图 2-15

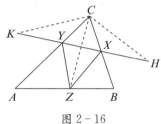

图 2-16

最后我们来解决法尼亚诺问题.

例 2.5 在锐角三角形中,作周长最短的内接三角形.

首先我们介绍费耶尔的解法.

解法 1 如图 2-16,设 Z 是 AB 上任一定点,分别作 Z 关于 AC、CB 的对称点 K、H,连接 KH,分别交 AC、BC 于点 Y、X,则△XYZ 是以定点 Z 为顶点的周长最小的内接三角形(据定理 2.2),且周长为线段 KH.

但由于点 K、Z 关于 CA 对称,点 H、Z 关于 CB 对称,所以 $CH=CZ=CK$,$\angle HCB=\angle BCZ$,$\angle KCA=\angle ACZ$,从而$\angle KCH=2\angle ACB$ 为定角.由余弦定理,有 $KH^2=2CZ^2(1-\cos 2\angle ACB)$,所以当 CZ 最小时,KH 也最小,即△XYZ 周长取最小值.而当 $CZ\perp AB$ 时,CZ 为最小.同理当 $AX\perp BC$,$BY\perp AC$ 时,△XYZ 周长最小,于是得出结论:在锐角三角形的所有内接三角形中,垂足三角形的周长最小.

施瓦兹的解法更是别出心裁,请看

解法 2 将△ABC 依次以 AC、$B'C$、$A'B'$、$A'C'$、$B''C'$ 为轴连续作五次对称变换,得到图 2-17,因垂足△XYZ 与△ABC 每一边所构成的两角都相等,由对称性知,△XYZ 通过依次对称翻转展成直线 ZZ',且其周长的 2 倍等于 ZZ'.

设△DEF 为△ABC 的任一内接三角形,则通过对称翻转,△DEF 各边依次展

成折线 FF'（图 2 - 17 中以 F、F' 为端点的点画线），且 △DEF 周长的 2 倍等于折线 FF' 的长度.

又 ∠AZZ'=∠$ZZ'B''$，故 AB // $A''B''$，从而四边形 $FZZ'F'$ 为平行四边形，有 ZZ'=FF'≤折线 FF'，即

$$2△XYZ \text{ 的周长} ≤ 2△DEF \text{ 的周长},$$

$$△XYZ \text{ 的周长} ≤ △DEF \text{ 的周长}.$$

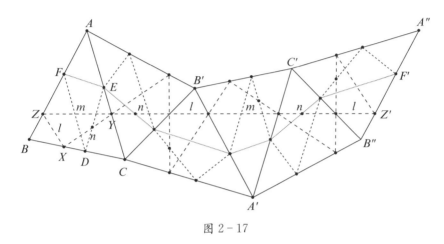

图 2 - 17

所以在锐角三角形的所有内接三角形中，以垂足三角形周长为最短.

施瓦兹的解法是值得回味的，他的这种方法被莫利（F. Morley，1860—1937），（见第 20 章）在 1933 年推广到 $(2n+1)$ 边形的情形.

关于垂足三角形，德国数学家费尔巴哈（Feuerbach，1800—1834）等曾得出一系列优美结论，这里抄录部分，证明留给有兴趣的读者.

定理 2.8　三角形三垂线平分它的垂足三角形三内角.

定理 2.9　三角形的边平分垂足三角形的外角.

如图 2 - 18，有 ∠1=∠2=∠BAC，∠3=∠4=∠ABC，∠5=∠6=∠ACB.

定理 2.10　△ABC 垂足 △DEF 的周长是 $4R\sin A \cdot \sin B \sin C$.（其中 R 为△ABC 外接圆的半径）.

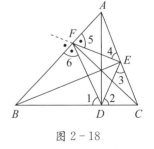

图 2 - 18

定理 2.11　△ABC 的垂足 △DEF 的周长是 $\dfrac{2S}{R}$（其中 R 为△ABC 外接圆的半径，S 为△ABC 的面积）.

定理 2.12　△ABC 的垂足 △DEF 面积是 $2S\cos A\cos B\cos C$（其中 S 为△ABC 的面积）.

定理 2.13 三角形的外接圆半径是它垂足三角形外接圆半径的 2 倍.

定理 2.14 三角形的垂心是其垂足三角形的内心.

练习与思考

1. 证明:在同底等高的三角形中,以等腰三角形的周长为最小.

2. 如图,A' 为 $\triangle ABC$ 的外角平分线 AT 上的任意一点,证明:

$$A'B + A'C \geqslant AB + AC.$$

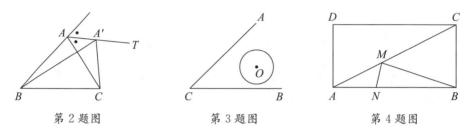

第 2 题图   第 3 题图   第 4 题图

3. $\odot O$ 为锐角 $\angle ACB$ 内一定圆,在 $\odot O$、CA、CB 上分别求出一点 P、Q、R,使从点 P 到点 Q 再到点 R,最后到点 P 的路径最短.

4. (北京赛题)如图,在矩形 $ABCD$ 中,$AB = 20$ cm,$BC = 10$ cm,若在 AC、AB 上各取一点 M、N,使 $BM + MN$ 的值最小,求这个最小值.

第**3**章

黄金分割

判天地之美,析万物之理.

——庄子

几何学里有两个宝库,一个是毕达哥拉斯定理,一个是黄金分割. 前者可以比作金矿,后者可以比作珍贵的钻石矿.

——开普勒

§3.1 定义及简史

黄金分割 把一线段分成两段,使其中较长的一段是原线段与较短一段的比例中项,叫作把这条线段黄金分割.

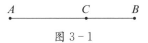

图 3-1

如图 3-1,C 为线段 AB 上一点,如果有 $\dfrac{BC}{AC}=\dfrac{AC}{AB}$,则点 C 叫作线段 AB 的黄金分割点. 设 $AB=1$,$AC=x$,则 $\dfrac{1-x}{x}=\dfrac{x}{1}$,

解之得 $x=\dfrac{\sqrt{5}-1}{2}=0.618033989\cdots$

称之为黄金比,也叫中末比、中外比、黄金律. 我国古代称为弦分割,黄金比的数值 $\dfrac{\sqrt{5}-1}{2}=0.618033989\cdots$(以下记为 φ)被称为黄金数. 有一些书里把 φ 的倒数 $\Phi=\dfrac{\sqrt{5}+1}{2}=1.618\cdots$ 叫黄金数,为区别起见,我们不妨把 $\Phi=\dfrac{\sqrt{5}+1}{2}=1.618\cdots$ 叫作第二黄金数.

黄金分割以中末比作图形式出现在欧几里得《几何原本》中,在《几何原本》第 Ⅱ 卷命题 11 中,欧几里得用几何方法证明了"把线段 AB 分割于某点 H,使得 $AB \cdot BH=AH^2$". 但并未得到 $\dfrac{BH}{AH}=\dfrac{\sqrt{5}-1}{2}$.

黄金分割是欧洲文艺复兴时期,由意大利著名艺术家、科学家达·芬奇(Leonardo da Vinci,1452—1519)冠以的美称. 德国著名天文学家、数学家开普勒(Kepler,1571—1630)把黄金分割与勾股定理并列,誉为古希腊几何学的两颗明珠,可见黄金分割地位之赫然.

黄金分割在美学、艺术中有广泛应用. 达·芬奇笔下的"蒙娜丽莎"和拉斐尔的"花园中的母与子"中母与子有一个共同特点:人物避开了正面和背影的刻画,而是选取了正中带侧或是背中带侧的角度. 我们在对 $0°$ 到 $180°$ 之间进行黄金分割可以得到一个黄金角度,达·芬奇和拉斐尔所使用的就是这样一个角度. 翻开西方的艺术史,有近 90% 的人物都用这个角度,你能说,这仅是一种巧合?

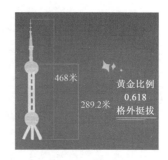

图 3-2   图 3-3

中国科学院院士张继平在中央电视台《开讲啦》的节目中谈到了"生活中的数学之美",他认为数学不仅仅真,还非常美. 数学在生活中的许多运用,都能给人以美感,也造就了人类建筑史上的无数经典. 比如著名的上海东方明珠广播电视塔(图 3-3),塔高 468 米,上球体到塔底的距离约为 289.2 米,二者之比非常接近黄金比例 0.618,因此才会显得格外挺拔.

梵蒂冈圣彼得大教堂、印度的泰姬陵以至法国的埃菲尔铁塔上,都可发现与黄金比有联系的数据.

再如现今的各种书籍、图片、门窗其长宽之比大多接近黄金比,因为这样制作美观、大方,最省材料;二胡演奏中的"千金"分弦,若符合黄金比,音调最和谐;独唱演员站在舞台的黄金分割点,给人感觉最适宜,音响效果最好.

人体也符合黄金比,古希腊神话中的智慧女神雅典娜和太阳神阿波罗的塑像都采用这种身段比. 意大利数学家艾披斯通过研究,找出了人体的一些黄金比例分割点:(1)人的肚脐是人体长的黄金分割点;(2)肘关节是人上肢的黄金分割点;(3)咽喉是肚脐以上部分的黄金分割点;(4)膝盖是肚脐以下部分的黄金分割点.

图 3-4   图 3-5

芭蕾舞演员用脚尖跳舞,是因为这样能使腿长与身高的比符合黄金比,舞姿更显优美.

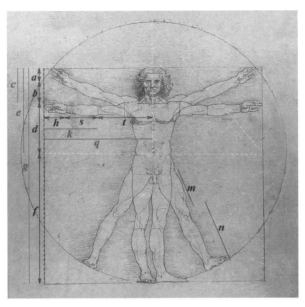

图 3-6

达·芬奇在研究了人体的各种比例后,于1509年为数学家帕西欧里《神圣比例》一书作插图,将其中一幅作品取名"维特鲁威人"(图3-6),在这幅作品中,存在多处黄金比线段,如:

$$\frac{a}{b}=\frac{b}{c}=\frac{d}{e}=\frac{e}{f}=\frac{f}{g}\approx 0.618, \frac{h}{s}=\frac{s}{k}=\frac{k}{t}=\frac{t}{q}\approx 0.618, \frac{m}{n}\approx 0.618.$$

我国早在战国时期就已知道并应用了黄金分割,长沙马王堆汉墓出土的文物中,有些文物的长宽就是按黄金比制作的.清代数学家梅文鼎(1633—1721)对黄金分割有深入研究,他在《几何通解》和《几何补编》(1692年)中,对黄金分割有详细论述.

13世纪初,意大利数学家斐波那契(L. Fibonacci,约1170—约1240)研究过这样一个有趣问题:"兔子出生以后两个月就能每月生小兔,若每次不多不少恰好生一对(一雌一雄),假如养了初生的小兔一对,试问一年以后共有多少对兔子(假设生下的小兔都成活)".如果我们把每月的兔子(对)数排成一列数,即得数列

$$1,1,2,3,5,8,13,21,34,55,89,144,\cdots,a_n,\cdots$$

有趣的是,当 n 无限增加时,比值 $\frac{a_n}{a_{n+1}}$ 就无限接近黄金比 $\frac{\sqrt{5}-1}{2}$.

生物学有一条"鲁德维格定律". 20 世纪初, 数学家泽林斯基在一次国际会议上提出: $\dfrac{\text{第 } n \text{ 年的树枝}}{\text{第 } n+1 \text{ 年树枝}}$ 趋于黄金比.

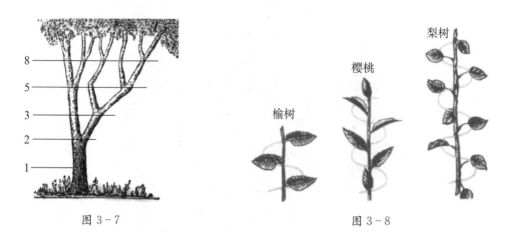

图 3-7

图 3-8

植物的叶子一般是绕着茎生长, 假设从一片叶子旋转到正对的另一片叶子为一个循回, 那么许多植物一个循回的叶子数都是斐波那契数. 如榆树一个循回是 2 片 1 圈, 樱桃是 5 片 2 圈, 梨树是 8 片 3 圈…

又如在蜂房结构、向日葵籽排列、菠萝鳞片、芦荟、松果等问题中, 都可找到与黄金数的联系. 大自然"喜欢"用黄金分割"说话", 这反映了大自然内在的比例规律, 也说明黄金分割的普遍性.

图 3-9

随着生产和科学试验的需要, 近 40 年来黄金分割在优选法中开辟了它的应用领域, 在单因素优选法中, 利用黄金数 φ 或 Φ 逐次安排试验点, 可以减少试验次数, 并迅速可靠地搜索到符合生产要求的试验点.

§3.2 黄金分割的几何作法

作法 1(欧多克斯作法)

欧多克斯作法也称基本作法. 如图 3-10,作 $BD \perp AB$,使 $BD = \dfrac{1}{2}AB$,连接 AD.

在 AD 上截取 $DE = BD$,在 AB 上截取 $AC = AE$,则 C 就是线段 AB 的黄金分割点.

证明 因为 $AD = \sqrt{1 + \left(\dfrac{1}{2}\right)^2} \cdot AB = \dfrac{\sqrt{5}}{2}AB$.

$$AC = AE = \left(\dfrac{\sqrt{5}}{2} - \dfrac{1}{2}\right)AB = \dfrac{\sqrt{5}-1}{2}AB, BC = \dfrac{3-\sqrt{5}}{2}AB.$$

所以 $\dfrac{BC}{AC} = \dfrac{\dfrac{(3-\sqrt{5})}{2}AB}{\dfrac{(\sqrt{5}-1)}{2}AB} = \dfrac{\sqrt{5}-1}{2} = \dfrac{AC}{AB}$.

所以 C 为线段 AB 的黄金分割点.

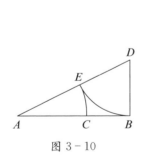

图 3-10

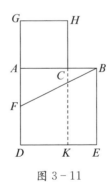

图 3-11

作法 2(欧几里得作法)

黄金分割问题在《几何原本》中多次出现,其中第二卷第 11 题是:

分已知线段为两部分,使全段与小段构成的矩形面积等于另一小段上的正方形面积.

此题即黄金分割问题.

如图 3-11,作正方形 $ABED$,取 AD 中点 F,连接 FB,以 F 为圆心、FB 为半径画弧交 DA 的延长线于点 G,以 AG 为边作正方形 $AGHC$,其中点 C 在 AB 上,即为 AB 的黄金分割点.

证明 设 $AB=1$，则 $AF=\dfrac{1}{2}$，$FG=FB=\dfrac{\sqrt{5}}{2}$，$AC=AG=FG-AF=\dfrac{\sqrt{5}}{2}-\dfrac{1}{2}=$

$\dfrac{\sqrt{5}-1}{2}$．故 $\dfrac{AC}{AB}=\dfrac{\sqrt{5}-1}{2}$，所以点 C 为 AB 的黄金分割点.

作法 3(托勒密作法)

见托勒密名著《天文学大成》.

如图 $3-12$，以 A 为圆心，AB 为半径作圆，交 BA 的延长线于点 D，半径 $AF\perp$ DB．找 AD 的中点为 E，连接 EF，以点 E 为圆心，EF 为半径画弧，交 AB 于点 C，则点 C 为 AB 的黄金分割点.

证明 设 $AB=1$，则 $EC=EF=\dfrac{\sqrt{5}}{2}$，$AC=EC-AE=\dfrac{\sqrt{5}}{2}-\dfrac{1}{2}=\dfrac{\sqrt{5}-1}{2}$．所以

$\dfrac{AC}{AB}=\dfrac{\sqrt{5}-1}{2}$，所以点 C 为 AB 的黄金分割点.

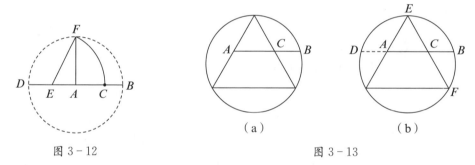

图 $3-12$ | （a） （b）

图 $3-13$

作法 4 如图 $3-13$(a)，作圆内接等边三角形的中位线 AC 并延长交圆于点 B，则点 C 为 AB 的黄金分割点.

证明 如图 $3-13$(b)，由相交弦定理，有 $EC\cdot CF=CB\cdot CD$．又 $AC=EC=$ CF，$CD=AB$，所以 $AC^2=CB\cdot AB$，故点 C 为 AB 的黄金分割点.

作法 5 如图 $3-14$，在半圆内作一个最大的内接正方形 $ACFE$，其中一边 AC 在直径 DB 上，则点 C 为 AB 的黄金分割点.

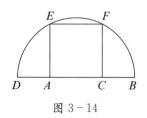

图 $3-14$

证明　根据圆的相关性质知 $CF^2 = CB \cdot CD$. 又 $AC = CF, DC = AB$, 所以 $AC^2 = CB \cdot AB$, 故点 C 为 AB 的黄金分割点.

作法 6　如图 $3-15$, 作两直角边分别为 1、2 的 $\mathrm{Rt}\triangle OBC$, 以 O 为圆心、1 为半径画圆与斜边延长线交于点 D, 以 C 为圆心、CD 为半径画弧交 BC 延长线于点 A, 则点 C 为 AB 的黄金分割点.

证明　因为 $AC^2 = CD^2 = (\sqrt{5}+1)^2 = 6 + 2\sqrt{5}$, $CB \cdot AB = 2(\sqrt{5}+3) = 6 + 2\sqrt{5}$, 所以 $AC^2 = CB \cdot AB$. 所以 C 为 AB 的黄金分割点.

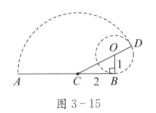

图 $3-15$

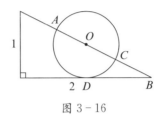

图 $3-16$

作法 7　如图 $3-16$, 直角三角形两直角边分别为 1 和 2, 以斜边中点 O 为圆心作一个直径为 $\dfrac{1}{2}$ 的圆, 交斜边于 A、C 两点, 则点 C 为 AB 的黄金分割点.

证明　由切割线定理, 有 $BD^2 = BC \cdot BA$. 因为 $BD = AC = 1$, 所以 $AC^2 = CB \cdot BA$. 所以 C 为 AB 的黄金分割点.

作法 8　如图 $3-17$, 三个同心圆, 半径分别为 1、2、4, 中圆的弦 AC 与小圆相切, 延长 AC 交大圆于点 B, 则点 C 为 AB 的黄金分割点.

证明　易得 $AC = 2\sqrt{3}$, $BC = \sqrt{15} - \sqrt{3}$, $AB = \sqrt{15} + \sqrt{3}$, 所以 $AC^2 = BC \cdot AB = 12$. 所以 C 为 AB 的黄金分割点.

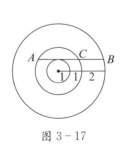

图 $3-17$

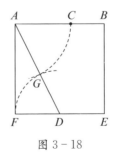

图 $3-18$

作法 9　如图 $3-18$, 作边长为 1 的正方形 $ABEF$, D 为 EF 的中点, 连接 AD, 以 D 为圆心、DF 为半径画弧交 AD 于点 G, 以 A 为圆心、AG 为半径画弧, 交 AB 于点 C, 则点 C 为 AB 的黄金分割点.

证明　$AC=AG=AD-GD=AD-DF=\dfrac{\sqrt5}{2}-\dfrac12=\dfrac{\sqrt5-1}{2}$. 所以 $\dfrac{AC}{AB}=\dfrac{\sqrt5-1}{2}$,

所以 C 为 AB 的黄金分割点.

作法 10　如图 3-19,半径为 1 的两个等圆 $\odot O_1$ 和 $\odot O_2$ 相交于点 A、C,点 O_1 在 $\odot O_2$ 上. 分别作以 O_1 和 O_2 为圆心、半径为 2 的两圆相交于点 B,则点 C 为 AB 的黄金分割点.

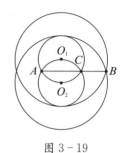

证明　易得 $AC=\sqrt3$,$AB=\dfrac{\sqrt{15}}{2}+\dfrac{\sqrt3}{2}$,$BC=\dfrac{\sqrt{15}}{2}-\dfrac{\sqrt3}{2}$,

所以 $AC^2=BC\cdot AB=3$.所以点 C 为 AB 的黄金分割点.

图 3-19

§3.3　黄金数的各种趣式

1.（1）$\varphi=\dfrac{1}{1+\dfrac{1}{1+\dfrac{1}{1+\cdots}}}$.　（2）$\varPhi=1+\dfrac{1}{1+\dfrac{1}{1+\dfrac{1}{1+\cdots}}}$

证明　下面证明式子(1),式子(2)可类似写出.

设 $\dfrac{1}{1+\dfrac{1}{1+\cdots}}=x$,则 $\dfrac{1}{1+x}=x$,故有 $x^2+x-1=0$.

因为 $x>0$,所以 $x=\varphi$.

2. $\varphi=\sqrt{1-\sqrt{1-\sqrt{1-\cdots\sqrt{1-a}}}}$（$0<a<1$）.

$\varPhi=\sqrt{1+\sqrt{1+\sqrt{1+\sqrt{1+\sqrt{1+\cdots}}}}}$　.

证明　设 $\sqrt{1-\sqrt{1-\cdots\sqrt{1-a}}}=x$,则 $x>0$,两边平方得 $x^2+x-1=0$,故 $x=\varphi$.第 2 个等式类似写出.

3. $\varphi=\sqrt{2-\sqrt{2+\sqrt{2-\sqrt{2+\cdots}}}}$　.

证明　设 $\sqrt{2-\sqrt{2+\sqrt{2-\sqrt{2+\cdots}}}}=x$,则 $\sqrt{2-\sqrt{2+x}}=x$,

两次平方化简得 $x^4-4x^2-x+2=0$,

即 $(x+1)(x-2)(x^2+x-1)=0$.

易见 $x\neq-1$,$x\neq2$,故 x 满足 $x^2+x-1=0$,从而 $x=\varphi$.

4. $\varphi = 2\sin 18°$.

只要求出 $\sin 18°$ 的值即可得出结论.(略)

5. 顶角为 $36°$ 的等腰三角形,底与腰之比等于 φ.

证明 如图 3-20,作 $\angle ACB$ 的平分线 CD,交 AB 于点 D,则 $\angle BCD = \angle ACD = 36°$,从而 $BC = CD = AD$,$\triangle ABC \backsim \triangle CDB$,所以 $\dfrac{BD}{BC} = \dfrac{BC}{AB}$,

将 $BC = AD$ 代入,即得 $\dfrac{BD}{AD} = \dfrac{AD}{AB} = \varphi$,故 $\dfrac{BC}{AB} = \varphi$.

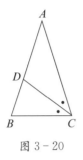

图 3-20

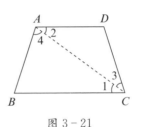

图 3-21

6. 底角为 $72°$ 的等腰梯形,若上底等于腰,则上下底之比等于 φ.

证明 如图 3-21,因为 $\angle B = \angle BCD = 72°$,

又 $AD // BC$,$AD = CD$,

所以 $\angle 1 = \angle 2$,$\angle 2 = \angle 3$.

所以 $\angle 1 = \angle 3 = 36°$,从而 $\angle 4 = 72°$.

所以 $\triangle CAB$ 为顶角等于 $36°$ 的等腰三角形,由结论 5 得 $\dfrac{AD}{BC} = \dfrac{AB}{BC} = \varphi$.

7. 正五边形的边与对角线之比等于 φ.

证明过程略.提示:正五边形的五条对角线相等且构成一五角星形,且不难求得五星顶角为 $36°$,如图 3-22 中 $\triangle ACD$ 就是一顶角为 $36°$ 的等腰三角形,依结论 5,有 $\dfrac{CD}{AC} = \varphi$.

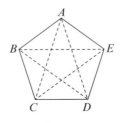

图 3-22

8. 单位圆中内接正十边形边长等于 φ.

证明 如图 3-23,设 AB 是单位圆内接正十边形的边长,则 $\triangle AOB$ 为顶角等于 36° 的等腰三角形,故有 $AB = \dfrac{AB}{OA} = \varphi$.

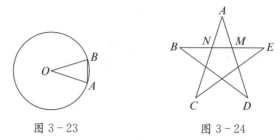

图 3-23   图 3-24

9. 在五角星中,长短不等的线段有四种(如图 3-24 中,NM、BN、BM、BE),它们满足 $\dfrac{MN}{BN} = \dfrac{BN}{BM} = \dfrac{BM}{BE} = \varphi$.

证明过程略. 提示:利用结论 5 及 $\triangle AME \backsim \triangle BAE$,可证得 N 为线段 BM 的黄金分割点,M 为 BE 的黄金分割点.

正五角星与其外接正五边形,可组成 20 个大大小小的顶角为 36° 的等腰三角形,存在数十对比值为黄金数的线段,真可谓一颗五彩缤纷的金星!

10. 在单位正方形中挖去一小正方形,使小正方形的面积等于剩下部分的面积的平方,则小正方形的边长为 φ.

证明 如图 3-25,设小正方形边长为 x,

则 $x^2 = (1-x^2)^2$,即 $x^4 - 3x^2 + 1 = 0$.

所以 $x^2 = \dfrac{3 \pm \sqrt{5}}{2}$,依题意,应舍去 $x^2 = \dfrac{3 + \sqrt{5}}{2}$,于是 $x^2 = \dfrac{3 - \sqrt{5}}{2}$,解得 $x = \pm \dfrac{\sqrt{5} - 1}{2}$,舍去负值,得 $x = \varphi$.

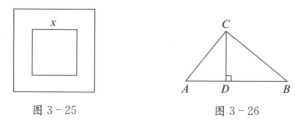

图 3-25   图 3-26

11. 如图 3-26,在 Rt$\triangle ABC$ 中,CD 为斜边 AB 上的高,且 $S^2_{\triangle CBD} = S_{\triangle ADC} \cdot S_{\triangle ABC}$,则 D 为 AB 的黄金分割点,且 $\sin B = \varphi$.

证明　因为 $S^2_{\triangle CBD}=S_{\triangle ADC}\cdot S_{\triangle ABC}$,

即 $\left(\dfrac{BD}{2}\cdot CD\right)^2=\left(\dfrac{AD}{2}\cdot CD\right)\cdot\left(\dfrac{AB}{2}\cdot CD\right).$

得 $BD^2=AD\cdot AB$,即 D 为 AB 的黄金分割点.

又 $AC^2=AD\cdot AB$,所以 $AC=BD$,从而有

$$\sin B=\frac{AC}{AB}=\frac{BD}{AB}=\varphi.$$

12. 把正方形按图 3-27(a)所示的方式剪开后拼成图 3-27(b)所示的长方形,则 $\dfrac{x}{y}=\varphi$.

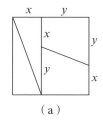 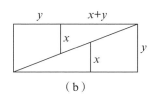

（a）　　　　　　　　　（b）

图 3-27

证明　正方形面积为 $(x+y)^2=x^2+2xy+y^2$,

长方形面积为 $(y+x+y)y=2y^2+xy$.

因为剪拼前后,图形面积不变.所以 $x^2+2xy+y^2=2y^2+xy$.

即有 $\left(\dfrac{x}{y}\right)^2+\left(\dfrac{x}{y}\right)-1=0$,故 $\dfrac{x}{y}=\varphi$(负值舍去).

13. 在平面直角坐标系中,若以三点 $(1,x)$、$(x,1)$、$(-1,-x)$ 为顶点的三角形的面积等于 x,则 $x=\varphi$.

证明　由 $\dfrac{1}{2}\begin{vmatrix} 1 & x & 1 \\ x & 1 & 1 \\ -1 & -x & 1 \end{vmatrix}=x$,得 $x^2+x-1=0$,所以 $x=\varphi$(负值舍去).

14. 设 $u_n=\begin{vmatrix} 1 & -1 & 0 & 0 & \cdots & 0 & 0 \\ 1 & 1 & -1 & 0 & \cdots & 0 & 0 \\ 0 & 1 & 1 & -1 & \cdots & 0 & 0 \\ \vdots & \vdots & \vdots & \vdots & & \vdots & \vdots \\ 0 & 0 & 0 & 0 & \cdots & 1 & -1 \\ 0 & 0 & 0 & 0 & \cdots & 1 & 1 \end{vmatrix}$ 为 n 阶行列式,则

$\lim\limits_{n\to\infty}\dfrac{u_n}{u_{n+1}}=\varphi.$

提示:先证 u_n 为斐波那契数列通项,再求极限得之.这是一道前苏联大学生竞赛题.

下面是第二黄金数一个有趣的结论,通过计算有下面等式:

$$\Phi^2=\Phi+1,\Phi^3=2\Phi+1,\Phi^4=3\Phi+2,$$

$$\Phi^5=5\Phi+3,\Phi^6=8\Phi+5,\Phi^7=13\Phi+8,$$

$$\cdots\cdots$$

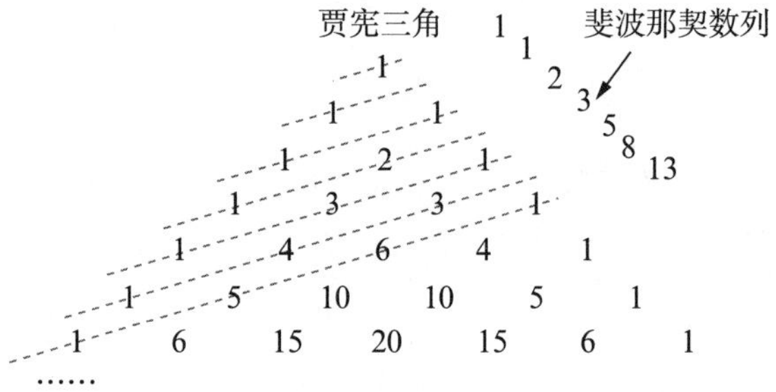

图 3 - 28

常数项依次为 1、1、2、3、5、8、13、…如果在前面补上 $\Phi'=\Phi$,一次项系数就是 1、1、2、3、5、8、13、…为斐波那契数列.如图 3 - 28 所示,斐波那契数列与贾宪三角也有联系!

§3.4 黄金三角形、黄金矩形、黄金椭圆、黄金长方体

下面我们给出黄金三角形、黄金矩形、黄金椭圆以及黄金长方体的概念,及一些有趣的性质.此处省略了证明过程,有兴趣的读者可自己证明.

1. 黄金三角形

对于一个顶角为 $36°$ 的等腰三角形(图 3 - 29(a))和底角为 $36°$ 的等腰三角形(图 3 - 29(b)),它们的底与腰之比等于 φ 或 Φ.这样的三角形称为黄金三角形,不妨分别叫作锐角黄金三角形和钝角黄金三角形.它们三个内角之比分别为 $2:2:1$ 和 $3:1:1$.

如图 3 - 29(c)所示,一个锐角黄金三角形可以分割为一些钝角黄金三角形,它们以螺旋形式可以无限地作下去.设第一个锐角黄金三角形的腰长为 1,则这些螺旋钝角黄金三角形的腰长依次为:$\varphi,\varphi^2,\varphi^3,\varphi^4,\cdots$.以每个钝角黄金三角形的顶点为圆心,腰长为半径作圆弧,这些圆弧组成一条三角形黄金螺线.

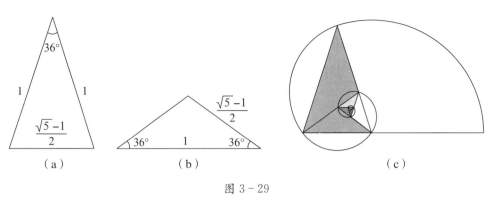

图 3 - 29

黄金三角形有下列性质.

（1）如图 3 - 30,BD 为黄金三角形 ABC 底角 $\angle ABC$ 的平分线,则$\triangle BCD$ 也是黄金三角形.

（2）仿上作$\angle ACB$ 的平分线交 BD 于点 E,则$\triangle CDE$ 也是黄金三角形;如此下去可得一串黄金三角形:$\triangle_1$、$\triangle_2$、$\triangle_3$、$\cdots$、$\triangle_n$、$\cdots$,且所有的黄金三角形相似,其相邻的两黄金三角形的相似比为 φ.

（3）在上述的黄金三角形串$\triangle_1$、$\triangle_2$、$\triangle_3$、$\cdots$、$\triangle_n$、$\cdots$中,$\triangle_{n+3}$ 的右腰与$\triangle_n$ 的左腰平行(如图 3 - 30 中,$\triangle DEF$ 的右腰 DF 与$\triangle ABC$ 的左腰 AB 平行).

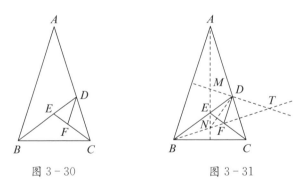

图 3 - 30　　　　　　图 3 - 31

（4）三角形串中$\triangle_n$、$\triangle_{n+1}$、$\triangle_{n+3}$ 的底边上的三条高所在的直线共点(如图 3 - 31,$\triangle ABC$、$\triangle BCD$、$\triangle DEF$ 底边上的高所在的直线 MN、NT、DN 共点,公共点为 N).

与黄金三角形串$\{\triangle_n\}$相邻的均是底角为 36° 的等腰三角形,他们也构成一个三角形串,在这个三角形串中,相邻三个三角形底边上的高也构成黄金三角形(如图 3 - 31,这个三角形串中的$\triangle DAB$、$\triangle EBC$、$\triangle FCD$ 的高构成黄金三角形 TMN).这些黄金三角形也有一些有趣性质,这里就不一一列举了.

将黄金三角形组合成"风筝"和"飞镖",可以拼出许多美丽图案(见图 3‑32). 解决了困扰数学家几十年的非周期镶嵌问题.

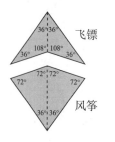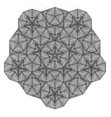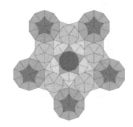

图 3‑32

2. 黄金矩形

宽与长之比为 φ 的矩形叫黄金矩形.

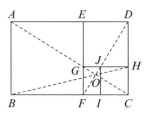

图 3‑33

如图 3‑33,$ABCD$ 为黄金矩形,$AD=1$,$CD=\varphi$,则

(1) CD 是 AD 和 $AD-CD$ 的比例中项.

(2) 作正方形 $ABFE$,则矩形 $EFCD$ 仍为黄金矩形;再作正方形 $EDHG$,则矩形 $FCHG$ 也为黄金矩形,如此下去,可得一串正方形与一串黄金矩形(这反映了它的再生性).

(3) 图 3‑33 中的正方形 $ABFE$、$EDHG$、$CHJI$、$\cdots$,构成一正方形漩涡,其边长组成等比数列:φ、φ^2、φ^3、$\cdots$,其面积和为矩形面积 φ(这给级数和 $\varphi^2+\varphi^4+\varphi^6+\cdots=\varphi$ 以几何解释).

(4) 在上面的一串黄金矩形中,他们都相似,且相邻两矩形相似比等于黄金数.

这串黄金矩形中还有如下性质:

(5) A、G、C 三点共线,D、J、F 三点共线.

(6) AC、DF、BH 三线共点,设交点为 O.

(7) O 为所有黄金矩形的相似中心.

(8) $AC \perp DF$.

(9) $\dfrac{OD}{OA}=\dfrac{OC}{OD}=\dfrac{OF}{OC}=\dfrac{OG}{OF}=\varphi$,$\dfrac{OH}{OB}=\varphi^2$.

（10）点 O 到 BC 的距离为 $\dfrac{\varphi-\varphi^2}{2-\varphi}$，到 DC 的距离为 $\dfrac{1-\varphi}{2-\varphi}$.

（11）点 A、D、C、F、G、J、$\cdots$ 在同一对数螺线上.

将三个同样大小的黄金矩形两两垂直相交，构成如图 3-34 所示的情形，12 个顶点构成一个正二十面体的角顶. 这里它又与柏拉图体建立起联系！

图 3-34

3. 黄金椭圆

若椭圆 $\dfrac{x^2}{a^2}+\dfrac{y^2}{b^2}=1$ 的焦距与长轴之比 $\dfrac{c}{a}=\varphi$，则称此椭圆为黄金椭圆. 以椭圆中心为圆心，$c=\sqrt{a^2-b^2}$，为半径的圆称为焦点圆. 则

（1）黄金椭圆与焦点圆面积相等.

（2）椭圆与焦点圆在第一象限的交点为：$Q(b,\sqrt{\varphi}b)$（如图 3-35）.

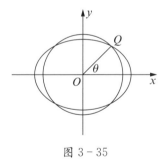

图 3-35

（3）设 OQ 与 x 轴正半轴的夹角为 θ，则 $\tan\theta=\cos\theta=\sqrt{\varphi}$，$\sin\theta=\varphi$.

（4）也有学者将离心率为 $e=\varphi$ 的椭圆定义为黄金椭圆，对应的也有许多有趣的性质.

我们知道，二次曲线本是 π 的天下，岂知黄金数 φ 也在此有立足之地！

4. 黄金长方体

长：宽：高 $=\varphi:1:\dfrac{1}{\varphi}$ 的长方体称为黄金长方体. 黄金长方体的表面积与其

外接球表面积之比是 $1 : \varphi \pi$. 这里 φ 还与 π 建立起了"亲缘"关系.

§3.5 奇异三角形与黄金数

美国著名数学家乔治. 波利亚(George Polya, 1887—1985)曾提出这样一个饶有趣味的几何问题:如果将三角形的三个角与三条边称为三角形的六个基本元素,那么能否找到一对不全等的三角形,使得它们有五个基本元素对应相等?

回答是肯定的. 如 $\triangle ABC$ 和 $\triangle A'B'C'$,若三边分别为 8,12,18 和 12,18,27,因为 $\dfrac{8}{12} = \dfrac{12}{18} = \dfrac{18}{27}$,所以 $\triangle ABC \backsim \triangle A'B'C'$,这两个三角形有三个角和两条边对应相等,而这两个三角形不全等.

如果把满足上述条件的两个三角形叫作奇异三角形,更一般地,有下面的结论:

对于给定的正数 a,以 a、ka、k^2a 和 ka、k^2a、k^3a $\left(\varphi < k < 1 \text{ 或 } 1 < k < \dfrac{1}{\varphi}\right)$ 为边的

两个三角形是奇异三角形. 特别地,当 $k = \sqrt{\varphi}$ 或 $k = \sqrt{\dfrac{1}{\varphi}}$ 时,为奇异直角三角形.

§3.6 黄金分割在几何作图中的应用

下面我们解决几个与黄金分割有关的作图问题,其证明留给读者.

例 3.1 求作边长为 a 的正五边形.

作法 如图 3-36,

(1) 作线段 $BC = a$,取其中点 M.

(2) 作 $FM \perp BC$,垂足为 M,且在 FM 上取点 P,使 $MP = BC = a$.

(3) 连接 BP 延长至点 Q,使 $PQ = \dfrac{a}{2}$,则 BQ 即为正五边形对角线的长.

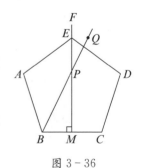

图 3-36

(4) 以 B 为圆心、BQ 为半径画弧交 MF 于点 E,则点 E 为正五边形顶点之一.

(5) 分别以 B、C、E 为圆心、a 为半径画弧得交点 A、D,依次连接 AB、CD、DE、EA 即得所求正五边形.

例 3.2 将半径为 R 的 $\odot O$ 十等分.

作法 如图 $3-37$,

（1）在 $\odot O$ 内取两条互相垂直的半径 OA_0 和 OB.

（2）取 OB 中点 M,连接 $A_0 M$.

（3）在线段 $A_0 M$ 上取 $MP = \dfrac{1}{2} R$.

（4）从 A_0 起,以 $A_0 P$ 为半径,在 $\odot O$ 上逐次截取可得 A_1、A_2、A_3、$\cdots$、A_9,则 A_0、A_1、A_2、$\cdots$、A_9 将 $\odot O$ 十等分.

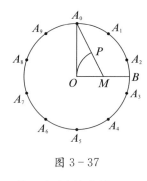

图 $3-37$

图 $3-38$

例 3.3 作已知圆的内接正五边形.

在例 3.2 中,隔点连接有关分点,则可得圆内接正五边形,但下面我们给出它的另一种作法,如图 $3-38$.

（1）在半径为 R 的 $\odot O$ 内作互相垂直的两直径 AS、MN.

（2）取 OM 中点 P,连接 AP.

（3）在线段 PN 上截取 $PQ = AP$.

（4）以 AQ 的长在圆周上依次截取可得分点 A、B、C、D、E.

（5）依次连接 AB、BC、CD、DE、EA 即得圆内接正五边形.

练习与思考

1. 如图是一个正五角星,证明点 M、N 分别为 BE、BM 的黄金分割点.

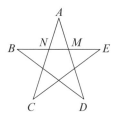

第 1 题图

2. 很早以前，我国民间就流传一种正五边形的近似作法："九五顶五九，八五两边分（如图）."这种作法的精确度是很高的.

（1）验证 M 点极接近 AN 的黄金分割点；

（2）试用这种方法作一边长为 50 毫米的正五边形.

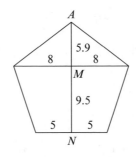

第 2 题图

3. 验证黄金长方体的表面积与其外接球表面积的比为 $1:\varphi\pi$.

4. （安徽赛题）已知正 n 边形共有 n 条对角线，它的周长等于 p，所有对角线长的和等于 q，求 $\dfrac{q}{p}-\dfrac{p}{q}$ 的值.

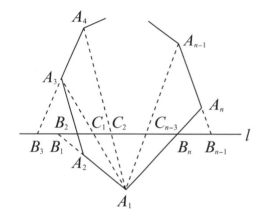

第**4**章

梅涅劳斯定理

美是各部分之间以及各部分与整体之间固有的和谐.

——海森伯

数学美表现在什么地方呢？表现在简单、对称、完备、统一、和谐与奇异.

——张顺燕

§4.1　定理及简史

梅涅劳斯定理　如果一条直线与△ABC 的三边 BC、CA、AB 所在的直线依次交于点 D、E、F,那么

$$\frac{AF}{FB} \cdot \frac{BD}{DC} \cdot \frac{CE}{EA} = 1.$$

梅涅劳斯(Menelaus,约公元 98 年)是古希腊数学家、天文学家,著有几何学和三角学方面的书籍. 他在三角学方面的成就被称为希腊三角术的顶峰,他在自己的著作《球面学》(Sphaerics)的第二篇中介绍了一个关于球面三角形的定理(即本章定理 4.5),这个定理的证明要依据上面的梅涅劳斯定理,所以人们认为,梅涅劳斯定理的证明他早已知道,或已在他先前的著作中证明过. 1678 年,意大利数学家塞瓦(G. Ceva,1648—1734,见第 5 章)又重新发现了这一定理,并连同他自己发现的定理(塞瓦定理)一并发表而流传于世.

§4.2　定理的证明

证明　如图 4 - 1,过点 C 作 $CG /\!/ DF$ 交 AB 于点 G,则有

$$\frac{BD}{DC} = \frac{BF}{FG}, \frac{CE}{EA} = \frac{GF}{FA}.$$

所以

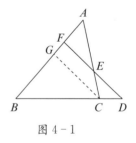

图 4 - 1

$$\frac{AF}{FB} \cdot \frac{BD}{DC} \cdot \frac{CE}{EA} = \frac{AF}{FB} \cdot \frac{BF}{FG} \cdot \frac{FG}{AF} = 1.$$

梅涅劳斯定理的逆命题也成立

逆定理　若 D、E、F 分别为△ABC 三边 BC、CA、AB 所在直线上的点,且

$$\frac{AF}{FB} \cdot \frac{BD}{DC} \cdot \frac{CE}{EA} = 1,$$

则 D、E、F 三点共线.

证明　设 FE 与 BC 交于点 D',由上面的证明有$\frac{AF}{FB} \cdot \frac{BD'}{D'C} \cdot \frac{CE}{EA} = 1$.

又$\frac{AF}{FB} \cdot \frac{BD}{DC} \cdot \frac{CE}{EA} = 1$,所以$\frac{BD'}{D'C} = \frac{BD}{DC}$.

从而点 D' 与点 D 重合,故 D、E、F 三点共线.

§4.3 定理的推广

1. 将三角形向凸 n 边形推广

定理 4.1 一直线 l 截凸 n 边形 $A_1A_2\cdots A_n$ 的边 A_1A_2、A_2A_3、$\cdots$、A_nA_1 或其延长线(不过顶点 A_i)于点 B_1、B_2、$\cdots$、B_n,则

$$\frac{A_1B_1}{B_1A_2}\cdot\frac{A_2B_2}{B_2A_3}\cdot\cdots\cdot\frac{A_nB_n}{B_nA_1}=1.$$

证明 如图 $4-2$,分别连接 A_1A_3、A_1A_4、$\cdots$、A_1A_{n-1},设与 l 的交点分别为 C_1、C_2、$\cdots$、C_{n-3},则由梅涅劳斯定理得

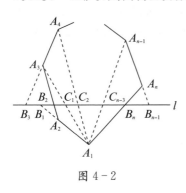

图 $4-2$

$$\frac{A_1B_1}{B_1A_2}\cdot\frac{A_2B_2}{B_2A_3}\cdot\frac{A_3C_1}{C_1A_1}=1,$$

$$\frac{A_1C_1}{C_1A_3}\cdot\frac{A_3B_3}{B_3A_4}\cdot\frac{A_4C_2}{C_2A_1}=1,$$

$$\cdots\cdots$$

$$\frac{A_1B_{n-3}}{B_{n-3}A_{n-1}}\cdot\frac{A_{n-1}B_{n-1}}{B_{n-1}A_n}\cdot\frac{A_nC_n}{C_nA_1}=1.$$

将上面所有式子等号两边分别相乘即得

$$\frac{A_1B_1}{B_1A_2}\cdot\frac{A_2B_2}{B_2A_3}\cdot\cdots\cdot\frac{A_nB_n}{B_nA_1}=1.$$

当然这一定理还可以用数学归纳法和解析法证明,如设各顶点坐标为 $A_i(x_i, y_i)(y_i\neq0,i=1,2,\cdots,n)$,$l$ 的方程为 $y=0$,则

$$\left|\frac{A_1B_1}{B_1A_2}\right|\cdot\left|\frac{A_2B_2}{B_2A_3}\right|\cdot\cdots\cdot\left|\frac{A_nB_n}{B_nA_1}\right|=\left|\frac{y_1}{y_2}\right|\cdot\left|\frac{y_2}{y_3}\right|\cdot\cdots\cdot\left|\frac{y_n}{y_1}\right|=1.$$

但是当 $n\geqslant4$ 时,上述定理的逆命题不成立,即

若 $\dfrac{A_1B_1}{B_1A_2}\cdot\dfrac{A_2B_2}{B_2A_3}\cdot\cdots\cdot\dfrac{A_nB_n}{B_nA_1}=1$,则点 B_1、B_2、

$\cdots$、B_n(当 $n\geqslant4$ 时)不一定共线. 此处举一四边形作为反例. 如图 $4-3$,有 $A_1C_1\parallel C_2A_4\parallel A_2A_3$,

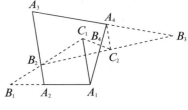

图 $4-3$

从而有

$$\frac{A_1B_1}{B_1A_2}=\frac{A_1C_1}{A_2B_2}\text{、}\frac{A_4B_4}{B_4A_1}=\frac{A_4C_2}{A_1C_1}\text{、}\frac{A_3B_3}{B_3A_4}=\frac{A_3B_2}{A_4C_2},$$

将三式等号两边分别相乘,化简得

$$\frac{A_1B_1}{B_1A_2}\cdot\frac{A_2B_2}{B_2A_3}\cdot\frac{A_3B_3}{B_3A_4}\cdot\frac{A_4B_4}{B_4A_1}=1.$$

由图 4-3,显然有 B_1、B_2、B_3、B_4 不共线.

2. 将三边上共线的三点推广为不共线的三点

在梅涅劳斯定理中,如果我们引入有向线段的概念,如图 4-4,规定 BC 为正方向,D 为 BC 延长线上一点,则 $BD>0$,$DC<0$,因此 $\dfrac{BD}{DC}<0$,梅涅劳斯定理的结论应为

$$\frac{AF}{FB}\cdot\frac{BD}{DC}\cdot\frac{CE}{EA}=-1.$$

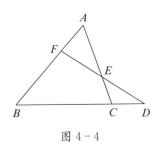

图 4-4

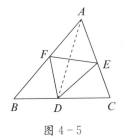

图 4-5

在这种规定下,我们又有下面的推广

定理 4.2 设 D、E、F 分别为 $\triangle ABC$ 三边或其延长线上的点,且

$$\frac{AF}{FB}=\lambda_1,\frac{BD}{DC}=\lambda_2,\frac{CE}{EA}=\lambda_3,$$

则

$$\frac{S_{\triangle DEF}}{S_{\triangle ABC}}=\frac{1+\lambda_1\lambda_2\lambda_3}{(1+\lambda_1)(1+\lambda_2)(1+\lambda_3)}.$$

证明 如图 4-5 所示,因为 $\dfrac{S_{\triangle ABD}}{S_{\triangle BDF}}=\dfrac{BF+FA}{BF}=1+\lambda_1$,$\dfrac{S_{\triangle ABC}}{S_{\triangle ABD}}=\dfrac{BD+DC}{DB}=1+\dfrac{1}{\lambda_2}$,

所以 $S_{\triangle BDF}=\dfrac{1}{1+\lambda_1}S_{\triangle ABD}=\dfrac{\lambda_2}{(1+\lambda_1)(1+\lambda_2)}S_{\triangle ABC}$.

同理 $S_{\triangle CDE}=\dfrac{\lambda_3}{(1+\lambda_2)(1+\lambda_3)}S_{\triangle ABC}$,$S_{\triangle AEF}=\dfrac{\lambda_1}{(1+\lambda_1)(1+\lambda_3)}S_{\triangle ABC}$.

所以 $S_{\triangle DEF}=\left\{1-\left[\dfrac{\lambda_2}{(1+\lambda_1)(1+\lambda_2)}+\dfrac{\lambda_3}{(1+\lambda_2)(1+\lambda_3)}+\dfrac{\lambda_1}{(1+\lambda_1)(1+\lambda_2)}\right]\right\}S_{\triangle ABC}$.

$$=\frac{1+\lambda_1\lambda_2\lambda_3}{(1+\lambda_1)(1+\lambda_2)(1+\lambda_3)}S_{\triangle ABC}.$$

所以 $\dfrac{S_{\triangle DEF}}{S_{\triangle ABC}}=\dfrac{1+\lambda_1\lambda_2\lambda_3}{(1+\lambda_1)(1+\lambda_2)(1+\lambda_3)}$.

此定理还可用解析法证明.

显然当 D、E、F 三点共线时,如图 4-4,三点构不成三角形,$S_{\triangle DEF}=0$,

故有 $1+\lambda_1\lambda_2\lambda_3=0 \Rightarrow \lambda_1\lambda_2\lambda_3=-1$,即为梅涅劳斯定理.

3. 向空间推广

定理 4.3 一平面截空间四边形 $A_1A_2A_3A_4$ 的四边 A_1A_2、A_2A_3、A_3A_4、A_4A_1,分别交于 B_1、B_2、B_3、B_4 四点,则

$$\frac{A_1B_1}{B_1A_2}\cdot\frac{A_2B_2}{B_2A_3}\cdot\frac{A_3B_3}{B_3A_4}\cdot\frac{A_4B_4}{B_4A_1}=1.$$

证明 如图 4-6 所示.

若 $B_1B_2 /\!/ A_1A_3$,则 A_1A_3 平行于 B_1B_2、B_3B_4 所确定的平面,故必有 $A_1A_3 /\!/ B_3B_4$,显然上式成立.

若 B_1B_2 不平行于 A_1A_3,可设 A_1A_3 与 B_1B_2、B_3B_4 所在的平面交于点 P,则有

$$\frac{A_1B_1}{B_1A_2}\cdot\frac{A_2B_2}{B_2A_3}\cdot\frac{A_3P}{PA_1}=1,$$

$$\frac{A_3B_3}{B_3A_4}\cdot\frac{A_4B_4}{B_4A_1}\cdot\frac{A_1P}{PA_3}=1.$$

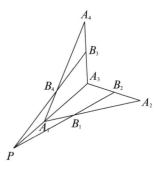

图 4-6

以上两式等号两边分别相乘,即得

$$\frac{A_1B_1}{B_1A_2}\cdot\frac{A_2B_2}{B_2A_3}\cdot\frac{A_3B_3}{B_3A_4}\cdot\frac{A_4B_4}{B_4A_1}=1.$$

反之,还可证明

定理 4.4 若 B_1、B_2、B_3、B_4 分别为空间四边形 $A_1A_2A_3A_4$ 四边 A_1A_2、A_2A_3、A_3A_4、A_4A_1(或其延长线)上的点,且

$$\frac{A_1B_1}{B_1A_2}\cdot\frac{A_2B_2}{B_2A_3}\cdot\frac{A_3B_3}{B_3A_4}\cdot\frac{A_4B_4}{B_4A_1}=1.$$

则 B_1、B_2、B_3、B_4 四点共面.

证明 如图 4-6,若 $B_1B_2 /\!/ A_1A_3$,则

$$\frac{A_1B_1}{B_1A_2}=\frac{B_2A_3}{A_2B_2}.$$

又

$$\frac{A_1B_1}{B_1A_2}\cdot\frac{A_2B_2}{B_2A_3}\cdot\frac{A_3B_3}{B_3A_4}\cdot\frac{A_4B_4}{B_4A_1}=1.$$

所以

$$\frac{A_3B_3}{B_3A_4}\cdot\frac{A_4B_4}{B_4A_1}=1.$$

所以 $B_4B_3 /\!/ A_1A_3$,从而 B_1、B_2、B_3、B_4 四点共面;

若 B_1B_2 不平行于 A_1A_3,设交于点 P,则

由梅涅劳斯定理得

$$\frac{A_1B_1}{B_1A_2} \cdot \frac{A_2B_2}{B_2A_3} \cdot \frac{A_3P}{PA_1}=1.$$

又

$$\frac{A_1B_1}{B_1A_2} \cdot \frac{A_2B_2}{B_2A_3} \cdot \frac{A_3B_3}{B_3A_4} \cdot \frac{A_4B_4}{B_4A_1}=1,$$

所以

$$\frac{A_3B_3}{B_3A_4} \cdot \frac{A_4B_4}{B_4A_1} \cdot \frac{A_1P}{PA_3}=1.$$

从而 B_3、B_4、P 三点共线,因此 B_2B_1 与 B_3B_4 交于点 P,B_1、B_2、B_3、B_4 四点共面.

4. 将平面三角形向球面三角形推广

最后我们给出梅涅劳斯定理向球面三角形的一个推广,它是梅涅劳斯的《球面学》第三篇的第一个定理.

定理 4.5 设 ABC 为球面三角形,一圆弧与 ABC 三边(弧)或其延长弧分别交于点 D、E、F(图 4 - 7),则

$$\frac{\sin \overparen{AF}}{\sin \overparen{FB}} \cdot \frac{\sin \overparen{BD}}{\sin \overparen{DC}} \cdot \frac{\sin \overparen{CE}}{\sin \overparen{EA}}=1.$$

该定理的证明超出本书范围,略.

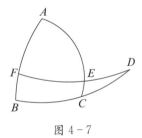

图 4 - 7

§4.4 定理的应用

为叙述方便,不妨把梅涅劳斯定理中的△ABC 称为梅氏三角形,直线 DEF 称为梅氏直线.

1. 证线段相等

例 4.1 在△$ABC(AB>AC)$的边 AB、AC 上分别有点 D、E,DE 的延长线交 BC 的延长线于点 P,且 $\dfrac{BP}{CP}=\dfrac{BD}{CE}$,求证:$AD=AE$.

证明 如图 4 - 8,将△ABC 看成梅氏三角形,直线

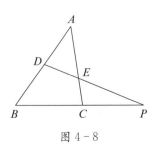

图 4 - 8

DEP 看成梅氏直线,则由梅涅劳斯定理,有 $\dfrac{BP}{PC}\cdot\dfrac{CE}{EA}\cdot\dfrac{AD}{DB}=1$.

又 $\dfrac{BP}{CP}=\dfrac{BD}{CE}$,所以 $AD=AE$.

2. 证角相等

例 4.2 如图 4-9,$BE=CD$,$EF=DF$. 求证:$\angle B=\angle ACB$.

证明 把 $\triangle DAE$ 看成梅氏三角形,直线 BFC 看成梅氏直线,则有 $\dfrac{AB}{BE}\cdot\dfrac{EF}{FD}\cdot$

$\dfrac{DC}{CA}=1$.

又 $BE=CD$,$EF=DF$,所以 $\dfrac{AB}{CA}=1$,即 $AB=AC$,所以 $\angle B=\angle ACB$.

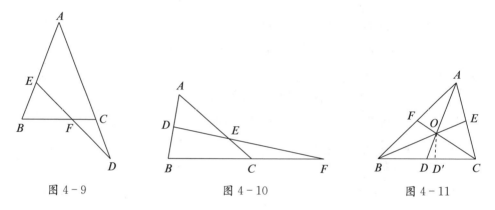

图 4-9　　　　　　　图 4-10　　　　　　　图 4-11

3. 证线段二次等式

例 4.3 如图 4-10,在 $\triangle ABC$ 中,$BD=CE$,DE 的延长线交 BC 的延长线于点 F. 求证:$AC\cdot EF=AB\cdot DF$.

证明 将 $\triangle ADE$ 看成梅氏三角形,直线 BCF 看成梅氏直线,则有 $\dfrac{AB}{BD}\cdot\dfrac{DF}{FE}\cdot$

$\dfrac{EC}{CA}=1$.

又 $BD=CE$,所以 $AC\cdot EF=AB\cdot DF$.

4. 证三线共点

例 4.4 证明三角形三条中线交于一点.

证明 如图 4-11,AD、BE、CF 是 $\triangle ABC$ 的三条中线. 设中线 BE、CF 交于点 O,D 为 BC 中点,把 $\triangle AFC$ 看成梅氏三角形,直线 BOE 看成梅氏直线,则有 $\dfrac{AB}{BF}\cdot$

$$\frac{FO}{OC} \cdot \frac{CE}{EA} = 1.$$

又 $AB = 2BF, CE = EA,$

代入上式,得 $2FO = OC.$

连接 AO 并延长,交 BC 于点 D',将 $\triangle FBC$ 看成梅氏三角形,直线 AOD 看成梅氏直线,则有 $\frac{BD'}{D'C} \cdot \frac{CO}{OF} \cdot \frac{FA}{AB} = 1.$

又 $OC = 2OF, AB = 2FA,$

所以 $BD' = D'C.$

所以点 D 与点 D' 重合,因而三中线交于一点.

5. 证三点共线

例 4.5 如图 4-12,设 $\triangle ABC$ 的 $\angle A$ 的外角平分线与边 BC 的延长线交于点 P,$\angle B$ 的平行线与边 CA 交于点 Q,$\angle C$ 的平分线和边 AB 交于点 R,则 P、Q、R 三点共线.

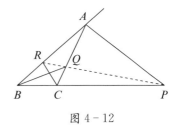

图 4-12

证明 依内(外)角平分线定理,可得

$$\frac{BP}{PC} \cdot \frac{CQ}{QA} \cdot \frac{AR}{RB} = \frac{AB}{CA} \cdot \frac{BC}{AB} \cdot \frac{CA}{BC} = 1.$$

所以,由逆定理得,R、Q、P 三点共线.

6. 解定值问题

例 4.6 如图 4-13,过 $\angle XOY$ 的平分线上一点 A,任作一直线与 OX、OY 分别相交于点 P、Q,求证:$\frac{1}{OP} + \frac{1}{OQ}$ 为定值.

证明 过点 A 作 $MN \perp OA$,交 OX 于点 N、交 OY 于点 M,则 $AM = AN$,$OM = ON$. 将 $\triangle QAM$ 看成梅氏三角形,OX 看成梅氏直线,则有 $\frac{MO}{OQ} \cdot \frac{QP}{PA} \cdot \frac{AN}{NM} = 1.$

又 $MN = 2AN$,所以 $\frac{MO}{OQ} = \frac{2PA}{QP}.$

将 $\triangle ANP$ 看成梅氏三角形,OY 看成梅氏直线,则有

$$\frac{NO}{OP} \cdot \frac{PQ}{QA} \cdot \frac{AM}{MN} = 1.$$

又 $MN = 2AM$,所以 $\frac{NO}{OP} = \frac{2AQ}{PQ}.$

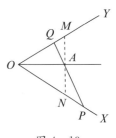

图 4-13

因为 $\dfrac{MO}{OQ}=\dfrac{2PA}{QP}$，$\dfrac{NO}{OP}=\dfrac{2AQ}{PQ}$，

所以 $\dfrac{MO}{OQ}+\dfrac{NO}{OP}=\dfrac{2PA}{QP}+\dfrac{2AQ}{PQ}=2$.

所以 $\dfrac{1}{OP}+\dfrac{1}{OQ}=\dfrac{2}{ON}$（定值）.

7. 求比值

例 4.7　如图 $4-14$，有 $\dfrac{AB}{BC}=\dfrac{DF}{FB}=2$，求 $\dfrac{DE}{EC}$、$\dfrac{AF}{FE}$.

解　将 $\triangle BDC$ 看成梅氏三角形，AFE 看成梅氏直线，则有 $\dfrac{DF}{FB}\cdot\dfrac{BA}{AC}\cdot\dfrac{CE}{ED}=1$.

所以 $\dfrac{DE}{EC}=\dfrac{DF}{FB}\cdot\dfrac{BA}{AC}=\dfrac{2}{1}\cdot\dfrac{2}{3}=\dfrac{4}{3}$.

将 $\triangle ACE$ 看成梅氏三角形，DFB 看成梅氏直线，

则有 $\dfrac{AF}{FE}\cdot\dfrac{ED}{DC}\cdot\dfrac{CB}{BA}=1$，所以 $\dfrac{AF}{FE}\cdot\dfrac{DC}{ED}\cdot\dfrac{AB}{CB}=\dfrac{7}{4}\cdot\dfrac{2}{1}=\dfrac{7}{2}$.

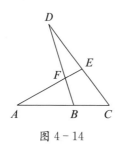　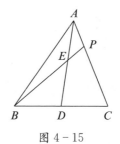

图 $4-14$　　　　　图 $4-15$

8. 证线段的和差倍分

例 4.8　如图 $4-15$，AD 为 $\triangle ABC$ 的中线，E 为 AD 的中点，连接 BE 并延长，交 AC 于点 P. 求证：$AP=\dfrac{1}{2}CP$，$BE=3EP$.

证明　将 $\triangle ADC$ 看成梅氏三角形，直线 BEP 看成梅氏直线，则有 $\dfrac{CB}{BD}\cdot\dfrac{DE}{EA}\cdot\dfrac{AP}{PC}=1$.

又 $BC=2BD$，$DE=EA$，所以 $AP=\dfrac{1}{2}CP$.

将 $\triangle BCP$ 看成梅氏三角形，直线 AED 看成梅氏直线，则有 $\dfrac{CA}{AP}\cdot\dfrac{PE}{EB}\cdot\dfrac{BD}{DC}=1$.

又 $AC=3AP$，$BD=DC$，所以 $BE=3EP$.

例4.9　如图 4 - 16,在 $\triangle ABC$ 中,$AB>AC$,过 BC 中点 D 作直线垂直于 $\angle A$ 的平分线交 AB 于点 E,交 AC 的延长线于点 F. 求证:$BE=CF=\dfrac{1}{2}(AB-AC)$.

证明　易证 $AE=AF$,将 $\triangle ABC$ 看成梅氏三角形,直线 EDF 看成梅氏直线,则有 $\dfrac{AF}{FC}\cdot\dfrac{CD}{DB}\cdot\dfrac{BE}{EA}=1$.

又 $AE=AF,BD=CD$,所以 $BE=CF$.

而 $\dfrac{1}{2}(AB-AC)=\dfrac{1}{2}(AE+BE-AC)$

$$=\dfrac{1}{2}(AF+CF-AC)$$

$$=\dfrac{1}{2}\cdot 2CF=CF.$$

所以 $BE=CF=\dfrac{1}{2}(AB-AC)$.

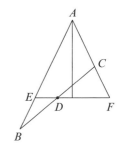

图 4 - 16

关于梅涅劳斯定理的应用,后面的章节中还会看到.

练习与思考

1. 如图,已知 $\dfrac{AE}{EC}=\dfrac{3}{2}$,$\dfrac{BC}{CD}=\dfrac{2}{5}$,求 $\dfrac{DE}{EF}$.

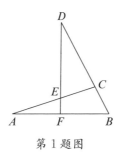

第 1 题图

2. 已知 M 为 $\triangle ABC$ 的中线 AD 上的点,直线 BM 与边 AC 交于点 N,且 AB 为 $\triangle NBC$ 外接圆的切线. 设 $BC=\lambda BN,BM=\varphi MN$. 则 λ 与 φ 的关系为(　　).

(A)$\varphi=\lambda^2$　　　　(B)$\varphi=\lambda^2-1$　　　　(C)$\varphi=\dfrac{\lambda^3}{\lambda+1}$　　　　(D)$\varphi=\lambda^2+1$

3. 已知 E、F 为 $\triangle ABC$ 的 BC 边上的点,$BE:EF:FC=1:2:3$,D 为 AC 的中点,BD 被 AE、AF 截得三线段的长依次为 x、y、z. 求 $x:y:z$.

4. 如图, M、N 分别为 $\square ABCD$ 的边 BC、CD 的中点, AM、AN 分别交 BD 于点 P、Q. 求证: $S_{\triangle ABP}=S_{\triangle APQ}=S_{\triangle AQD}$.

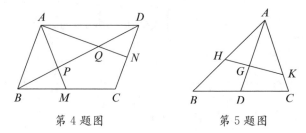

第 4 题图　　　　　　第 5 题图

5. 如图, G 为 $\triangle ABC$ 的重心, 过点 G 作直线分别交直线 AB、AC 于点 H、K. 求证: $\dfrac{BH}{HA}+\dfrac{CK}{KA}$ 为定值.

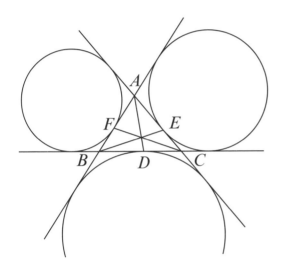

第**5**章

塞瓦定理

数学是关于事物秩序的科学——它的目的就在于探索、描述并理解隐藏在复杂现象背后的秩序.

——格里森

§5.1　定理及简史

与梅涅劳斯定理对偶的有塞瓦定理.

塞瓦定理　设 D、E、F 分别为 $\triangle ABC$ 三边 BC、CA、AB 或延长线上的点,且 AD、BE、CF 平行或共点,则

$$\frac{AF}{FB} \cdot \frac{BD}{DC} \cdot \frac{CE}{EA} = 1.$$

塞瓦(G. Ceva,1648—1734)是意大利几何学家、水利工程师.上述定理载于他的《关于直线》一书中,他用纯几何方法和基于静力学规律,从不同的角度证明了这一结论,并把它和自己重新发现的梅涅劳斯定理一同发表而流传至今.

塞瓦定理是解决共点线问题的有力工具.

§5.2　定理的证明

证明　若 $AD /\!/ EB /\!/ FC$,如图 5-1(a),则

$$\frac{AF}{FB} \cdot \frac{BD}{DC} \cdot \frac{CE}{EA} = \frac{DC}{BC} \cdot \frac{BD}{DC} \cdot \frac{CB}{BD} = 1.$$

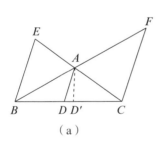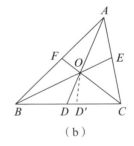

（a）　　　　　　　　（b）

图 5-1

若 AD、BE、CF 交于点 O,如图 5-1(b)所示.

因为 $\dfrac{AF}{FB} = \dfrac{S_{\triangle AFC}}{S_{\triangle FBC}} = \dfrac{S_{\triangle AFO}}{S_{\triangle FBO}} = \dfrac{S_{\triangle AFC} - S_{\triangle AFO}}{S_{\triangle FBC} - S_{\triangle FBO}} = \dfrac{S_{\triangle OAC}}{S_{\triangle OBC}}$,

同理 $\dfrac{BD}{DC} = \dfrac{S_{\triangle OAB}}{S_{\triangle OAC}}$,$\dfrac{CE}{EA} = \dfrac{S_{\triangle OBC}}{S_{\triangle OAB}}$.

所以 $\dfrac{AF}{FB} \cdot \dfrac{BD}{DC} \cdot \dfrac{CE}{EA} = \dfrac{S_{\triangle OAC}}{S_{\triangle OBC}} \cdot \dfrac{A_{\triangle OAB}}{S_{\triangle OAC}} \cdot \dfrac{S_{\triangle OBC}}{S_{\triangle OAB}} = 1.$

塞瓦定理的逆命题也成立.

塞瓦定理逆定理　若 D、E、F 分别为 $\triangle ABC$ 三边 BC、CA、AB 或其延长线上

的点,且 $\dfrac{AF}{FB} \cdot \dfrac{BD}{DC} \cdot \dfrac{CE}{EA} = 1$,则 AD、BE、CF 平行或共点.

证明 因为 $\dfrac{AF}{FB} \cdot \dfrac{BD}{DC} \cdot \dfrac{CE}{EA} = 1$,

当 $BE /\!/ CF$ 时,如图 5 - 1(a)所示,作 $AD' /\!/ BE$,交 BC 于点 D';当 BE 与 CF 交于点 O 时,连接 AO,设与 BC 交于点 D',由塞瓦定理有

$$\frac{AF}{FB} \cdot \frac{BD'}{D'C} \cdot \frac{CE}{AE} = 1.$$

比较两式,有 $\dfrac{BD'}{D'C} = \dfrac{BD}{DC}$,所以点 D' 与 D 重合,故 AD、BE、CF 平行或共点,命题得证.

§5.3 定理的变形与推广

1. 将塞瓦定理中的线段换为角度

定理 5.1 D、E、F 分别是 $\triangle ABC$ 三边 BC、AC、AB 或其延长线上的点,AD 与 AB、AC 的夹角分别为 α_1、α_2,BE 与 BC、BA 的夹角分别为 β_1、β_2,CF 与 CA、CB 的夹角分别为 γ_1、γ_2.若 AD、BE、CF 平行或共点,则

$$\frac{\sin \alpha_1}{\sin \alpha_2} \cdot \frac{\sin \beta_1}{\sin \beta_2} \cdot \frac{\sin \gamma_1}{\sin \gamma_2} = 1.$$

证明 如图 5 - 2 所示,根据塞瓦定理及正弦定理有

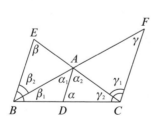 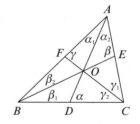

图 5 - 2

$$\frac{AF}{FB} \cdot \frac{BD}{DC} \cdot \frac{CE}{EA} = \frac{\dfrac{CA}{\sin \gamma}\sin \gamma_1 \quad \dfrac{AB}{\sin \alpha}\sin \alpha_1 \quad \dfrac{BC}{\sin \beta}\sin \beta_1}{\dfrac{BC}{\sin \gamma}\sin \gamma_2 \quad \dfrac{CA}{\sin \alpha}\sin \alpha_2 \quad \dfrac{AB}{\sin \beta}\sin \beta_2}$$

$$= \frac{\sin \alpha_1 \sin \beta_1 \sin \gamma_1}{\sin \alpha_2 \sin \beta_2 \sin \gamma_2} = 1.$$

故定理 5.1 与塞瓦定理是等价的，定理成立. 定理 5.1 的逆定理也成立，见定理 5.2.

定理 5.2 若 D、E、F 分别是$\triangle ABC$ 三边 BC、CA、AB 或其延长线上的点，AD 与 AB、AC 的夹角分别为 α_1、α_2，BE 与 BC、BA 的夹角分别为 β_1、β_2，CF 与 CA、CB 的夹角分别为 γ_1、γ_2.

若$\dfrac{\sin\alpha_1\sin\beta_1\sin\gamma_1}{\sin\alpha_2\sin\beta_2\sin\gamma_2}=1$，则 AD、BE、CF 平行或共点.

2. 将三线共点或平行推广为两两相交

定理 5.3 如图 5-3，若 D、E、F 分别为$\triangle ABC$ 三边 BC、CA、AB 上的点，$\dfrac{AF}{FB}=\lambda_1$，$\dfrac{BD}{DC}=\lambda_2$，$\dfrac{CE}{EA}=\lambda_3$，AD、BE、CF 两两相交得$\triangle PQR$，则

$$\frac{S_{\triangle PQR}}{S_{\triangle ABC}}=\frac{(\lambda_1\lambda_2\lambda_3-1)^2}{(1+\lambda_1+\lambda_1\lambda_2)(1+\lambda_2+\lambda_2\lambda_3)(1+\lambda_3+\lambda_3\lambda_1)}.$$

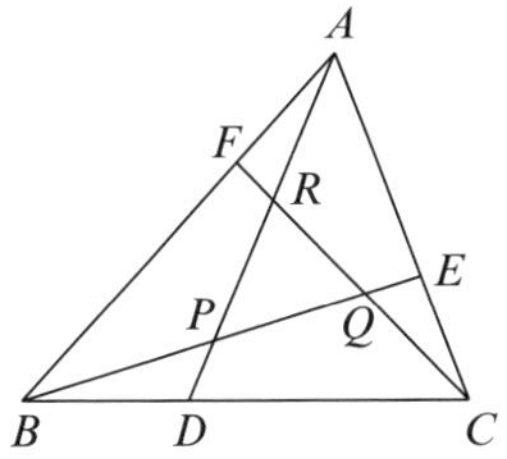

图 5-3

证明 因为 CRF 截$\triangle ABD$. 由梅涅劳斯定理有

$$\frac{AR}{RD}\cdot\frac{DC}{CB}\cdot\frac{BF}{FA}=1.$$

所以$\dfrac{AR}{RD}\cdot\dfrac{1}{1+\lambda_2}\cdot\dfrac{1}{\lambda_1}=1$，即$\dfrac{AR}{RD}=\lambda_1(1+\lambda_2)$. 所以$\dfrac{AR}{AD}=\dfrac{\lambda_1(1+\lambda_2)}{1+\lambda_1+\lambda_1\lambda_2}$.

所以
$$\begin{aligned}S_{\triangle ARC}&=\frac{\lambda_1(1+\lambda_2)}{1+\lambda_1+\lambda_1\lambda_2}S_{\triangle ADC}\\&=\frac{\lambda_1(1+\lambda_2)}{1+\lambda_1+\lambda_1\lambda_2}\cdot\frac{1}{1+\lambda_2}\cdot S_{\triangle ABC}\\&=\frac{\lambda_1}{1+\lambda_1+\lambda_1\lambda_2}S_{\triangle ABC}.\end{aligned}$$

同理有

$$S_{\triangle ABP}=\frac{\lambda_2}{1+\lambda_2+\lambda_2\lambda_3}S_{\triangle ABC},$$

$$S_{\triangle BCQ}=\frac{\lambda_3}{1+\lambda_3+\lambda_3\lambda_1}S_{\triangle ABC}.$$

从而

$$\begin{aligned}S_{\triangle PQR}&=\left[1-\left(\frac{\lambda_1}{1+\lambda_1+\lambda_1\lambda_2}+\frac{\lambda_2}{1+\lambda_2+\lambda_2\lambda_3}+\frac{\lambda_3}{1+\lambda_3+\lambda_3\lambda_1}\right)\right]S_{\triangle ABC}\\&=\frac{(1-\lambda_1\lambda_2\lambda_3)^2}{(1+\lambda_1+\lambda_1\lambda_2)(1+\lambda_2+\lambda_2\lambda_3)(1+\lambda_3+\lambda_3\lambda_1)}S_{\triangle ABC}.\end{aligned}$$

所以

$$\frac{S_{\triangle PQR}}{S_{\triangle ABC}} = \frac{(1-\lambda_1\lambda_2\lambda_3)^2}{(1+\lambda_1+\lambda_1\lambda_2)(1+\lambda_2+\lambda_2\lambda_3)(1+\lambda_3+\lambda_3\lambda_1)}.$$

显然当 AD、BE、CF 交于一点时，$S_{\triangle PQR}=0$. 有 $\lambda_1\lambda_2\lambda_3=1$，为塞瓦定理（三线共点的情形）；反之，由 $\lambda_1\lambda_2\lambda_3=1$（因 AD、BE、CF 必两两相交），又导出 $S_{\triangle PQR}=0$，即三线共点.

§5.4 定理的应用

用塞瓦定理证三线共点问题有特殊效应.

例 5.1 证明三角形的三条高交于一点.

证明 如图 $5-4$，在 $\triangle ABC$ 中，AD、BE、CF 分别是边 BC、AC、AB 上的高. 因为 $\alpha_1=\gamma_2$，$\beta_1=\alpha_2$，$\gamma_1=\beta_2$，所以有

$$\frac{\sin \alpha_1 \sin \beta_1 \sin \gamma_1}{\sin \alpha_2 \sin \beta_2 \sin \gamma_2}=1.$$

又 AC、BC 相交，故其垂线 AD、BE 不平行，由定理 5.2，有 AD、BE、CF 共点.

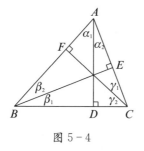

图 5-4

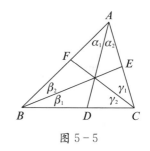

图 5-5

例 5.2 证明三角形三内角平分线交于一点.

证明 如图 $5-5$，在 $\triangle ABC$ 中，AD、BE、CF 分别是三条角平分线. 因 $\alpha_1=\alpha_2$，$\beta_1=\beta_2$，$\gamma_1=\gamma_2$，所以

$$\frac{\sin \alpha_1 \sin \beta_1 \sin \gamma_1}{\sin \alpha_2 \sin \beta_2 \sin \gamma_2}=1.$$

故三角平分线 AD、BE、CF 交于一点.

例 5.3 设点 D、E、F 分别是 $\triangle ABC$ 的内切圆或旁切圆在边 BC、CA、AB 或延长线上的切点，则 AD、BE、CF 共点.

证明 如图 5 - 6,据切线长定理,有 $EA=AF,FB=BD,DC=CE$,所以
$$\frac{AF}{FB}\cdot\frac{BD}{DC}\cdot\frac{CE}{EA}=1.$$

故 AD、BE、CF 共点.

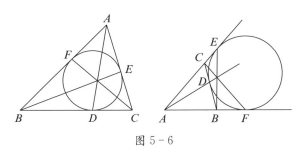

图 5 - 6

例 5.4 如图 5 - 7,$\triangle ABC$ 的三个旁切圆分别与边 BC、CA、AB 相切于点 D、E、F,则 AD、BE、CF 共点.

证明 设 $\triangle ABC$ 三边为 a、b、c,令 $p=\frac{1}{2}(a+b+c)$.

因为 $AF=p-b=CD,AE=p-c=BD,BF=p-a=CE$.

有 $\frac{AF}{FB}\cdot\frac{BD}{DC}\cdot\frac{CE}{EA}=1$,

所以 AD、BE、CF 共点.

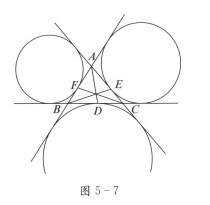

图 5 - 7

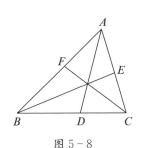

图 5 - 8

例 5.5 通过三角形顶点并分(内分)对边成为与邻边平方成比例的两部分的直线交于一点.

证明 如图 5 - 8,设 $\triangle ABC$ 的三边分别为 a、b、c.

因为 $\frac{AF}{FB}\cdot\frac{BD}{DC}\cdot\frac{CE}{EA}=\frac{b^2}{a^2}\cdot\frac{c^2}{b^2}\cdot\frac{a^2}{c^2}=1$.

所以 AD、BE、CF 共点.

练习与思考

1. 证明：三角形三条中线交于一点.

2. 平行于△ABC 的边 BC 的直线分别交 AB、AC 于点 D、E，BE、CD 相交于点 S. 则 AS 的延长线必过 BC 边的中点 F.

3. S 为△ABC 的中线 AF 上的任意一点，BS 交 AC 于点 E，CS 交 AB 于点 D，求证：DE∥BC.

4. 已知 D、E、F 分别为△ABC 的 BC、CA、AB 边上的点，且 $\dfrac{AF}{FB}=\dfrac{BD}{DC}=\dfrac{CE}{EA}=2$. AD 与 BE、CF 分别交于点 P、Q，BE 交 CF 于点 R，问：△ABC 的面积是△PQR 面积的几倍？

5. (高中赛题)如图，四边形 ABCD 的两组对边延长后得交点 E、F，对角线 BD∥EF，AC 的延长线交 EF 于点 G. 求证：EG＝GF.

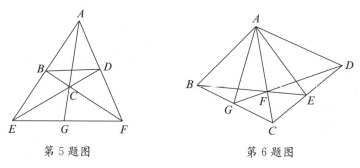

第 5 题图　　　　　第 6 题图

6. (高中联赛)在四边形 ABCD 中，对角线 AC 平分∠BAD，在 CD 上取一点 E，BE 与 AC 交于点 F，延长 DF 交 BC 于点 G. 求证：∠GAC＝∠EAC.

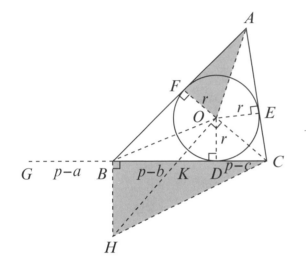

第6章

海伦—
秦九韶公式

秦九韶作为一位有世界影响的中国数学家,当之无愧.

——赖伯勒

秦九韶是他的时代中在他本国以及全世界各国中的最伟大数学家之一.

——萨顿

§6.1　公式及简史

1. 海伦公式

海伦(Heron,约公元 1 世纪),活跃于亚历山大后期,写了不少测量、力学和数学专著,可惜大都失传,只有《度量论》在 1896 年由舍内(R. Schone)发现其手抄本,并于 1903 年校订出版. 在这本书中,他给出了计算三角形面积的两个公式:

(1) 若三角形的一边长为 a,这边上的高为 h,则其面积

$$S=\frac{1}{2}ah.\tag{公式一}$$

(2) 若三角形的三边长分别为 a、b、c,令 $p=\frac{1}{2}(a+b+c)$,则其面积

$$S=\sqrt{p(p-a)(p-b)(p-c)}.\tag{公式二}$$

公式二称为海伦公式. 但海伦不是"海伦公式"的发现者. 根据阿拉伯数学家比鲁尼(al-Biruni,973—约 1050)记载,这个公式由阿基米德发现,但海伦给出了一个非常经典的证明.

2. 秦九韶公式

设三角形三边分别为 a、b、c,则三角形面积

$$S=\frac{1}{2}\sqrt{c^2a^2-\left(\frac{c^2+a^2-b^2}{2}\right)^2}.$$

这就是著名的秦九韶公式,也叫三斜求积公式.

秦九韶(字道古,约 1202—约 1261),南宋数字家,宋绍定四年(1231 年)考中进士,先后在今湖北、安徽、江苏、浙江等地任文武官员,1261 年左右被贬至梅州(今属广东),不久死于任所. 他在政务之余,对数学进行潜心钻研,他广泛搜集历学、数学、星象、音律、营造等资料,进行分析、研究. 宋淳祐四年至七年(1244—1247 年),他在为母亲守孝时,把长期积累的数学知识和研究所得加以编辑,写成了闻名的巨著《数书九章》,并创造了"大衍求一术",也被称为"中国剩余定理". 他所论的"正负开方术",被称为"秦九韶程序". 世界各国从小学、中学到大学的数学课程,几乎都接触到他的定理、定律和解题原则.

秦九韶在其数学巨著《数书九章》卷五中,所述的第二题是:"问沙田一段,有三斜(三角形三边),其小斜一十三(小边 $c=13$)里,中斜一十四(中边 $b=14$)里,大斜

一十五(大边 $a=15$)里,里法三百步(每 300 步 1 里).欲知为田几何?""答曰:田积三百一十五顷(每 100 亩为 1 顷)."

"术曰:以少广求之,以小斜幂(c^2)并大斜幂(加 a^2)减中斜幂(b^2),余半之(除以 2),自乘(平方)于上;以小斜幂乘大斜幂减上(用 c^2a^2 减去上式),余四约之(除以 4),为实;一为从隅,开平方得积."

对于方程 $px^2=q$,秦九韶将 q 称为实,p 称为隅."一为从隅"即 $p=1$.其求法即为

$$S^2=\frac{1}{4}\left[c^2a^2-\left(\frac{c^2+a^2-b^2}{2}\right)^2\right],$$

$$S=\frac{1}{2}\sqrt{c^2a^2-\left(\frac{c^2+a^2-b^2}{2}\right)^2}.$$

这就是秦九韶的三斜求积公式.

§6.2 公式的证明

首先是海伦公式的证明.下面的证法 1 来自海伦《度量论》一书.

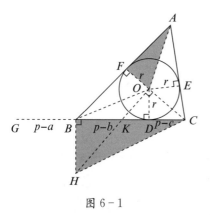

图 6-1

证法 1 如图 6-1,$\triangle ABC$ 的内切圆 $\odot O$ 与三边的切点分别为 D、E、F,设内切圆半径为 r.在 $\triangle ABC$ 中,角 A、B、C 的对边依次记为 a、b、c,则

$$\begin{aligned}
S_{\triangle ABC}&=S_{\triangle OBC}+S_{\triangle OAC}+S_{\triangle OAB}\\
&=\frac{1}{2}ar+\frac{1}{2}br+\frac{1}{2}cr\\
&=pr.
\end{aligned}$$

延长 CB 至点 G,使 $BG=AF$.则 $GC=p$,$GB=p-a$,$BD=p-b$,$DC=p-c$,$S_{\triangle ABC}^2=p^2r^2$.

过点 O 作 $OK\perp OC$,交 BC 于点 K,过点 B 作 $BH\perp BC$ 交 OK 的延长线于点 H.连接 HC.则点 H、C、O、B 四点共圆($\angle HBC=\angle HOC=90°$).所以 $\angle BHC+\angle BOC=180°$.又 $\angle FOA+\angle BOC=180°$,所以 $\angle FOA=\angle BHC$.所以 $\triangle FOA\backsim \triangle BHC$.又 $\triangle ODK\backsim\triangle HBK$,所以 $\frac{BC}{BH}=\frac{FA}{FO}=\frac{GB}{OD}$,即 $\frac{BC}{GB}=\frac{BH}{OD}=\frac{BK}{KD}$.

由合比定理有 $\frac{BC+GB}{GB}=\frac{BK+KD}{KD}$,即 $\frac{GC}{GB}=\frac{BD}{KD}$.

所以 $\dfrac{GC}{GB} \cdot \dfrac{GC}{GC} = \dfrac{BD}{KD} \cdot \dfrac{DC}{DC}$.

即 $\dfrac{GC^2}{GB \cdot GC} = \dfrac{BD \cdot DC}{OD^2}$，得 $GC^2 \cdot OD^2 = GC \cdot GB \cdot BD \cdot DC$.

即 $p^2 \cdot r^2 = p(p-a)(p-b)(p-c)$.

所以 $S = \sqrt{p(p-a)(p-b)(p-c)}$.

这是一个荡气回肠、令人惊叹的证明！看似随意漫游，实则始终朝着一个既定的目标，海伦向我们展示了他精湛的几何证明技巧和娴熟的代数运算，将一些初等几何知识组合得非常巧妙而漂亮，堪称几何证明的一个经典. 通过引入参数 p，公式形式简洁、和谐、对称，体现了数学之美.

证法 2　如图 6 - 2，有

$$c^2 = h^2 + m^2, \qquad ①$$

$$b^2 = h^2 + n^2. \qquad ②$$

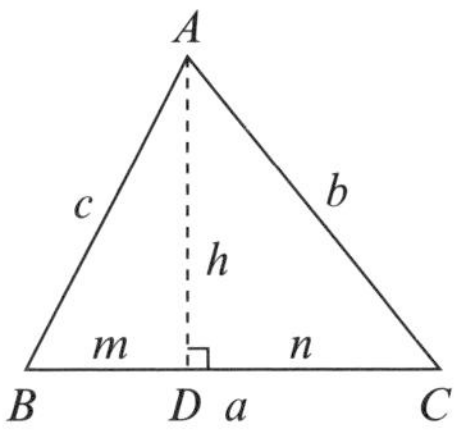

图 6 - 2

①－②得 $c^2 - b^2 = (m+n)(m-n) = a[m-(a-m)]$
$$= 2am - a^2,$$

所以

$$m = \frac{a^2 + c^2 - b^2}{2a}.$$

于是有 $h^2 = c^2 - m^2$

$$= c^2 - \left(\frac{a^2 + c^2 - b^2}{2a}\right)^2$$

$$= \frac{(a+b+c)(a-b+c)(a+b-c)(-a+b+c)}{4a^2}$$

$$= \frac{16p(p-a)(p-b)(p-c)}{4a^2},$$

$$h = \frac{2\sqrt{p(p-a)(p-b)(p-c)}}{a}.$$

所以

$$S = \frac{1}{2}ah = \sqrt{p(p-a)(p-b)(p-c)}.$$

证法 3　因为 $\cos C = \dfrac{a^2 + b^2 - c^2}{2ab}$，

所以

$$S = \frac{1}{2}ab \cdot \sin C = \frac{1}{2}ab\sqrt{1 - \cos^2 C} = \frac{1}{2}ab\sqrt{1 - \left(\frac{a^2 + b^2 - c^2}{2ab}\right)^2}.$$

化简整理得
$$S=\sqrt{p(p-a)(p-b)(p-c)}.$$

证法 4 如图 6-3,设 O、O' 分别为 $\triangle ABC$ 的内心与旁心,r、R 分别是 $\odot O$、$\odot O'$ 的半径,D、E 是切点.

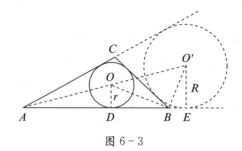

图 6-3

易知 $AE=p$,$AD=p-a$,$DB=p-b$,$BE=p-c$,由于 $\angle OBO'=90°$,所以 $Rt\triangle BOD \backsim Rt\triangle O'BE$.

所以
$$\frac{OD}{BE}=\frac{BD}{O'E},$$

即
$$\frac{r}{p-c}=\frac{p-b}{R},$$

得
$$R=\frac{(p-b)(p-c)}{r}. \qquad\qquad ③$$

又 $\triangle AOD \backsim \triangle AO'E$,

因为
$$\frac{OD}{O'E}=\frac{AD}{AE},$$

即
$$\frac{r}{R}=\frac{p-a}{p},\quad pr=(p-a)R. \qquad\qquad ④$$

由③④可得
$$S=pr=(p-a)R=\frac{(p-a)(p-b)(P-c)}{r}=\frac{p(p-a)(p-b)(p-c)}{S}.$$

所以
$$S=\sqrt{p(p-a)(p-b)(p-c)}.$$

证法 5 如图 6 - 4，⊙O 为△ABC 的内切圆，则
$$\tan\frac{A}{2}=\frac{r}{x}, \tan\frac{B}{2}=\frac{r}{y}, \tan\frac{C}{2}=\frac{r}{z}.$$

因为
$$\left(\tan\frac{C}{2}\right)^{-1}=\cot\frac{C}{2}=\tan\left(90°-\frac{C}{2}\right)=\tan\frac{A+B}{2}=\frac{\tan\frac{A}{2}+\tan\frac{B}{2}}{1-\tan\frac{A}{2}\tan\frac{B}{2}},$$

所以
$$\tan\frac{A}{2}\tan\frac{B}{2}+\tan\frac{B}{2}\tan\frac{C}{2}+\tan\frac{C}{2}\tan\frac{A}{2}=1.$$

即有
$$\frac{r}{x}\cdot\frac{r}{y}+\frac{r}{y}\cdot\frac{r}{z}+\frac{r}{z}\cdot\frac{r}{x}=1.$$

所以
$$r^2(x+y+z)=xyz,$$
$$r^2 p=(p-a)(p-b)(p-c).$$

所以
$$S^2=(rp)^2=p(p-a)(p-b)(p-c),$$
$$S=\sqrt{p(p-a)(p-b)(p-c)}.$$

证法 6 如图 6 - 4，
因为
$$\sin\frac{A}{2}=\frac{r}{\sqrt{x^2+r^2}}, \cos\frac{A}{2}=\frac{x}{\sqrt{x^2+r^2}},$$

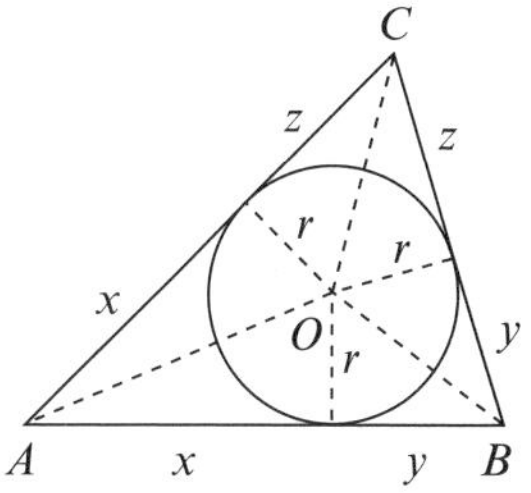

所以
$$S=\frac{1}{2}bc\cdot\sin A$$
$$=\frac{1}{2}bc\cdot 2\sin\frac{A}{2}\cos\frac{A}{2}$$
$$=bc\cdot\frac{r}{\sqrt{x^2+r^2}}\cdot\frac{x}{\sqrt{x^2+r^2}}$$
$$=\frac{bc\cdot r\cdot x}{x^2+r^2}=pr.$$

图 6 - 4

所以
$$pr^2=(bc-px)x=[(x+z)(x+y)-(x+y+z)x]x=xyz.$$

所以

$$S^2 = (rp)^2 = p(p-a)(p-b)(p-c).$$

所以

$$S = \sqrt{p(p-a)(p-b)(p-c)}.$$

本公式还有行列式证法、复数证法等其他证法.

下面是秦九韶公式的证明.

证明 如图 6-5(a),在△ABC 中,作高 $AD=h$,设 $BD=m$,$DC=n$.

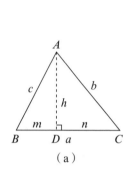 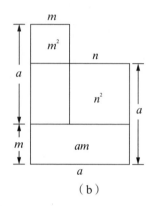

（a） （b）

图 6-5

由 $S = \dfrac{1}{2}ah$（古代称为圭田求积法）,得

$$S^2 = \frac{1}{4}a^2h^2. \qquad\qquad ⑤$$

由勾股定理

$$h^2 = c^2 - m^2. \qquad\qquad ⑥$$

将⑥代入⑤得

$$S^2 = \frac{1}{4}a^2(c^2-m^2) = \frac{1}{4}(a^2c^2 - a^2m^2). \qquad\qquad ⑦$$

又依⑥得

$$b^2 = h^2 + n^2 = c^2 - m^2 + n^2 \qquad\qquad ⑧$$

从图 6-5(b),由演段法（推导方程的几何方法）得知

$$n^2 = a^2 + m^2 - 2am. \qquad\qquad ⑨$$

以⑨代入⑧得

$$b^2 = c^2 - m^2 + a^2 + m^2 - 2am = c^2 + a^2 - 2am,$$

$$m = \frac{c^2 + a^2 - b^2}{2a}.$$

代入⑦得

$$S^2 = \frac{1}{4}\left[c^2 a^2 - a^2\left(\frac{a^2 + c^2 - b^2}{2a}\right)^2\right]$$

$$= \frac{1}{4}\left[c^2 a^2 - \left(\frac{a^2 + c^2 - b^2}{2}\right)^2\right].$$

所以

$$S = \frac{1}{2}\sqrt{c^2 a^2 - \left(\frac{a^2 + c^2 - b^2}{2}\right)^2}.$$

秦九韶公式得证.

实际上这个公式中的三斜具有"对称性",a、b、c 只要分别表示三边即可,不一定专指大斜、中斜、小斜.

若令 $p = \frac{1}{2}(a+b+c)$,将 $S^2 = \frac{1}{4}\left[c^2 a^2 - \left(\frac{a^2 + c^2 - b^2}{2}\right)^2\right]$ 右端作如下变形:

$$S^2 = \frac{1}{16}\left[(2ac)^2 - (a^2 + c^2 - b^2)^2\right]$$

$$= \frac{1}{16}\left[(c+a)^2 - b^2\right]\left[b^2 - (c-a)^2\right]$$

$$= \frac{1}{16}(a+b+c)(a+c-b)(b+c-a)(b+a-c)$$

$$= p(p-a)(p-b)(p-c).$$

得 $S = \sqrt{p(p-a)(p-b)(p-c)}$.　（＊）

上述推导每一步都是可逆的,因此秦九韶公式与海伦公式是等价的.

两者形式不一,海伦公式简洁对称,但秦九韶公式也有优势. 如下题:

设三角形三边长分别为 1、4、$\sqrt{17}$,求三角形面积.

用海伦公式,得 $p = \frac{5 + \sqrt{17}}{2}$,

$$S = \sqrt{\frac{5+\sqrt{17}}{2}\left(\frac{5+\sqrt{17}}{2}-1\right)\left(\frac{5+\sqrt{17}}{2}-4\right)\left(\frac{5+\sqrt{17}}{2}-\sqrt{17}\right)} = \cdots = 2.$$

会陷于烦琐的二次根式运算. 若选择秦九韶公式,会顺利很多.

$$S = \frac{1}{2}\sqrt{1^2 \times 4^2 - \left(\frac{1^2 + 4^2 - \sqrt{17}^2}{2}\right)^2} = 2.$$

§6.3 公式的变形与推广

1. 已知各边对应中线、高

定理 6.1 在 $\triangle ABC$ 中,若三边分别为 a、b、c,其对应的中线分别为 m_a、m_b、m_c,$p_m = \frac{1}{2}(m_a + m_b + m_c)$,则 $\triangle ABC$ 的面积为

$$S = \frac{4}{3}\sqrt{p_m(p_m - m_a)(p_m - m_b)(p_m - m_c)}.$$

证明 如图 $6-6$,G 为 $\triangle ABC$ 的重心,延长中线 AD 至点 E,使 $DE = DG$.

则 $EG = \frac{2}{3}m_a$,$EC = \frac{2}{3}m_b$,$CG = \frac{2}{3}m_c$,

由海伦公式,得

$$S_{\triangle GEC} = \sqrt{p'\left(p' - \frac{2}{3}m_a\right)\left(p' - \frac{2}{3}m_b\right)\left(p' - \frac{2}{3}m_c\right)}.$$

其中 $p' = \frac{1}{2}\left(\frac{2}{3}m_a + \frac{2}{3}m_b + \frac{2}{3}m_c\right)$.

又 $p_m = \frac{3}{2}p' = \frac{1}{2}(m_a + m_b + m_c)$,

则 $S_{\triangle GEC} = \frac{4}{9}\sqrt{p_m(p_m - m_a)(p_m - m_b)(p_m - m_c)}.$

所以 $S = 3S_{\triangle GEC} = \frac{4}{3}\sqrt{p_m(p_m - m_a)(p_m - m_b)(p_m - m_c)}.$

图 $6-7$ 是定理 6.1 的一个无字证明:

如图 $6-7(b)$,$\triangle CEF$ 是以中线 m_a、m_b、m_c 为边的三角形,显然有 $S_{\triangle CEF} = \frac{3}{4}S$,即 $S = \frac{4}{3}S_{\triangle CEF}$.

图 6-6

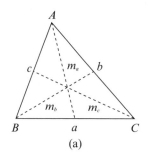

(a)

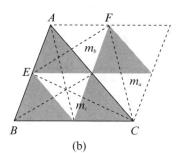

(b)

图 6-7

定理 6.2 若$\triangle ABC$三边分别为a、b、c，其对应的高分别为h_a、h_b、h_c，$\triangle ABC$面积记为S，记$S'=\dfrac{1}{S}$，$h'_a=\dfrac{1}{h_a}$，$h'_b=\dfrac{1}{h_b}$，$h'_c=\dfrac{1}{h_c}$，$p'_h=\dfrac{1}{2}(h'_a+h'_b+h'_c)$，

则$S'=4\sqrt{p'_h(p'_h-h'_a)(p'_h-h'_b)(p'_h-h'_c)}$.

证明 因为$ah_a=bh_b=ch_c=2S$，所以$\dfrac{a}{2S}=\dfrac{1}{h_a}=h'_a$，$\dfrac{b}{2S}=\dfrac{1}{h_b}=h'_b$，$\dfrac{c}{2S}=\dfrac{1}{h_c}=h'_c$.

由海伦公式，有$S=\sqrt{p(p-a)(p-b)(p-c)}$.

两边同除以S^2，得

$$\begin{aligned}\frac{S}{S^2}&=\sqrt{\frac{p(p-a)(p-b)(p-c)}{S^4}}\\&=\sqrt{\frac{p}{S}\left(\frac{p}{S}-\frac{a}{S}\right)\left(\frac{p}{S}-\frac{b}{S}\right)\left(\frac{p}{S}-\frac{c}{S}\right)}\\&=4\sqrt{\frac{p}{2S}\left(\frac{p}{2S}-\frac{a}{2S}\right)\left(\frac{p}{2S}-\frac{b}{2S}\right)\left(\frac{p}{2S}-\frac{c}{2S}\right)}\\&=4\sqrt{p'_h(p'_h-h'_a)(p'_h-h'_b)(p'_h-h'_c)}.\end{aligned}$$

其中$p'_h=\dfrac{p}{2S}=\dfrac{1}{2}\left(\dfrac{a}{2S}+\dfrac{b}{2S}+\dfrac{c}{2S}\right)=\dfrac{1}{2}(h'_a+h'_b+h'_c)$.

所以$S'=4\sqrt{p'_h(p'_h-h'_a)(p'_h-h'_b)(p'_h-h'_c)}$.

其中$p'_h=\dfrac{1}{2}(h'_a+h'_b+h'_c)$.

定理6.1和定理6.2酷似海伦公式，其中定理6.1由万恒亮提出，定理6.2四由朱广军提出.

2. 将三角形向圆内接四边形推广

定理 6.3 设$ABCD$为圆内接四边形，$AB=a$，$BC=b$，$CD=c$，$DA=d$，设$p=\dfrac{1}{2}(a+b+c+d)$，则$S=\sqrt{(p-a)(p-b)(p-c)(p-d)}$.

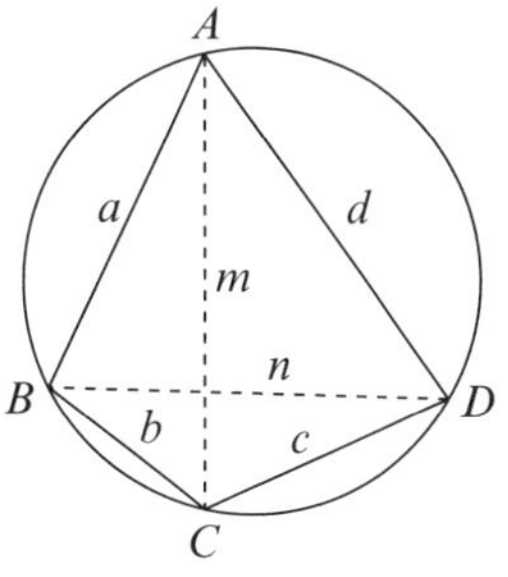

图6-8

证明 如图6-8，设$AC=m$，$DB=n$，由贝利契纳德(Bretschneider)公式和托勒密定理，有

$$\begin{aligned}S&=\frac{1}{4}\sqrt{4m^2n^2-(a^2-b^2+c^2-d^2)^2}\\&=\frac{1}{4}\sqrt{4(ac+bd)^2-(a^2-b^2+c^2-d^2)^2}\\&=\frac{1}{4}\sqrt{(a+b+c-d)(a+c+d-b)(a+b+d-c)(b+d+c-a)}\\&=\sqrt{(p-a)(p-b)(p-c)(p-d)}.\end{aligned}$$

显然当 $d=0$ 时,四边形变为三角形,海伦-秦九韶公式为其特例.

3. 向任意四边形推广

定理 6.4 在四边形 $ABCD$ 中,$AB=a,BC=b,CD=c,DA=d$,设 $p=\dfrac{1}{2}(a+b+c+d)$,$\angle A+\angle C=2\theta$,则四边形面积 $S=\sqrt{(p-a)(p-b)(p-c)(p-d)-abcd\cos^2\theta}$.

证明 如图 6-9,因为 $S_{\triangle ABD}=\dfrac{1}{2}ad\sin A$,$S_{\triangle BCD}=\dfrac{1}{2}bc\sin C$,

所以 $S=\dfrac{1}{2}ad\sin A+\dfrac{1}{2}bc\sin C$. $4S^2=(ad\sin A+bc\sin C)^2$.

而 $BD^2=a^2+d^2-2ad\cos A=b^2+c^2-2bc\cos C$.

所以 $ad\cos A-bc\cos C=-\dfrac{1}{2}(b^2+c^2-a^2-d^2)$.

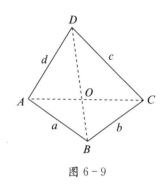

图 6-9

故 $\quad 4S^2+\dfrac{1}{4}(b^2+c^2-a^2-d^2)^2$

$\qquad =(ad\sin A+bc\sin C)^2+(ad\cos A-bc\cos C)^2$

$\qquad =a^2d^2+b^2c^2-2abcd\cos 2\theta$

$\qquad =a^2d^2+b^2c^2-2abcd(2\cos^2\theta-1)$

$\qquad =(ad+bc)^2-4abcd\cos^2\theta$.

于是 $16S^2=4(ad+bc)^2-(b^2+c^2-a^2-d^2)^2-16abcd\cos^2\theta$

$\qquad\qquad =16(p-a)(p-b)(p-c)(p-d)-16abcd\cos^2\theta$.

所以 $S=\sqrt{(p-a)(p-b)(p-c)(p-d)-abcd\cos^2\theta}$.

显然当 $2\theta=180°$ 时,四边形为圆内接四边形,定理 6.4 即为定理 6.3. 定理 6.4 还表明,在四边形四边一定的情况下,以内接于圆的四边形面积最大.

4. 向四面体推广

定理 6.5 设四面体共顶点的三条棱的长分别为 a、b、c,α、β、γ 分别是其相邻的棱组成的面角,ω 是这三个面角之和的一半,则四面体体积

$$V=\dfrac{1}{3}abc\sqrt{\sin\omega\sin(\omega-\alpha)\sin(\omega-\beta)\sin(\omega-\gamma)}.$$

这与海伦-秦九韶公式也是极相似的.

如果我们把秦九韶的"三斜求积"公式

$$S=\dfrac{1}{2}\sqrt{c^2a^2-\left(\dfrac{c^2+a^2-b^2}{2}\right)^2}$$

变形,整理,可得已知三角形三边求面积的"三边求积"公式

$$S = \frac{1}{4}\sqrt{2a^2b^2 + 2b^2c^2 + 2c^2a^2 - a^4 - b^4 - c^4}. \qquad ⑩$$

对四面体也有类似的"六棱求积"公式,见定理 6.6.

定理 6.6 若四面体某一个面的三条棱长分别为 a'、b'、c',它们的相对棱的长分别为 a、b、c,记

$$P = (aa')^2(b^2 + b'^2 + c^2 + c'^2 - a^2 - a'^2),$$
$$Q = (bb')^2(c^2 + c'^2 + a^2 + a'^2 - b^2 - b'^2),$$
$$R = (cc')^2(a^2 + a'^2 + b^2 + b'^2 - c^2 - c'^2),$$
$$S = (a'b'c')^2 + (a'bc)^2 + (b'ca)^2 + (c'ab)^2.$$

则四面体的体积为

$$V = \frac{1}{12}\sqrt{P + Q + R - S}.$$

与⑩式酷似,公式中的 P、Q、R 分别为四面体相对(即互为异面)两棱积的平方乘以另外四条棱的平方和与这对棱的平方和的差所得的积;公式中的 S 为四面体每个面上三条棱的积的平方和.抓住这些特点,"六棱求积"公式也就容易记住了.

定理 6.3、定理 6.4 的证明超出本书的范围,这里略去.

§6.4 海伦三角形

海伦-秦九韶公式是一个带有根号的式子,因此面积若为一个整数,就显得特别珍贵.由此引出对这类特殊三角形的研究.

海伦三角形 边长和面积都是整数的三角形称为海伦三角形.

特别地,对于海伦三角形,若三边长互素,称为基本海伦三角形.

海伦、秦九韶都在自己的著作中,列举过这类特殊的三角形.那么,满足什么条件的三角形面积一定是整数?关于这个问题,包括大数学家欧拉、拉格朗日、高斯都有过研究.

更特殊地,我国数学史学家沈康身在其 2004 年出版的《数学的魅力(一)》中提出,是否存在三边长、面积、外接圆半径、内切圆半径均为整数的三角形——"完美海伦三角形"? 2008 年,天津师范大学的边欣教授在论文《关于完美海伦三角形的存在性》("数学教学"2008 年 10 期)中证明了完美海伦三角形不存在.

海伦三角形是大量存在的,如满足勾股数的直角三角形,其面积均为整数,因此以勾股数为边的三角形都是海伦三角形.而且由两个直角海伦三角形可以拼出斜的海伦三角形.如图 6-10 所示,当两个三角形有一直角边相等时可以直接拼成海伦三角形.即两个勾股数分别为(5,12,13)和(9,12,15)的直角三角形可以拼合而成(13,14,15)和(13,4,15)两个海伦三角形.

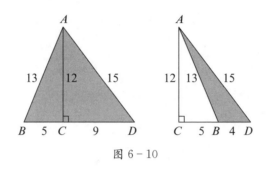

图 6-10

当没有相等的直角边时,可以通过"相似变换",使两个勾股形有一条直角边相等,拼接后再变换一次,把非整数边化为整数边.如图 6-11 所示.

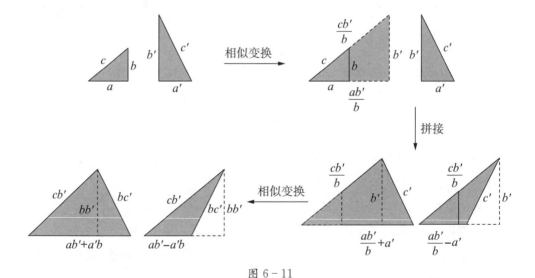

图 6-11

一般地,按图 6-11 的程序,可以得到六个海伦数组:

$$(a'c, bc', |a'a+bb'|) \quad (a'c, bc', |a'a-bb'|)$$

$$(b'c, ac', |b'b+aa'|) \quad (b'c, ac', |b'b-aa'|)$$

$$(b'c, bc', |b'a+ba'|) \quad (b'c, bc', |b'a-ba'|)$$

如何构造海伦三角形,数学家巴歇、欧拉、高斯、舒伯特,我国著名的数学教育家许莼舫有过深入研究.

我国学者朱道勋、刘毅文、蒋明斌、吴波等得出海伦三角形的如下性质：

性质 1 基本海伦三角形三边长必为两奇一偶.

性质 2 不存在边长是 1 或是 2 的海伦三角形.

性质 3 海伦三角形面积都是 6 的倍数.

性质 4 海伦三角形至多有一条边是 3 的倍数.

性质 5 以三个连续自然数 $2k-1,2k,2k+1(k\geqslant2)$ 为边长的海伦三角形,当且仅当 k 是不定方程 $3m^2+1=k^2$ 的正整数解: $k=\dfrac{1}{2}\left[(2+\sqrt{3})^t+(2-\sqrt{3})^t\right]$, $m=\dfrac{\sqrt{3}}{6}\left[(2+\sqrt{3})^t-(2-\sqrt{3})^t\right]$. t 是正整数 $1,2,3,\cdots$

$3m^2+1=k^2$ 是有名的"佩尔方程" $x^2-Ay^2=1$ 的一个特例. 法国数学家拉格朗日(J. L. Lagrange,1736—1813)曾据此求得边长为三个连续自然数的所有海伦三角形,其中最小的 6 个是:

$$(3,4,5),(13,14,15),(51,52,53),$$
$$(193,194,195),(723,724,725),(2701,2702,2703).$$

性质 6 边长为 3、4、5 的三角形是唯一的连续自然数直角海伦三角形,除此之外的连续自然数海伦三角形都是锐角三角形.

性质 7 任意一个锐角海伦三角形都可以分成两个直角海伦三角形.

性质 8 三边都不是 3 的倍数的海伦三角形有无穷多个. 如(25,74,77),(25,25,14),(13,37,40)等.

性质 9 面积和周长数值相等的海伦三角形只有 5 种:(5,12,13),(6,8,10),(6,25,29),(7,15,20),(9,10,17).

性质 10 周长是面积数值 2 倍(n 为正整数)的海伦三角形只有一个:(3,4,5).

性质 11 存在这样的圆:它上面有这样的 $n(n\geqslant3)$ 个点,以其中任意三个点为顶点的三角形都是海伦三角形.

§6.5 公式的应用

例 6.1 在△ABC 中,已知 $AB=14$,$BC=13$,$CA=15$,有一圆的圆心 O 在 AB 上,且分别与 AC、BC 相切,求此圆的半径.

解　如图 6-12,设⊙O 的半径为 R,与边 AC、BC 的切点分别为 D、E,连接 OD、OE,则 $OD=OE=R$,且 $OD\perp AC$,$OE\perp BC$. 因为 $S_{\triangle AOC}+S_{\triangle OBC}=S_{\triangle ABC}$,由海伦-秦九韶公式,有 $\frac{15}{2}R+\frac{13}{2}R=\sqrt{21\times(21-13)\times(21-14)\times(21-15)}$. 解得 $R=6$,即⊙O 的半径为 6.

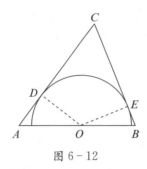

图 6-12

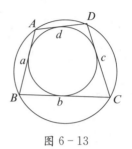

图 6-13

例 6.2　已知三角形三边长的比是 $9:10:17$,它的面积是 144 平方米,求这个三角形各边的长.

解　设三角形三边长分别为 $9k$、$10k$、$17k$,由海伦-秦九韶公式,有

$$144=\sqrt{18k(18k-9k)(18k-10k)(18k-17k)}.$$

解得 $k=2$,故三角形三边长分别为 18 米、20 米、34 米.

例 6.3　证明:同时有外接圆和内切圆的四边形,它的面积等于四边连乘积的平方根.

证明　如图 6-13,四边形 $ABCD$ 的四边长分别为 a、b、c、d,因为 $p=a+c=b+d$,所以 $S_{四边形ABCD}=\sqrt{(p-a)(p-b)(p-c)(p-d)}=\sqrt{abcd}$.

练习与思考

1. 已知 $\triangle ABC$ 的三边分别为 a、b、c,求高 h_a、h_b、h_c.

2. 已知 $\triangle ABC$ 三边分别为 a、b、c,求内切圆半径 r 和外接圆半径 R.

3. 边长和面积都为整数的三角形称为海伦三角形. 其边长构成的数组称为海伦数组. 如:$(5,5,6)$,$(13,20,21)$,$(25,51,52)$,$(41,104,105,)$,$\cdots$,(a_n,b_n,c_n).

设半周长为 p_n,写出 a_n、p_n 与 n 的关系式,并求出 a_n、b_n 在 c_n 上的射影,观察它们有什么美妙的性质.

4. 在三棱锥 $S-ABC$ 中,侧棱 SA、SB、SC 的长分别为 a、b、c,又 $\angle ASB=60°$,$\angle ASC=\angle BSC=90°$,求此棱锥的体积.

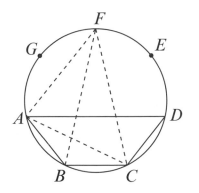

第**7**章

托勒密定理

在大多数学科里，一代人的建筑为下一代人所拆毁，一个人的创造被另一个人所破坏.唯独数学，每一代人都在古老的大厦上添加一层楼.

——汉克尔

§7.1　定理及简史

托勒密定理　圆内接四边形的两组对边乘积之和等于两对角线的乘积.

托勒密(C. Ptolemaeus,约 90—168),天文学家、地理学家,也是三角学的先驱者之一. 他的研究对许多领域(数学、物理学、地理学、天文学)都具有重要意义,在《天文学的伟大数学结构》(共 13 卷)这部著作中,托勒密力图从数学上论证自己的地心系学说. 在波兰天文学家哥白尼(N. Copernicus,1473—1543)建立正确反映现实世界的日心系之前,"托勒密体系"统治了约 14 个世纪. 托勒密还以下列事实而闻名. 他第一个怀疑欧几里得平行线公设的明显性,并试图推证出它的正确性来,这为后来许多几何学家类似的尝试开了个头,一直到罗巴切夫斯基(Н. И. Лобачевский,1792—1856)才从这种失败的尝试中走出来,并发现了非欧几何. 在《数学上的语法》这部主要著作中,托勒密继承了吉巴尔赫的算弦术以及孟纳与毕达哥拉斯的几何成果,同时利用上述定理有效地改进了计算弦长的方法. 他根据两个已知弧所对的弦长,求出这两个弧的和或差所对的弦长,以及已知弧的一半所对的弦长. 并使用 60 进制的分数,列出从 0°到 180°每相差 0.5°的弦长表,这就是第一个三角函数表,拿他的这张表与今天的正弦函数表比较,便可知他的计算十分精确. 上述定理其实在他之前就有了,但这个定理对计算这张表是必不可少的,托勒密把它作为引理给予证明,故因此而命名.

§7.2　定理的证明

探索托勒密定理的证明,是件有趣味的事,下面仅给出四种有代表性的证法.

证法 1　如图 7-1,在 BD 上取点 P,使 $\angle PAB=\angle CAD$,则 $\triangle ABP \backsim \triangle ACD$.

于是 $\dfrac{AB}{AC}=\dfrac{BP}{CD}$,所以 $AB \cdot CD=AC \cdot BP$.　　　①

由 $\angle PAB=\angle CAD$,易得 $\angle BAC=\angle PAD$,于是 $\triangle ABC \backsim APD$.

所以 $\dfrac{BC}{PD}=\dfrac{AC}{AD}$,

即 $BC \cdot AD=AC \cdot PD$.　　　②

①+②得

$$AB \cdot CD+BC \cdot AD=AC \cdot (BP+PD)=AC \cdot BD.$$

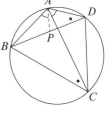

图 7-1

证法 2 如图 7-2,在 AB 的延长线上取点 P,使 $\angle PCA = \angle DCB$,则 $\triangle ACP \backsim \triangle DCB$,

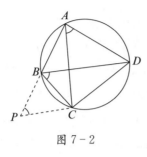

图 7-2

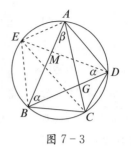

图 7-3

于是

$$\frac{AC}{DC} = \frac{AP}{DB},$$

即

$$AC \cdot DB = DC \cdot AP. \qquad ③$$

又由

$$\angle CBP = \angle ADC, \angle BPC = \angle CBD = \angle CAD,$$

得

$$\triangle ACD \backsim \triangle PCB.$$

所以

$$\frac{AD}{PB} = \frac{CD}{CB}, AD \cdot CB = CD \cdot PB. \qquad ④$$

③－④得

$$AC \cdot DB - AD \cdot CB = CD(AP - PB) = AB \cdot CD.$$

即

$$AC \cdot BD = AB \cdot CD + BC \cdot AD.$$

证法 3 如图 7-3,作 $AE /\!/ DB$ 交圆于点 E,分别连接 EB、EC、ED,则 $AEBD$ 为等腰梯形,$EB = AD$,$ED = AB$,$\angle EBC + \angle EDC = 180°$. 设 $\angle ABD = \angle BDE = \alpha$,$\angle BAC = \beta$,$AC$ 与 BD 相交于点 G,AB 与 DE 相交于点 M.

因为四边形 $ABCD$ 的面积 $S_{ABCD} = \frac{1}{2} AC \cdot BD \cdot \sin \angle AGD$

$$= \frac{1}{2} AC \cdot BD \cdot \sin (\alpha + \beta)$$

$$= \frac{1}{2} AC \cdot BD \cdot \sin \angle EDC. \qquad ⑤$$

又四边形 $EBCD$ 的面积为

$$S_{EBCD}=S_{\triangle EBC}+S_{\triangle ECD}$$

$$=\frac{1}{2}EB\cdot BC\cdot\sin\angle EBC+\frac{1}{2}ED\cdot DC\cdot\sin\angle EDC$$

$$=\frac{1}{2}(EB\cdot BC+ED\cdot DC)\cdot\sin\angle EDC. \qquad ⑥$$

由等腰梯形 $AEBD$ 中，易知 $\triangle EBM\cong\triangle ADM$，所以 $S_{ABCD}=S_{EBCD}$，比较⑤和⑥，并将 $EB=AD$，$ED=AB$ 代入即得

$$AC\cdot BD=AD\cdot BC+AB\cdot DC.$$

证法 4 如图 7-4 所示，设 $AB=a$，$BC=b$，$CD=c$，$DA=d$，$AC=m$，$BD=n$，$\angle ABC=\theta$，在 $\triangle ABC$ 和 $\triangle ADC$ 中，分别由余弦定理得

$$m^2=a^2+b^2-2ab\cos\theta, \qquad ⑦$$

$$m^2=c^2+d^2-2cd\cos(180°-\theta)$$

$$=c^2+d^2+2cd\cos\theta. \qquad ⑧$$

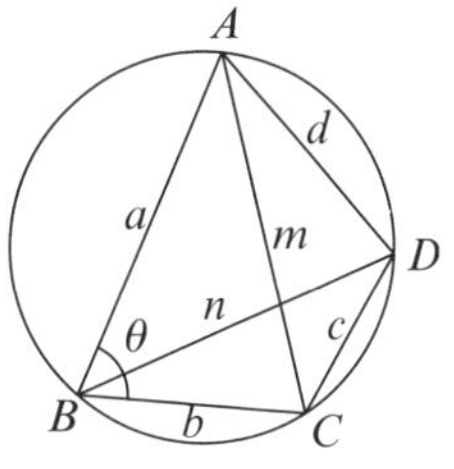

图 7-4

⑦$\times cd+$⑧$\times ab$ 得

$$(ab+cd)m^2=cd(a^2+b^2)+ab(c^2+d^2).$$

化简得

$$m=\sqrt{\frac{(ac+bd)(ad+bc)}{ab+cd}}.$$

同理有

$$n=\sqrt{\frac{(ab+cd)(ac+bd)}{ad+bc}}.$$

两式相乘即得 $mn=ac+bd$.

得证 $AC\cdot BD=AD\cdot BC+AB\cdot DC.$

在例 22.3 中我们还可以看到它的另一有趣的证明.

§7.3 定理的推广

1. 向直线上推广

如果我们把 $\overset{\frown}{AD}$ 剪开，展成直线（即当圆的半径无穷大时），托勒密等式也成立.

定理 7.1 若 A、B、C、D 为一直线上依次排列的四点,则 $AB \cdot CD + BC \cdot AD = AC \cdot BD$.

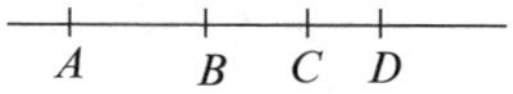

图 7-5

证明 如图 7-5,有

$$AB \cdot CD + BC \cdot AD = AB \cdot CD + BC \cdot (AC + CD)$$
$$= AB \cdot CD + BC \cdot CD + AC \cdot BC$$
$$= (AB + BC) \cdot CD + AC \cdot BC$$
$$= AC \cdot (CD + BC) = AC \cdot BD.$$

2. 向任意四边形推广

定理 7.2 设 $ABCD$ 为任意四边形,则有

$$AB \cdot CD + BC \cdot AD \geqslant AC \cdot BD.$$

当且仅当 A、B、C、D 共圆时取等号.

证明 如图 7-6,取一点 E,使 $\angle BAE = \angle CAD$,$\angle ABE = \angle ACD$.

则 $\triangle ABE \backsim \triangle ACD$.

所以 $\dfrac{AB}{BE} = \dfrac{AC}{CD}$,即 $AB \cdot CD = AC \cdot BE$. ⑨

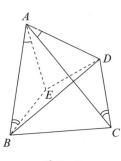

图 7-6

又由 $\dfrac{AD}{AE} = \dfrac{AC}{AB}$,$\angle DAE = \angle CAB$,

所以 $\triangle ADE \backsim \triangle ACB$.

所以 $\dfrac{AD}{ED} = \dfrac{AC}{BC}$,即 $AD \cdot BC = AC \cdot ED$. ⑩

⑨+⑩得 $AB \cdot CD + BC \cdot AD = AC \cdot (BE + ED)$.

因为 $BE + ED \geqslant BD$,

所以 $AB \cdot CD + BC \cdot AD \geqslant AC \cdot BD$.

等号当点 E 在 BD 上,即 $\angle ABD = \angle ACD$ 时成立,由此可知 A、B、C、D 内接于圆,此即表明托勒密定理的逆命题也成立,即有

定理 7.3 在四边形 $ABCD$ 中,若

$$AB \cdot CD + BC \cdot AD = AC \cdot BD,$$

则 A、B、C、D 四点共圆.

为了更进一步揭示四边形中六条线段的数量关系,我们发现还有

定理 7.4 在四边形 $ABCD$ 中,恒有

$(AC \cdot BD)^2 = (AB \cdot CD)^2 + (BC \cdot AD)^2 - 2(AB \cdot CD)(BC \cdot AD)\cos\alpha$.

其中 $\alpha = \angle B + \angle D$(或 $\angle A + \angle C$).

证明 如图 7-7,在四边形 $ABCD$ 的边 AB、AC、AD 上

分别取点 B'、C'、D',使 $AB \cdot AB' = AC \cdot AC' = AD \cdot AD' = 1$.

所以 B、B'、D'、D 四点共圆.

于是有 $\triangle AB'D' \backsim \triangle ADB$.

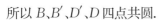

图 7-7

所以 $\dfrac{B'D'}{BD} = \dfrac{AB'}{AD} = \dfrac{AB' \cdot AB}{AD \cdot AB} = \dfrac{1}{AB \cdot AD}$.

所以 $B'D' = \dfrac{BD}{AB \cdot AD}$.   ⑪

同理,有 B、B'、C'、C 共圆,C、C'、D'、D 共圆,

所以 $B'C' = \dfrac{BC}{AB \cdot AC}$.   ⑫

所以 $C'D' = \dfrac{CD}{AC \cdot AD}$.   ⑬

在 $\triangle B'C'D'$ 中运用余弦定理,有

$$B'D'^2 = B'C'^2 + C'D'^2 - 2B'C' \cdot C'D'\cos\angle B'C'D'.$$

又 $\angle B'C'D' = \angle B'C'A + \angle AC'D' = \angle ABC + \angle ADC = \alpha$,

且将⑪⑫⑬式代入得

$$\left(\dfrac{BD}{AB \cdot AD}\right)^2 = \left(\dfrac{BC}{AB \cdot AC}\right)^2 + \left(\dfrac{CD}{AC \cdot AD}\right)^2 - 2\dfrac{BC}{AB \cdot AC} \cdot \dfrac{CD}{AC \cdot AD}\cos\alpha.$$

两边同乘以 $(AB \cdot AC \cdot AD)^2$ 得

$(AC \cdot BD)^2 = (BC \cdot AD)^2 + (AB \cdot CD)^2 - 2(AB \cdot CD)(BC \cdot AD)\cos\alpha$.

3. 向空间四边形推广

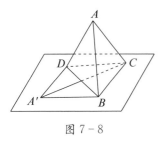

图 7-8

把平面四边形向空间四边形推广,也有类似结论.

定理 7.5 在空间四边形 $ABCD$ 中,恒有

$$AB \cdot CD + AD \cdot BC > AC \cdot BD.$$

如图 7-8,只要将 $\triangle ABD$ 绕 BD 旋转到 $\triangle BCD$ 所在平面内,然后利用定理 7.2 并注意 $AC < A'C$ 即可得证.

定理 7.6 在空间四边形 $ABCD$ 中,记二面角 $A\text{-}BD\text{-}C$ 为 θ,$\angle BAD = \angle A$,$\angle BCD = \angle C$,则 $(AC \cdot BD)^2 = (AB \cdot CD)^2 + (BC \cdot DA)^2 - 2(AB \cdot CD)(BC \cdot DA)(\cos\theta\sin A\sin C + \cos A\cos C)$ ⑭

定理的证明限于篇幅,我们把它略去,但由定理 7.6 中的公式⑭不难看出,前面的几个定理都是它的特例.

当 A、B、C、D 共面时,即当 $\theta = 180°$ 时,有

$$(AC \cdot BD)^2 = (AB \cdot CD)^2 + (BC \cdot DA)^2 - 2(AB \cdot CD)(BC \cdot DA)\cos(A+C)$$ ⑮

即为定理 7.4.

又当 $\theta = 180°$,且 $A+C = 180°$,即 A、B、C、D 四点共圆(或共线)时,有

$$AC \cdot BD = AB \cdot CD + BC \cdot DA.$$

又当 $\theta = 180°$ 时,将⑮式变形,有

$(AC \cdot BD)^2 = (AB \cdot CD + BC \cdot DA)^2 - 2(AB \cdot CD \cdot BC \cdot DA)(1 + \cos(A+C))$

$\leqslant (AB \cdot CD + BC \cdot DA)^2.$

则

$$AC \cdot BD \leqslant AB \cdot CD + BC \cdot DA.$$

即定理 7.2.

仿此,从式⑭出发,同样可以推导出定理 7.5.

§7.4 定理的应用

托勒密定理在解题中的应用是灵活而精彩的,下面举几个例子.

1. 证勾股定理

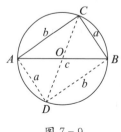

图 7-9

例 7.1 已知 a、b、c 分别为 $\text{Rt}\triangle ABC$ 的三边,c 为斜边,求证:$a^2 + b^2 = c^2$.

证明 如图 7-9,作 $BD /\!/ CA$,交 $\triangle ABC$ 的外接圆于点 D,则 $AD = BC = a$,$BD = AC = b$,$DC = AB = c$.

由托勒密定理有 $a^2 + b^2 = c^2$.

2. 推导两角差(或和)的正弦(或余弦)公式

例 7.2 求证:$\sin(\alpha-\beta)=\sin\alpha\cos\beta-\cos\alpha\sin\beta$.

证明 以 $AB=2r$ 为直径作 $\odot O$,且设 $\angle BAD=\alpha$,$\angle BAC=\beta$,如图 7-10 所示,依次连接 BC、CD、BD,则有 $AC=2r\cos\beta$,$BD=2r\sin\alpha$,$BC=2r\sin\beta$,$AD=2r\cos\alpha$.

在△ACD 中,由正弦定理有 $CD=2r\sin(\alpha-\beta)$.

根据托勒密定理有 $AB\cdot CD+BC\cdot AD=AC\cdot BD$.

将前面各式代入上式,约去 $4r^2$ 即得 $\sin(\alpha-\beta)+\sin\beta\cos\alpha=\sin\alpha\cos\beta$.

所以 $\sin(\alpha-\beta)=\sin\alpha\cos\beta-\cos\alpha\sin\beta$.

参考此方法,公式 $\sin(\alpha+\beta)=\sin\alpha\cos\beta+\sin\beta\cos\alpha$ 和 $\cos(\alpha\pm\beta)=\cos\alpha\cos\beta\mp\sin\alpha\sin\beta$ 请读者自己证明.

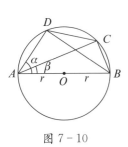

图 7-10

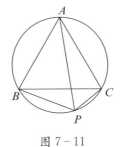

图 7-11

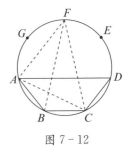

图 7-12

3. 证线段等式

例 7.3 证明等边三角形外接圆上任一点至三顶点的连线中,长者必等于二短者之和.

证明 如图 7-11,设 P 为 $\overset{\frown}{BC}$ 上任一点,等边三角形△ABC 边长为 a,由托勒密定理有 $a\cdot PC+a\cdot PB=a\cdot PA$. 化简即得 $PC+PB=PA$.

例 7.4 已知 A、B、C、D 为圆内接正七边形顺次相邻的四点,求证:

$$\frac{1}{AB}=\frac{1}{AC}+\frac{1}{AD}.$$

证明 如图 7-12,设 A 为正七边形 $ABCDEFG$ 的第一个顶点,F 为第六个顶点,则有

$$BF\cdot AC=AF\cdot BC+FC\cdot AB.$$

由正多边形的对称性有

$$AD\cdot AC=AC\cdot AB+AD\cdot AB.$$

等式两边同时除以 $AD \cdot AC \cdot AB$，得

$$\frac{1}{AB} = \frac{1}{AC} + \frac{1}{AD}.$$

4. 证三角等式

例7.5 在 $\triangle ABC$ 中，$\angle A$、$\angle B$、$\angle C$ 的对边分别为 a、b、c，且 $\angle A = 60°$，求证：

$$\frac{\tan A - \tan B}{\tan A + \tan B} = \frac{c-b}{c}.$$

证明 如图 7 - 13，作 $\triangle ABC$ 外接圆的直径 CF，并设 $AF = x$，$BF = y$，则 $\angle BFC = \angle BAC = 60°$，直径 $d = 2y$.

所以 $\dfrac{\tan \angle BAC - \tan \angle ABC}{\tan \angle BAC + \tan \angle ABC} = \dfrac{\tan \angle BFC - \tan \angle AFC}{\tan \angle BFC + \tan \angle AFC}$

$$= \frac{\dfrac{a}{y} - \dfrac{b}{x}}{\dfrac{a}{y} + \dfrac{b}{x}} = \boxed{\frac{ax - by}{ax + by} = \frac{dc - 2by}{dc}} \quad \text{由托勒密定理推导而得}$$

$$= 1 - \frac{2by}{dc} = 1 - \frac{2by}{2yc} = \frac{c-b}{c}.$$

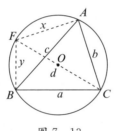

图 7 - 13

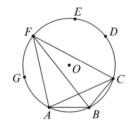

图 7 - 14

例7.6 求证：$\csc \dfrac{\pi}{7} = \csc \dfrac{2\pi}{7} + \csc \dfrac{3\pi}{7}$.

分析：欲证 $\csc \dfrac{\pi}{7} = \csc \dfrac{2\pi}{7} + \csc \dfrac{3\pi}{7}$，即证

$$\sin \frac{3\pi}{7} \sin \frac{2\pi}{7} = \sin \frac{3\pi}{7} \sin \frac{\pi}{7} + \sin \frac{\pi}{7} \sin \frac{2\pi}{7}. \qquad ⑭$$

⑭式与托勒密等式很相似.

证明 如图 7 - 14，A、B、C、D、E、F、G 为 $\odot O$ 的七等分点，由托勒密定理有

$$AC \cdot BF = AF \cdot BC + AB \cdot FC. \qquad ⑮$$

依正弦定理有

$$AC = 2R\sin \frac{2\pi}{7}, \quad BF = 2R\sin \frac{3\pi}{7}, \quad AF = 2R\sin \frac{2\pi}{7},$$

$$BC = 2R\sin\frac{\pi}{7}, AB = 2R\sin\frac{\pi}{7}, FC = 2R\sin\frac{3\pi}{7}.$$

将它们代入⑮式即得⑭式,所以证得

$$\csc\frac{\pi}{7} = \csc\frac{2\pi}{7} + \csc\frac{3\pi}{7}.$$

5. 求比值

例7.7 在△ABC中,角A、B、C所对的边分别为a、b、c,且 b−a=a−c,最大角B与最小角C之差为90°,求 a:b:c.

解 作△ABC的外接圆,记为⊙O,如图 7 - 15,作∠CBD=∠BCA,BD 与 ⊙O 交于点 D,分别连接 AD、DC,则∠ABD=90°,AOD 为直径,ABCD 为等腰 梯形.

设 b−a=a−c=d,则 b=a+d,c=a−d. 所以 DC=a−d,BD=a+d.

在 Rt△ABD 中,$AD = \sqrt{AB^2 + BD^2} = \sqrt{(a-d)^2 + (a+d)^2} = \sqrt{2(a^2 + d^2)}$.

由托勒密定理,有 $(a+d)^2 = (a-d)^2 + a\sqrt{2(a^2+d^2)}$.

化简得 $4d = \sqrt{2(a^2+d^2)}$,解得 $a = \sqrt{7}d$.

所以 $a:b:c = \sqrt{7}:(\sqrt{7}+1):(\sqrt{7}-1)$.

由此题可见,构造等腰梯形,利用托勒密定理解题是一种有效方法.

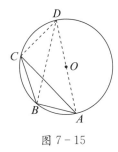

图 7 - 15

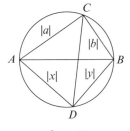

图 7 - 16

6. 证不等式

例7.8 若 $a^2 + b^2 = 1$, $x^2 + y^2 = 1$,则 $|ay+bx| \leqslant 1$.

证明 如图 7 - 16,作 Rt△ABC,使斜边 AB=1,AC=|a|,BC=|b|,在其外 接圆上取一点 D,使 DA=|x|,BD=|y|,连接 CD,则有 $|a| \cdot |y| + |b| \cdot |x| = 1 \cdot CD$. 即 $|ay| + |bx| = CD$. 所以 $|ay+bx| \leqslant |ay| + |bx| = CD \leqslant 1$.

练习与思考

1. 已知等腰梯形 ABCD,且 AB//CD,求证:$AC^2 = AD^2 + AB \cdot CD$.

2. 过 $\square ABCD$ 的顶点 A 作一圆,分别交 AB、AD 及对角线 AC 于点 E、F、G. 求证: $AC \cdot AG = AB \cdot AE + AD \cdot AF$.

3. (三弦定理)如果 A 是圆上任意一点,AB、AC、AD 是圆上顺次的三条弦,求证: $AC \cdot \sin \angle BAD = AB \cdot \sin \angle CAD + AD \cdot \sin \angle CAB$.

4. (四角定理)四边形 $ABCD$ 内接于 $\odot O$,求证: $\sin \angle ADC \cdot \sin \angle BAD = \sin \angle ABD \cdot \sin \angle BDC + \sin \angle ADB \cdot \sin \angle DBC$.

5. 若点 P 在正五边形 $ABCDE$ 的外接圆的 $\overparen{AB}$ 上,求证: $PC + PE = PA + PB + PD$.

6. 若 P 在正六边形 $ABCDEF$ 的外接圆的 $\overparen{AB}$ 上,求证: $PD + PE = PA + PB + PC + PF$.

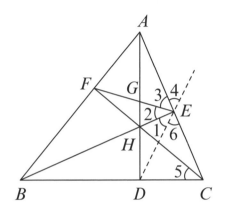

第**8**章

角平分线定理

如果你不能解决这个提出的问题，环视一下四周，找一个适宜且有关的问题．辅助问题可能提供方法论的帮助，它可能提示解的方法、解的轮廓，或是提示我们应从哪一个方向着手工作等．

——波利亚

§8.1 定理及简史

角平分线定理 三角形的内(外)角平分线内(外)分对边所得两条线段与这个角的两边对应成比例.

如图 8-1,若 P 为△ABC 中∠A 的内(外)角平分线与 BC 所在直线的交点,则 $\dfrac{AB}{AC}=\dfrac{BP}{CP}$.

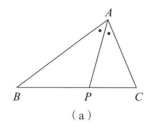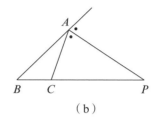

（a） （b）

图 8-1

上述定理的发现者没有留下姓名,但它确实是平面几何中最重要、最基本的定理之一. 在证明下面的阿波罗尼奥斯(Apollonius,约公元前 260—前 190)定理时,这一定理是必须用到的,这一事实说明上述定理的发现至少要追溯到公元前 200年以前.

阿波罗尼奥斯定理 到两定点 A、B 的距离之比为定值 $\dfrac{m}{n}(\neq 1)$ 的点 P,位于以把线段 AB 分成 $\dfrac{m}{n}$ 的内分点 C 和外分点 D 为直径两端的定圆周上(图 8-2).

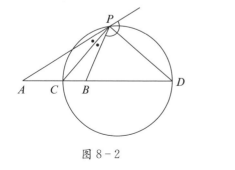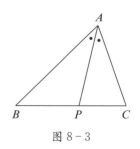

图 8-2 图 8-3

斯霍滕定理 在△ABC 中(图 8-3),AP 为∠BAC 的平分线,则
$$PA^2=AB \cdot AC-BP \cdot PC.$$

斯霍滕(F. van Schooten,1615—1660)是荷兰数学家,上述以他的名字命名的

定理与角平分线定理等价,也是平面几何学中最著名的定理之一,它在解题中有着广泛的应用.

§8.2　定理的证明

首先,我们证明角平分线定理.

证明　如图 8-4,在 $\triangle ABC$ 中,作 $CE\parallel PA$,交 BA(或延长线)于点 E,则 $AC=AE$,故有

$$\frac{AB}{AC}=\frac{AB}{AE}=\frac{BP}{CP}.$$

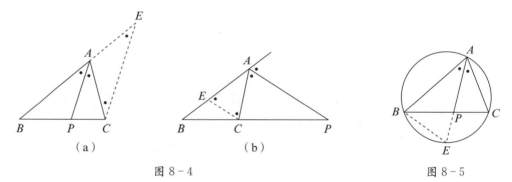

图 8-4　　　　　　　　　　　　　　　　　图 8-5

此定理证明过程简单,且证明方法较多,有三角法、面积法、解析法等十多种证法,有兴趣的读者可自己证明.

其次,我们证明阿波罗尼奥斯定理.

证明　如图 8-2,设 $\angle APB$ 的内角平分线和外角平分线分别与 AB 或其延长线交于点 C、D,则有 $\dfrac{AC}{CB}=\dfrac{AD}{DB}=\dfrac{PA}{PB}=\dfrac{m}{n}$ 为定值,从而 C、D 为定点,又 $\angle CPD=\dfrac{1}{2}\times 180°=90°$,故点 P 在以 CD 为直径的圆周上.

再次,我们来给出斯霍滕定理的几种证明.

证法 1　如图 8-5,延长 AP 交 $\triangle ABC$ 的外接圆于点 E,连接 BE,由 $\angle BAE=\angle PAC$,$\angle E=\angle C$,得 $\triangle ABE\backsim\triangle APC$,所以 $\dfrac{AB}{AP}=\dfrac{AE}{AC}$.

于是 $AB\cdot AC=AP\cdot AE=AP(AP+PE)=AP^2+AP\cdot PE$.

由相交弦定理有 $AP\cdot PE=BP\cdot PC$,代入上式即得

$$AP^2=AB\cdot AC-BP\cdot PC.$$

证法 2　如图 8-6，在 $\triangle ABC$ 中，作 $\angle APF = \angle ABP$，则 $\triangle ABP \backsim \triangle APF$.

所以 $\dfrac{AB}{AP} = \dfrac{AP}{AF}$，即 $AP^2 = AB \cdot AF$.

所以 $AP^2 = AB(AC - FC) = AB \cdot AC - AB \cdot FC$. ①

因为 $\angle C = \angle C$，$\angle PFC = \angle PAF + \angle FPA = \angle PAB + \angle ABP = \angle APC$，

所以 $\triangle FPC \backsim \triangle PAC$.

所以 $\dfrac{FC}{PC} = \dfrac{PC}{AC}$，即 $FC = \dfrac{PC^2}{AC}$. ②

又 $\dfrac{AB}{AC} = \dfrac{BP}{PC}$，所以 $AB = \dfrac{AC \cdot BP}{PC}$. ③

②式与③式相乘，代入①式，得 $AP^2 = AB \cdot AC - BP \cdot PC$.

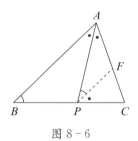

图 8-6

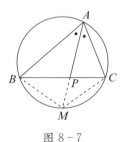

图 8-7

证法 3　如图 8-7，延长 AP 交 $\triangle ABC$ 的外接圆于点 M，则 $MB = MC$，由托勒密定理得 $AM \cdot BC = AC \cdot BM + AB \cdot MC$，

即 $(AP + PM)BC = MC(AB + AC)$. ④

由 $\triangle PCM \backsim \triangle PAB$ 得 $PM = \dfrac{PB \cdot CP}{AP}$， ⑤

$MC = \dfrac{AB \cdot CP}{AP}$. ⑥

将⑤⑥代入④得

$$\left(AP + \dfrac{PB \cdot PC}{AP}\right) \cdot BC = \dfrac{AB \cdot PC}{AP}(AB + AC).$$

变形并运用角平分线定理得

$$AP^2 + PB \cdot PC = \dfrac{AB}{\dfrac{BC}{PC}}(AB + AC) = \dfrac{AB}{\dfrac{PC + PB}{PC}}(AB + AC)$$

$$= \dfrac{AB}{\left(1 + \dfrac{AB}{AC}\right)}(AB + AC) = AB \cdot AC.$$

故 $AP^2 = AB \cdot AC - PB \cdot PC$.

证法4 如图 8-8 所设,由余弦定理有

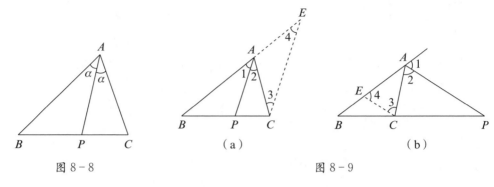

图 8-8   图 8-9

$$\cos \alpha = \frac{AB^2+PA^2-PB^2}{2AB \cdot PA}, \cos \alpha = \frac{AC^2+PA^2-PC^2}{2AC \cdot PA}$$

故有

$$\frac{AB^2+PA^2-PB^2}{2AB \cdot PA} = \frac{AC^2+PA^2-PC^2}{2AC \cdot PA},$$

$$AC \cdot AB^2+AC \cdot PA^2-AC \cdot PB^2=AB \cdot AC^2+AB \cdot PA^2-AB \cdot PC^2,$$

$$(AC-AB)PA^2=AB \cdot AC(AC-AB)+AC \cdot PB^2-AB \cdot PC^2,$$

根据角平分线定理有 $\frac{AB}{AC}=\frac{BP}{PC}$,即 $AB \cdot PC=BP \cdot AC$,

所以 $AC \cdot PB^2-AB \cdot PC^2 =PB \cdot AB \cdot PC-AC \cdot PB \cdot PC$

$$=-(AC-AB) \cdot PB \cdot PC.$$

所以 $(AC-AB)PA^2=(AC-AB)AB \cdot AC-(AC-AB)PB \cdot PC.$

所以 $PA^2=AB \cdot AC-PB \cdot PC.$

与角平分线定理一样,斯霍滕定理也有多种证法,比如平面几何法、三角法、解析法等,限于篇幅,我们不作一一介绍.

最后我们指出,角平分线定理和斯霍滕定理的逆定理均成立.

角平分线定理的逆定理 若 P 为 $\triangle ABC$ 的边 BC 上的内分(或外分)点,且 $\frac{AB}{AC}=\frac{BP}{CP}$,则 AP 平分 $\angle BAC$ 的内角(或外角).

证明 如图 8-9,作 $CE /\!/ PA$,交 BA(或 BA 的延长线)于点 E,则 $\angle 1=\angle 4$, $\angle 2=\angle 3$,$\frac{BP}{CP}=\frac{BA}{EA}$,

又 $\frac{BP}{CP}=\frac{AB}{AC}$,所以 $AC=AE.$

从而∠3＝∠4,得∠1＝∠2,故 AP 平分∠BAC 的内角(或外角).

斯霍滕定理的逆定理 若 P 为△ABC 的边 BC 上一点,且 $AB \neq AC$, $PA^2 =$ $AB \cdot AC - BP \cdot PC$,则 AP 平分∠BAC.

证明 如图 8 - 10,由余弦定理有

$$AB^2 = PA^2 + BP^2 + 2PA \cdot PB\cos \alpha, \qquad ⑦$$

$$AC^2 = PA^2 + PC^2 - 2PA \cdot PC\cos \alpha. \qquad ⑧$$

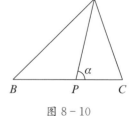

图 8 - 10

⑦×PC＋⑧×PB 得

$$PC \cdot AB^2 + PB \cdot AC^2 = PC(PA^2 + PB^2) +$$

$$PB(PA^2 + PC^2) = BC \cdot PA^2 + BC \cdot PB \cdot PC.$$

因为 $PA^2 = AB \cdot AC - BP \cdot PC$,

所以 $PC \cdot AB^2 + PB \cdot AC^2 = BC(AB \cdot AC - BP \cdot PC) + BC \cdot PB \cdot PC$

$$= BC \cdot AB \cdot AC$$

$$= (PB + PC) \cdot AB \cdot AC$$

$$= PB \cdot AB \cdot AC + PC \cdot AB \cdot AC.$$

所以 $PB \cdot AC(AC - AB) = PC \cdot AB(AC - AB)$.

因为 $AC - AB \neq 0$,

所以 $PB \cdot AC = PC \cdot AB$,即 $\dfrac{AB}{AC} = \dfrac{PB}{PC}$.

由角平分线定理的逆定理知,AP 平分∠BAC.

从上面的证明我们看到,由 $PA^2 = AB \cdot AC - BP \cdot PC$,可推出 $\dfrac{AB}{AC} = \dfrac{PB}{PC}$;反

之由 $\dfrac{AB}{AC} = \dfrac{PB}{PC}$ 也可推出 $PA^2 = AB \cdot AC - BP \cdot PC$(因上面推导可逆).这说明,角

平分线定理与斯霍滕定理实质上是等价的.特别地,对外角平分线,斯霍滕定理结

论为:"$PA^2 = BP \cdot PC - AB \cdot AC$".这一点读者可自己推证.

§8.3 定理的引申与推广

1. 将分角线向一般直线推广

定理 8.1 设 P 为△ABC 边 BC 所在直线上任意一点(点 C 除外),则

$$\frac{BP}{CP} = \frac{AB\sin \angle BAP}{AC\sin \angle PAC}.$$

证明 如图 8-11,由已知条件可得

$$\frac{BP}{CP}=\frac{S_{\triangle ABP}}{S_{\triangle APC}}=\frac{\dfrac{1}{2}AB \cdot AP\sin \angle BAP}{\dfrac{1}{2}AC \cdot AP\sin \angle PAC}=\frac{AB\sin \angle BAP}{AC\sin \angle PAC}.$$

显然,角平分线定理是其特例.

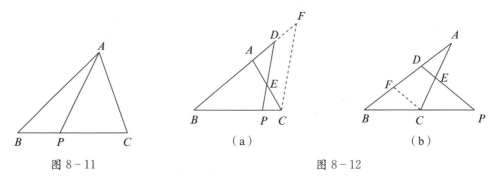

图 8-11   图 8-12

定理 8.2 若直线 DP 分别交 $\triangle ABC$ 三边(或其延长线)于点 D、E、P,且 $\angle BDP=\angle CEP$(或 $\angle BDP+\angle CEP=180°$),则$\dfrac{BP}{CP}=\dfrac{BD}{CE}$.

证明 如图 8-12(a),过点 C 作 $CF \parallel PD$,交 BA(或其延长线)于点 F.

因为 $\angle BDP=CEP$,所以 $AD=AE$,所以 $EC=DF$.

所以$\dfrac{BP}{CP}=\dfrac{BD}{DF}=\dfrac{BD}{EC}$.

特别地,当 DP 过点 A 时为内角平分线定理.关于外角的情况(即当 $\angle BDP+\angle CEP=180°$时)如图 8-12(b),其证明可参考内角的情况.

2. 把内角平分线定理中的两个三角形裁开,且其中一个作相似变形.

定理 8.3 若两个三角形中,有一对角相等,一对角互补,则夹第三角的两边对应成比例.

如图 8-13,在 $\triangle ABP$ 和 $\triangle A'P'C$ 中,$\angle A=\angle A'$,$\angle P+\angle P'=180°$,则$\dfrac{AB}{BP}=\dfrac{A'C}{P'C}$.

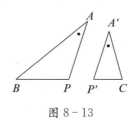

图 8-13

3. 将底边上的一点 P 进行推广

定理 8.4 如图 8-14，若 P_1、P_2、$\cdots$、P_{n-1} 为 $\triangle ABC$ 的 BC 边上的点，且 $\angle P_1AB=\angle P_{n-1}AC,\angle P_2AB=\angle P_{n-2}AC,\angle P_3AB=\angle P_{n-3}AC,\cdots,\angle P_{n-1}AB=\angle P_1AC$，则 $\dfrac{AB^{n-1}}{AC^{n-1}}=\dfrac{BP_1\cdot BP_2\cdot\cdots\cdot BP_{n-1}}{CP_1\cdot CP_2\cdot\cdots\cdot CP_{n-1}}$.

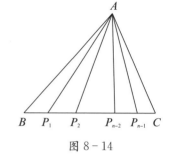

图 8-14

证明 因为 $\angle P_1AB=\angle P_{n-1}AC$，

$\angle P_2AB=\angle P_{n-2}AC$，

$\angle P_3AB=\angle P_{n-3}AC$，

$\cdots\cdots$

$\angle P_{n-1}AB=\angle P_1AC$，

所以 $\dfrac{BP_1}{CP_{n-1}}=\dfrac{S_{\triangle ABP_1}}{S_{\triangle ACP_{n-1}}}=\dfrac{\dfrac{1}{2}AB\cdot AP_1\cdot\sin\angle P_1AB}{\dfrac{1}{2}AC\cdot AP_{n-1}\cdot\sin\angle P_{n-1}AC}=\dfrac{AB\cdot AP_1}{AC\cdot AP_{n-1}}$，

$\dfrac{BP_2}{CP_{n-2}}=\dfrac{S_{\triangle ABP_2}}{S_{\triangle ACP_{n-2}}}=\dfrac{\dfrac{1}{2}AB\cdot AP_2\cdot\sin\angle P_2AB}{\dfrac{1}{2}AC\cdot AP_{n-2}\cdot\sin\angle P_{n-2}AC}=\dfrac{AB\cdot AP_2}{AC\cdot AP_{n-2}}$，

$\dfrac{BP_3}{CP_{n-3}}=\dfrac{S_{\triangle ABP_3}}{S_{\triangle ACP_{n-3}}}=\dfrac{\dfrac{1}{2}AB\cdot AP_3\cdot\sin\angle P_3AB}{\dfrac{1}{2}AC\cdot AP_{n-3}\cdot\sin\angle P_{n-3}AC}=\dfrac{AB\cdot AP_3}{AC\cdot AP_{n-3}}$，

$\cdots\cdots$

$\dfrac{BP_{n-1}}{CP_1}=\dfrac{S_{\triangle ABP_{n-1}}}{S_{\triangle ACP_1}}=\dfrac{\dfrac{1}{2}AB\cdot AP_{n-1}\cdot\sin\angle P_{n-1}AB}{\dfrac{1}{2}AC\cdot AP_1\cdot\sin\angle P_1AC}=\dfrac{AB\cdot AP_{n-1}}{AC\cdot AP_1}$，

以上等式相乘，得 $\dfrac{AB^{n-1}}{AC^{n-1}}=\dfrac{BP_1\cdot BP_2\cdot\cdots\cdot BP_{n-1}}{CP_1\cdot CP_2\cdot\cdots\cdot CP_{n-1}}$.

定理 8.5 若 P_1、P_2、$\cdots$、P_{n-1} 为 $\triangle ABC$ 的边 BC 延长线上的点，且

$$\angle CAP_1+\angle BAP_{n-1}=180°,$$

$$\angle CAP_2+\angle BAP_{n-2}=180°,$$

$$\angle CAP_3+\angle BAP_{n-3}=180°,$$

$$\cdots\cdots$$

$$\angle CAP_{n-1}+\angle BAP_1=180°,$$

则 $\dfrac{AB^{n-1}}{AC^{n-1}}=\dfrac{BP_1\cdot BP_2\cdot\cdots\cdot BP_{n-1}}{CP_1\cdot CP_2\cdot\cdots\cdot CP_{n-1}}$.

证明仿定理 8.4,略.

定理 8.6 如果 AP 为 $\triangle AB_iC_i$ 的 $\angle B_iAC_i$ 的公共平分线,且 B_i、C_i($i=1$, $2,\cdots,n$)共线,则

$$\left(\frac{AB_1 \cdot AB_2 \cdot \cdots \cdot AB_n}{AC_1 \cdot AC_2 \cdot \cdots \cdot AC_n}\right)^2 = \frac{PB_1 \cdot B_1B_2 \cdot B_2B_3 \cdot \cdots \cdot B_{n-1}B_n \cdot B_nP}{PC_1 \cdot C_1C_2 \cdot C_2C_3 \cdot \cdots \cdot C_{n-1}C_n \cdot C_nP}.$$

证明 如图 8-15,易知 $\angle B_iAB_{i-1} = \angle C_iAC_{i-1}$,

依面积公式知 $\dfrac{B_{i-1}B_i}{C_{i-1}C_i} = \dfrac{AB_{i-1} \cdot AB_i}{AC_{i-1} \cdot AC_i}$.

从而 $\dfrac{PB_1 \cdot B_1B_2 \cdot B_2B_3 \cdot \cdots \cdot B_{n-1}B_n \cdot B_nP}{PC_1 \cdot C_1C_2 \cdot C_2C_3 \cdot \cdots \cdot C_{n-1}C_n \cdot C_nP}$

$$= \frac{AB_1 \cdot AB_1 \cdot AB_2}{AC_1 \cdot AC_1 \cdot AC_2} \cdot \frac{AB_2 \cdot AB_3}{AC_2 \cdot AC_3} \cdot \cdots \cdot \frac{AB_{n-1} \cdot AB_n}{AC_{n-1} \cdot AC_n} \cdot \frac{AB_n \cdot AP}{AC_n \cdot AP}$$

$$= \left(\frac{AB_1 \cdot AB_2 \cdot \cdots \cdot AB_n}{AC_1 \cdot AC_2 \cdot \cdots \cdot AC_n}\right)^2.$$

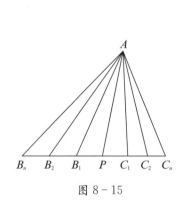

图 8-15

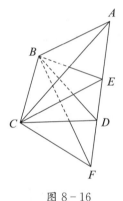

图 8-16

4. 向空间推广

定理 8.7 四面体的二面角内(外)平分平面分对棱所得两条线段与这个二面角的两个面的面积对应成比例.

证明 如图 8-16,平面 BCE 和平面 BCF 分别是四面体 $A\text{-}BCD$ 的二面角 $A\text{-}BC\text{-}D$ 的内、外平分平面,设 AD 与平面 BCE 的夹角为 α,则四面体 $A\text{-}BCE$ 与 $D\text{-}BCE$ 体积之比

$$\frac{V_{A\text{-}BCE}}{V_{D\text{-}BCE}} = \frac{\dfrac{1}{3}S_{\triangle BCE} \cdot AE\sin\alpha}{\dfrac{1}{3}S_{\triangle BCE} \cdot DE\sin\alpha} = \frac{AE}{DE}.$$

又依题设知点 E 到平面 ABC 及平面 BCD 的距离相等.

所以 $\dfrac{V_{A\text{-}BCE}}{V_{D\text{-}BCE}}=\dfrac{S_{\triangle ABC}}{S_{\triangle BCD}}$. 故 $AE:DE=S_{\triangle ABC}:S_{\triangle BCD}$.

同理可证 $AF:DF=S_{\triangle ABC}:S_{\triangle BCD}$.

§8.4　定理的应用

例 8.1　已知在 $\triangle ABC$ 中，$AB=6$，$AC=5$，$BC=4$，AD、AD' 分别为 $\triangle ABC$ 内角和外角的平分线，求 DD' 之长.

解　如图 8-17，设 $DC=x$，$CD'=y$，则由角平分线定理有

$$\frac{4-x}{x}=\frac{6}{5},\quad \frac{4+y}{y}=\frac{6}{5}.$$

解得 $x=\dfrac{20}{11}$，$y=20$.

所以 $DD'=x+y=\dfrac{20}{11}+20=21\dfrac{9}{11}$.

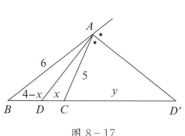

图 8-17

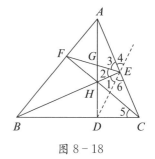

图 8-18

例 8.2　已知在 $\triangle ABC$ 中，AD、BE、CF 是高，H 是垂心，AD 与 EF 相交于点 G，求证：$\dfrac{GH}{HD}=\dfrac{GA}{AD}$.

证明　如图 8-18，连接 DE，由题中条件知 H、D、C、E 四点共圆，得 $\angle 1=\angle 5$.

由 E、F、B、C 四点共圆，得 $\angle 2=\angle 5$.

所以 $\angle 1=\angle 2$，从而 $\angle 3=\angle 6=\angle 4$.

由角平分线定理有 $\dfrac{GH}{HD}=\dfrac{EG}{ED}$，$\dfrac{GA}{AD}=\dfrac{EG}{ED}$，

所以 $\dfrac{GH}{HD}=\dfrac{GA}{AD}$.

例 8.3　已知四边形 $ABCD$ 中，E、F 分别为 BC、AD 的中点，EF 延长后分别与 BA、CD 的延长线交于点 S、K，且 $\angle ASF=\angle K$. 求证：$AB=CD$.

证明 如图 8-19,在△SBE 和△KEC 中,因为∠BSE=∠K,∠SEB+∠KEC=180°,

由定理 8.3 有 $\dfrac{BS}{BE}=\dfrac{KC}{EC}$.

因为 $BE=EC$,

所以 $BS=KC$. ⑨

同理在△SAF 和△KFD 中,用定理 8.3 得

$$SA=KD. ⑩$$

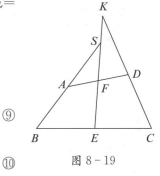

图 8-19

由⑨-⑩,得 $AB=CD$.

例 8.4 △ABC 三边分别为 a、b、c,若∠A=2∠B,则 $a^2=b(b+c)$.

证明 如图 8-20,作∠A 的平分线交 BC 于点 D,根据角平分线定理有 $\dfrac{CD}{DB}=\dfrac{b}{c}$,所以 $\dfrac{CD}{DB+CD}=\dfrac{b}{c+b}$,所以 $CD=\dfrac{ab}{b+c}$.

又∠CAD=∠B=$\dfrac{1}{2}$∠CAB,

所以△CBA∽△CAD.

所以 $\dfrac{CA}{CB}=\dfrac{CD}{CA}$,即 $CA^2=CB\cdot CD$.

即 $b^2=a\cdot\dfrac{ab}{b+c}$,所以 $a^2=b(b+c)$.

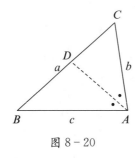

图 8-20

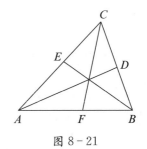

图 8-21

例 8.5 在△ABC 中,求证:$\sin\dfrac{A}{2}\sin\dfrac{B}{2}\sin\dfrac{C}{2}\leqslant\dfrac{1}{8}$.

证明 如图 8-21,AD、BE、CF 分别为△ABC 内角 A、B、C 的平分线,△ABC 的三边 BC、CA、AB 分别记为 a、b、c.在△ABD 中,由正弦定理得

$$\dfrac{BD}{\sin\dfrac{A}{2}}=\dfrac{c}{\sin\left(\dfrac{A}{2}+C\right)}.$$

由角平分线定理得 $\dfrac{BD}{CD}=\dfrac{c}{b}$，所以 $\dfrac{BD}{CD+BD}=\dfrac{c}{b+c}$，所以 $BD=\dfrac{ac}{b+c}$.

所以 $\sin\dfrac{A}{2}=\dfrac{BD}{c}\cdot\sin\left(\dfrac{A}{2}+C\right)=\dfrac{a}{b+c}\cdot\sin\left(\dfrac{A}{2}+C\right)$.

同理可得 $\sin\dfrac{B}{2}=\dfrac{b}{c+a}\cdot\sin\left(\dfrac{B}{2}+A\right)$，

$$\sin\dfrac{C}{2}=\dfrac{c}{a+b}\cdot\sin\left(\dfrac{C}{2}+B\right).$$

所以 $\sin\dfrac{A}{2}\sin\dfrac{B}{2}\sin\dfrac{C}{2}=\dfrac{abc}{(c+b)(a+c)(a+b)}\sin\left(\dfrac{A}{2}+C\right)\sin\left(\dfrac{B}{2}+A\right)\cdot$

$\sin\left(\dfrac{C}{2}+B\right)\leqslant\dfrac{abc}{2\sqrt{bc}\cdot 2\sqrt{ac}\cdot 2\sqrt{ab}}\cdot 1=\dfrac{1}{8}$.

当且仅当 $a=b=c$ 时，等号成立.

例 8.6　在 $\triangle ABC$ 中，$AB=2BC$，$\angle B=2\angle A$，求证：$\triangle ABC$ 为直角三角形.

证明　如图 8-22，作 $\triangle ABC$ 的内角 B 的平分线交 AC 于点 D，则 $\dfrac{AD}{DC}=\dfrac{AB}{BC}=2$.

令 $BC=a$，$CD=x$，则 $AB=2a$，$AD=2x$.

由 $\angle A=\dfrac{1}{2}\angle CBA$ 知 $\angle A=\angle DBA$，故 $DB=AD=2x$.

由斯霍滕定理有 $BD^2=AB\cdot BC-AD\cdot DC$，即 $(2x)^2=2a^2-2x^2$，解得 $x=\dfrac{\sqrt{3}}{3}a$.

所以 $AC=\sqrt{3}a$. 所以 $AB^2=AC^2+BC^2$. 所以 $\triangle ABC$ 为直角三角形.

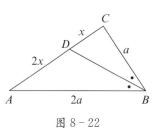

图 8-22

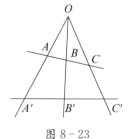

图 8-23

例 8.7　如图 8-23，过 O 点的三条直线被另两条直线所截，交点分别为 A、B、C 及 A'、B'、C'，则 $\dfrac{AB}{AC}:\dfrac{A'B'}{A'C'}=\dfrac{OB}{OC}:\dfrac{OB'}{OC'}$.

证明　依定理 8.1，有 $\dfrac{AB}{AC}=\dfrac{OB\sin\angle AOB}{OC\sin\angle AOC}$，$\dfrac{A'B'}{A'C'}=\dfrac{OB'\sin\angle A'OB'}{OC'\sin\angle A'OC'}$.

因为 $\angle AOB=\angle A'OB'$，$\angle AOC=\angle A'OC'$.

故欲证等式成立.

练习与思考

1. 在边长分别为 3、4、5 的直角三角形中,求直角的内角平分线的长度.

2. D 为 $\triangle ABC$ 的边 BC 上的一点,设 $AC+CD=m$,$AB-BD=n(n>0)$. 求 $\angle A$ 的平分线 AD 的长.

3. 若 $\triangle ABC$ 的三边长为连续整数,且最大角 $\angle B$ 等于最小角 $\angle A$ 的两倍,求三边的长度(IMO1968 年试题).

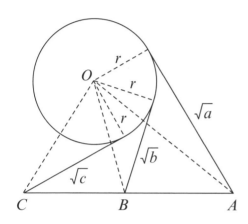

第**9**章

阿波罗尼奥斯
定理

古典时期的另一位数学家是阿波罗尼奥斯，他的数学才能是如此卓越，使他在当代及后世以"大几何学家"闻名. 他作为天文学家的声誉一样地大.

——克莱因

§9.1　定理及简史

阿波罗尼奥斯定理　三角形两边平方的和,等于所夹中线及第三边之半的平方和的两倍.

阿波罗尼奥斯(Apollonius,约公元前 262—前 190)是著名的古希腊数学家,当时以"大几何学家"闻名.他与欧几里得、阿基米德常被并称为古希腊亚历山大学派前期三大数学家.他在传统的欧几里得几何基础上,编著了《圆锥曲线论》,这部著作分 8 篇共 487 个命题,有一些比欧几里得几何更为精深的成就,并透露出"解析几何"的思想.尤其是他的圆锥曲线理论,论述详尽,后人几乎无所增补.正如克莱因(Klein,1849—1925)教授所说:"按成就来说,它是这样一个巍然屹立的丰碑,以致后代学者至少从几何上几乎不能再对这个问题有新的发言权,它确实可以看成是古典希腊几何的登峰造极之作."

上述的阿波罗尼奥斯定理也可表述为:"平行四边形的两条对角线的平方和等于其各边的平方和".关于这一定理,也有书称帕普斯(Pappus,约 3 世纪)定理.

§9.2　定理的证明

如图 9-1 所设,E 为 AB 的中点,$\angle CEA = \alpha$,则由余弦定理有

$$AC^2 = EC^2 + AE^2 - 2EC \cdot AE\cos\alpha, \qquad ①$$

$$BC^2 = EC^2 + EB^2 + 2EC \cdot EB\cos\alpha. \qquad ②$$

因为 $AE = BE$,

所以由①+②得

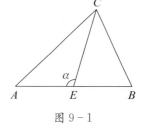

图 9-1

$$AC^2 + BC^2 = 2(EC^2 + AE^2).$$

§9.3　定理的引申与推广

1. 把中点 E 向任意点推广

定理9.1　设 E 为 $\triangle ABC$ 中 AB 边上的点,则

$$AC^2 \cdot EB + BC^2 \cdot AE = CE^2 \cdot AB + AE \cdot EB \cdot AB.$$

证明 如图 9 - 2,因为

$$AC^2 = EC^2 + AE^2 - 2EC \cdot AE \cos \alpha,$$ ③

$$BC^2 = CE^2 + EB^2 + 2EC \cdot EB \cos \alpha.$$ ④

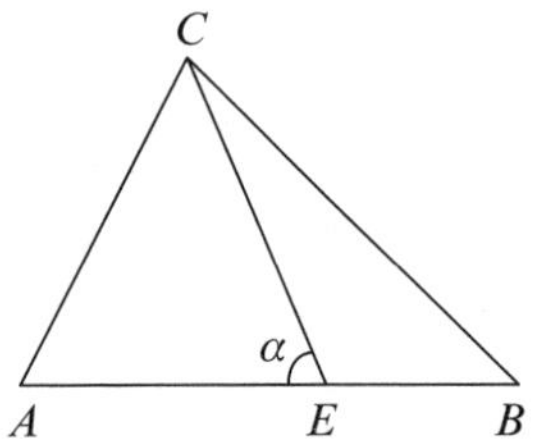

所以③×EB+④×AE,得

$$AC^2 \cdot EB + BC^2 \cdot AE = EC^2(AE + EB) + AE \cdot$$

$$EB(AE + EB) = EC^2 \cdot AB + AE \cdot EB \cdot AB.$$

图 9 - 2

显然,当 $AE = EB$ 时即为阿波罗尼奥斯定理,读者还可验证,定理 9.1 当 A、B、C 共线时,结论也成立.

定理 9.1 称为斯图尔特定理,斯图尔特(M. Stewart,1717—1785)是英国(英格兰)数学家、哲学家、爱丁堡大学数学教授. 上述定理是他 1746 年叙述的,据说这一定理在公元前 300 年左右阿基米德就发现了,但第一个已知的证明是西姆松(R. Simson,1687—1768,见第 22 章)在 1751 年发表的.

2. 把三角形向四边形推广

定理 9.2 若 E、F 分别为四边形 $ABCD$ 的 AB、CD 边上的点,且 $\dfrac{AE}{EB} = \dfrac{DF}{FC} = \dfrac{m}{n}$,$AD = b$,$BC = a$,设 AD 与 BC 所在直线的夹角为 α,则

$$(m + n)^2 EF^2 = (am)^2 + (bn)^2 + 2am \cdot bn \cos \alpha.$$ ⑤

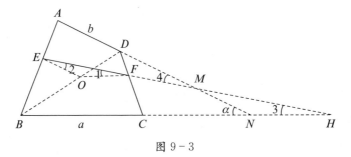

图 9 - 3

证明 如图 9 - 3,连接 BD,过点 E 作 $EO /\!/ AD$,交 BD 于点 O,连接 OF,则 $OF /\!/ BC$. 分别延长 AD、BC、EF,它们两两相交的交点为 H、M、N.

结合题意可得 $\angle 1 = \angle 3$,$\angle 2 = \angle 4$.

所以 $\angle 1 + \angle 2 = \angle 3 + \angle 4 = \alpha$.

又 $OE = \dfrac{bn}{m + n}$,$OF = \dfrac{am}{m + n}$,

在△EOF 中,由余弦定理,得

$$EF^2 = \left(\dfrac{bn}{m + n}\right)^2 + \left(\dfrac{am}{m + n}\right)^2 - 2 \cdot \dfrac{bn}{m + n} \cdot \dfrac{am}{m + n} \cos (180° - \alpha).$$

即 $(m+n)^2 EF^2 = (am)^2 + (bn)^2 + 2am \cdot bn\cos \alpha$.

定理 9.2 得证,下面再看它的各种特例.

(1) 对于⑤式,令 $EF=l$,$\dfrac{m}{n}=1$,解出 l 得

$$l=\dfrac{1}{2}\sqrt{a^2+b^2+2ab\cos \alpha}. \qquad ⑥$$

为任意四边形对边中点连线长公式.

(2) 对于⑥式,令 $EF=l$,

如图 9-4(a)所示,当 $b=0$ 时,得 $l=\dfrac{a}{2}$,为三角形中位线定理;

如图 9-4(b)所示,当 $\alpha=0$ 时,得 $l=\dfrac{a+b}{2}$,为梯形中位线定理;

如图 9-4(c)所示,当 $\alpha=180°$时,得 $l=\dfrac{a-b}{2}$,为梯形两对角线中点连线长公式.

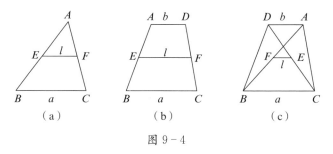

图 9-4

(3) 对于⑤式,令 $EF=l$,

如图 9-5(a)所示,当 $\alpha=0$ 时,得 $l=\dfrac{am+bn}{m+n}$,为分梯形两腰为 $\dfrac{m}{n}$ 的线段长公式;

如图 9-5(b)所示,当 $\alpha=180°$时,$l=\dfrac{am-bn}{m+n}$,为分梯形两对角线为 $\dfrac{m}{n}$ 的线段长公式.

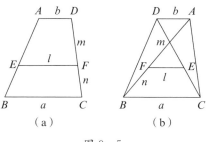

图 9-5

(4) 当 $CD=0$ 时,四边形退化为三角形,上述结论即为:E 为 $\triangle ABC$ 中 AB 边上的点,且 $\dfrac{AE}{EB}=\dfrac{m}{n}$(如图 9-6),令 $EC=l$,则

$$l=\frac{1}{m+n}\sqrt{(am)^2+(bn)^2+2am\cdot bn\cos\angle ACB},\qquad(*)$$

将 $\cos\angle ACB=\dfrac{a^2+b^2-c^2}{2ab}$(其中 $AB=c$)代入($*$)式得

$$l=\frac{1}{m+n}\sqrt{(am)^2+(bn)^2+mn(a^2+b^2-c^2)}.\qquad⑦$$

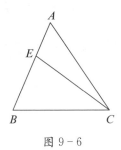

图 9-6

(5) 将 $m=n$ 代入⑦,化简得

$$AC^2+BC^2=2(EC^2+AE^2).$$

为阿波罗尼奥斯定理.

(6) 在图 9-6 中,当 CE 为角 $\angle ACB$ 的平分线时,即有 $\dfrac{m}{n}=\dfrac{b}{a}$,代入⑦式,得

$$l=\frac{1}{a+b}\sqrt{ab\left[(a+b)^2-c^2\right]}.\qquad⑧$$

为角平分线长公式;

(7) 在图 9-6 中,若令 $AE=m,EB=n,AB=c$ 则 $c=m+n$,代入⑧得

$$l=\sqrt{ab-ab\left(\frac{m+n}{a+b}\right)^2}=\sqrt{ab-ab\frac{n^2}{a^2}}=\sqrt{ab-\frac{b}{a}n^2}=\sqrt{ab-\frac{m}{n}n^2}=\sqrt{ab-mn}.$$

所以 $l^2=ab-mn$,为斯霍滕定理.

(8) 在图 9-3 中,若点 D 与 DC 重合,则 $\alpha=\angle ACB,AB=c,EF$ 变为 CE,图 9-3 退化为图 9-6. 记 $CE=d. AE=m,EB=n$,则 $c=m+n$. 代入⑤式,得

$$(m+n)^2d^2=(am)^2+(bn)^2+2am\cdot bn\cdot\frac{a^2+b^2-c^2}{2ab},$$

即 $c^2d^2=(am)^2+(bn)^2+mn(a^2+b^2-c^2)$

$$=a^2m(m+n)+b^2n(n+m)-mnc^2$$

$$=a^2mc+b^2nc-mnc^2.$$

得 $a^2m+b^2n=cd^2+mnc$.

即 $BC^2 \cdot AE+AC^2 \cdot BE=CE^2 \cdot AB+AE \cdot EB \cdot AB$.

此为斯图尔特定理.

定理 9.2 的"胃口"真大,竟包含这么多著名定理和结论!在爱可尔斯(Echols)定理一章(定理 19.2 的证明中),我们还要看到它的一个应用.

最后我们给出阿波罗尼奥斯定理向三维空间的一个推广.

3. 向三维空间推广

定理 9.3 平行六面体四条对角线的平方和等于其各棱的平方和.

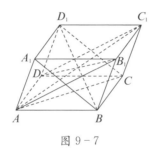

图 9 - 7

证明 如图 9 - 7 所设,在 $\square A_1BCD_1$ 中,有

$$BD_1^2+A_1C^2=2(A_1B^2+BC^2).$$

同理,在 $\square AB_1C_1D$ 中,有 $AC_1^2+B_1D^2=2(AB_1^2+AD^2)$.

所以 $AC_1^2+A_1C^2+B_1D^2+BD_1^2=2(A_1B^2+AB_1^2+BC^2+AD^2)$.

又 $BC=AD,A_1B^2+AB_1^2=2(AB^2+AA_1^2)$,

所以 $AC_1^2+A_1C^2+B_1D^2+BD_1^2=4(AB^2+AD^2+AA_1^2)$.

§9.4 定理的应用

例9.1 已知 AM 是 $\text{Rt}\triangle ABC$ 的斜边 BC 上的中线.求证:

$$BC^2+AC^2+AB^2=8AM^2.$$

证明 因为 AM 是 $\text{Rt}\triangle ABC$ 的斜边 BC 上的中线.

所以 $AM=BM=MC$.

由阿波罗尼奥斯定理,得 $AC^2+AB^2=2(AM^2+BM^2)$.

所以 $BC^2+AC^2+AB^2=BC^2+2(AM^2+BM^2)=(2AM)^2+2(AM^2+AM^2)=8AM^2$.

例 9.2 已知 P 为矩形 $ABCD$ 内任一点,求证:

$$PA^2 + PC^2 = PB^2 + PD^2.$$

证明 如图 9-8,连接 AC、BD 交于点 O,连接 PO,由阿波罗尼奥斯定理,有

$$PA^2 + PC^2 = 2(OA^2 + PO^2),$$

$$PB^2 + PD^2 = 2(OB^2 + PO^2),$$

因为 $OA = OB$,

所以

$$PA^2 + PC^2 = PB^2 + PD^2.$$

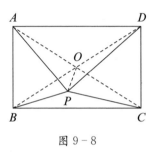
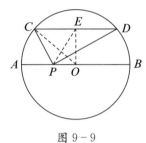

图 9-8　　　　　　　　　　　　图 9-9

例 9.3 设 CD 是 $\odot O$ 内一条弦,且与直径 AB 平行,P 为直径 AB 上一点,求证:

$$PA^2 + PB^2 = PC^2 + PD^2.$$

证明 如图 9-9,设 $\odot O$ 半径为 R,过点 O 作 $OE \perp CD$,垂足为 E,则 $CE = ED$. 分别连接 OC、PE,又 $AO = OB = OC = R$,在 $\triangle PCD$ 中,由阿波罗尼奥斯定理,有

$$\begin{aligned}
&PC^2 + PD^2 \\
&= 2(PE^2 + CE^2) \\
&= 2[(PO^2 + EO^2) + (R^2 - OE^2)] \\
&= 2(PO^2 + R^2).
\end{aligned}$$

又

$$\begin{aligned}
&PA^2 + PB^2 \\
&= (R - PO)^2 + (R + PO)^2 \\
&= 2(PO^2 + R^2).
\end{aligned}$$

所以

$$PA^2 + PB^2 = PC^2 + PD^2.$$

例9.4 设 $\sqrt{a}$、$\sqrt{b}$、$\sqrt{c}$ 分别是共线三点 A、B、C 对于 $\odot O$ 所作切线的长,求证:

$$a \cdot BC + c \cdot AB = b \cdot AC + BC \cdot AC \cdot AB.$$

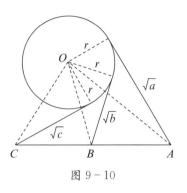

图 9 - 10

证明 如图 9 - 10,设 $\odot O$ 半径为 r,分别连接 OA、OB、OC,则由斯图尔特定理,有

$$OA^2 \cdot BC + OC^2 \cdot AB = OB^2 \cdot AC + BC \cdot AC \cdot AB.$$

又

$$OA^2 = r^2 + a, OB^2 = r^2 + b, OC^2 = r^2 + c,$$

代入上式,得

$$a \cdot BC + c \cdot AB + r^2(AB + BC) = b \cdot AC + BC \cdot AC \cdot AB + r^2 \cdot AC.$$

所以

$$a \cdot BC + c \cdot AB = b \cdot AC + BC \cdot AC \cdot AB.$$

例9.5 已知平行六面体的棱都相等,且其对角线的长分别为 a、b、c、d,求平行六面体的棱长.

解 设该平行六面体的棱长为 x,则由定理9.3得

$$4(x^2 + x^2 + x^2) = a^2 + b^2 + c^2 + d^2.$$

解之得

$$x = \frac{\sqrt{3(a^2 + b^2 + c^2 + d^2)}}{6}.$$

为平行六面体的棱长.

练习与思考

1. 已知 m_1、m_2、m_3 分别表示 $\triangle ABC$ 的三条中线长,a、b、c 为其三边的长,求证:

$$m_1^2 + m_2^2 + m_3^2 = \frac{3}{4}(a^2 + b^2 + c^2).$$

2. 已知任意四边形 $ABCD$ 两对角线 AC、BD 的中点分别是 E、F,求证:
$$AB^2+BC^2+CD^2+DA^2=AC^2+BD^2+4EF^2.$$

3. 如图,在 $\triangle ABC$ 中,BD 和 CE 分别为 $\angle ABC$ 和 $\angle ACB$ 的平分线,F 为 DE 上的任意一点,过点 F 作 BC,AB,AC 的垂线,垂足分别为 H,M,N.求证:$FH=FM+FN$.

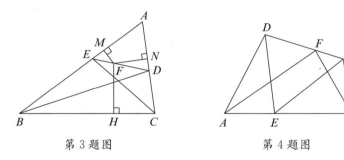

第 3 题图   第 4 题图

4. 如图,在凸四边形 $ABCD$ 的边 AB、CD 上各有一动点 E、F. 如果 AE:$EB=CF$:FD,求证:$S_{ABCD}=S_{\triangle ECD}+S_{\triangle FAB}$.

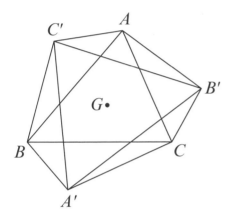

第**10**章

三角形的五心

当你找到第一个蘑菇后，要环顾四周，因为它们总是丛生的.

——*外国谚语*

历史有什么用？至少有两点：具有美学价值，可以引起兴趣；其次，具有以古知今的作用. 它会给出正确的价值观. 以古人之巧思，发今人之智慧. 而且，历史上留下来的问题都是大浪淘沙的结果，是"淘尽污泥始见金".

——*张顺燕*

§10.1　定理及简史

重心定理　三角形的三条中线交于一点,这点到顶点的距离是它到对边中点距离的 2 倍.上述交点叫作三角形的重心.

外心定理　三角形的三边的垂直平分线交于一点.这点叫作三角形的外心.

垂心定理　三角形的三条高交于一点.这点叫作三角形的垂心.

内心定理　三角形的三内角平分线交于一点.这点叫作三角形的内心.

旁心定理　三角形一内角平分线和另外两顶点处的外角平分线交于一点.这点叫作三角形的旁心.三角形有三个旁心.

三角形的重心、外心、垂心、内心、旁心称为三角形的五心.它们都是三角形的巧合点.

《几何原本》并无三角形重心、外心、垂心、内心、旁心的记载,全面论述三角形五心及其命名是欧洲文艺复兴以后的工作,并将三角形的有关结论推广到三维空间.

§10.2　定理的证明

1. 首先证明重心定理

证法 1　如图 $10-1$,D、E、F 为 $\triangle ABC$ 三边中点,设 BE、CF 交于点 G,连接 EF,则 $FE /\!/ BC$,且 $EF = \dfrac{1}{2} BC$,$\triangle GEF \backsim \triangle GBC$.

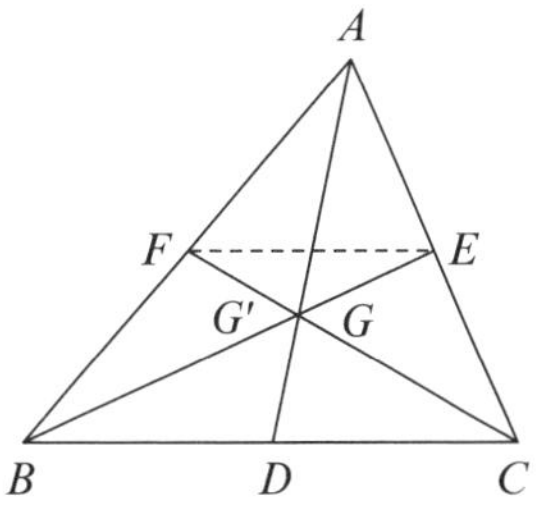

所以

$$\frac{GE}{GB} = \frac{EF}{BC} = \frac{FG}{CG}.$$

由 $BC = 2EF$,得

$$GB = 2GE, GC = 2GF.$$

设 AD、BE 交于点 G',同理可证

$$G'B = 2G'E, G'A = 2G'D,$$

即 G、G' 都是 BE 上从 B 到 E 的三分之二处的点,故点 G' 与点 G 重合.

即三条中线 AD、BE、CF 相交于一点 G.

图 $10-1$

证法 2 设 BE、CF 交于点 G,如图 $10-2$,BG、CG 中点分别为 H、I. 分别连接 HI、HF、EF、EI,则 $FE \parallel HI \parallel BC$,且 $EF = HI = \dfrac{1}{2}BC$.

所以四边形 $EFHI$ 为平行四边形.

所以 $HG = GE$,$IG = GF$,$GB = 2GE$,$GC = 2GF$.

连接 HD,$HD \parallel GC$,且 $HD = \dfrac{1}{2}CG = GF$.

所以四边形 $GFHD$ 是平行四边形. 所以 $FH \parallel GD$,且 $FH = GD$.

又 $FH \parallel AG$,且 $FH = \dfrac{1}{2}AG$,所以 A、G、D 三点共线,且有 $DG = \dfrac{1}{2}AG$,即 $AG = 2GD$. 定理证毕.

证法 3 因为 $\dfrac{AF}{FB} \cdot \dfrac{BD}{DC} \cdot \dfrac{CE}{EA} = 1$,由塞瓦定理的逆定理知 AD、BE、CF 共点. 后半部分同证法 1(略).

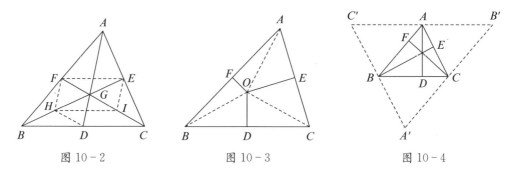

图 $10-2$ 图 $10-3$ 图 $10-4$

2. 证明外心定理

证明 如图 $10-3$,设 AB、BC 的中垂线交于点 O,则有 $OA = OB = OC$,故 O 也在 AC 的中垂线上,因为 O 到 $\triangle ABC$ 三个顶点的距离相等,故点 O 是 $\triangle ABC$ 外接圆的圆心. 因而称为外心.

3. 证明垂心定理

在"第 5 章 塞瓦定理"中,给出过它的一个证明,但垂心定理还有下面一个巧妙的证明.

证明 如图 $10-4$,AD、BE、CF 为 $\triangle ABC$ 三条高,过点 A、B、C 分别作对边的平行线相交成 $\triangle A'B'C'$,则得 $\square ABCB'$、$\square BCAC'$,因此有 $AB' = BC = C'A$,从而 AD 为 $B'C'$ 的中垂线;同理 BE、CF 分别为 $A'C'$、$A'B'$ 的中垂线,由外心定理知它们交于一点,命题得证.

此证法为雷格蒙塔努斯(Regiomontanus,1436—1476)在《论三角形》一书中首创.

4. 证明内心定理

关于内心定理,也曾在"第 5 章 塞瓦定理"中给出过一个证明,下面是它的另一个证明.

证明 如图 10 - 5 设 $\angle A$、$\angle C$ 的平分线相交于点 I,过点 I 分别作 $ID \perp BC$,$IE \perp AC$,$IF \perp AB$,则有 $IE = IF = ID$. 因此 I 也在 $\angle C$ 的平分线上,即三角形三内角平分线交于一点.

上述定理的证法完全适用于旁心定理,如图 10 - 6,这里不再另行论证.

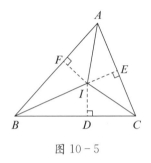

图 10 - 5

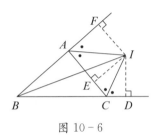

图 10 - 6

§10.3 重心的有关性质

为节省篇幅,下面性质定理的证明均略去.

定理 10. 1 若 G 为 $\triangle ABC$ 的重心,则

$$S_{\triangle ABG} = S_{\triangle BCG} = S_{\triangle CAG} = \frac{1}{3} S_{\triangle ABC}.$$

定理 10. 2 设点 D、E、F 分别为 $\triangle ABC$ 的边 BC、CA、AB 的中点,G 为 $\triangle ABC$ 的重心,则 G 也为 $\triangle DEF$ 的重心.

定理 10. 3 在平面直角坐标系 xOy 中,若 $\triangle ABC$ 三个顶点 A、B、C 的坐标分别为 (x_1, y_1)、(x_2, y_2)、(x_3, y_3),则 $\triangle ABC$ 的重心 G 的坐标为 $\left(\dfrac{x_1 + x_2 + x_3}{3}, \dfrac{y_1 + y_2 + y_3}{3}\right)$.

定理 10. 4 若 G 为 $\triangle ABC$ 的重心,则

(1) $BC^2 + 3GA^2 = CA^2 + 3GB^2 = AB^2 + 3GC^2$.

(2) $GA^2 + GB^2 + GC^2 = \dfrac{1}{3}(AB^2 + BC^2 + CA^2)$.

(3) $GA^2 + GB^2 + GC^2 \leqslant PA^2 + PB^2 + PC^2$($P$ 为 $\triangle ABC$ 所在平面任一点).

定理 10.5 设 AD 为 $\triangle ABC$ 的中线,则

$$AD^2 = \frac{1}{2}(AB^2 + AC^2) - \frac{1}{4}BC^2.$$

定理 10.6 如图 $10-7$ 所示,若 G 为 $\triangle ABC$ 的重心,过点 G 的直线交 AB 于点 P,交 AC 于点 Q,则

$$\frac{AB}{AP} + \frac{AC}{AQ} = 3.$$

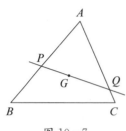

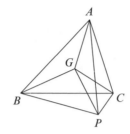
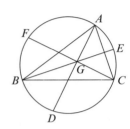

图 $10-7$ 　　　　　　图 $10-8$ 　　　　　　图 $10-9$

定理 10.7 若 G 为 $\triangle ABC$ 的重心,P 为平面内任意一点,如图 $10-8$,则

$$PA^2 + PB^2 + PC^2 = 3PG^2 + GA^2 + GB^2 + GC^2.$$

此为三角形的拉格朗日(Lagrange,1736－1813)定理.

定理 10.8 三角形的重心 G 到任意直线 l 的距离,等于三角形三个顶点到直线 l 的距离的代数和的 $\frac{1}{3}$.

定理 10.9 G 为 $\triangle ABC$ 的重心,若 $AG^2 + BG^2 = CG^2$,则两中线 AD、BE 垂直;反之,若两中线 AD、BE 垂直,则 $AG^2 + BG^2 = CG^2$.

定理 10.10 若 G 为 $\triangle ABC$ 的重心,AG、BG、CG 与 $\triangle ABC$ 的外接圆分别交于点 D、E、F,如图 $10-9$,则

$$\frac{AG}{GD} + \frac{BG}{GE} + \frac{CG}{GF} = 3.$$

此定理为《数学通报》(1985.12)数学问题征解第 387 题.

定理 10.11 设 P、Q、T 分别为 $\triangle ABC$ 的重心 G 在三边 BC、CA、AB 上的射影,R 为 $\triangle ABC$ 外接圆半径,r 为 $\triangle ABC$ 内切圆半径,则

$$3r \leqslant GP + GQ + GT \leqslant \frac{3}{2}R.$$

定理 10.12 若 G 为 $\triangle ABC$ 的重心,R 为 $\triangle ABC$ 外接圆半径,r 为 $\triangle ABC$ 内切圆半径,则

$$6r \leqslant GA + GB + GC \leqslant 3R.$$

定理 10.13　设点 D、E、F 分别为 $\triangle ABC$ 三边 BC、CA、AB 上的点,且 $\dfrac{BD}{DC}=\dfrac{CE}{EA}=\dfrac{AF}{FB}$,如图 10 - 10 所示,则 $\triangle DEF$ 与 $\triangle ABC$ 具有共同的重心 G.

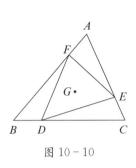

图 10 - 10

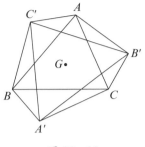

图 10 - 11

此定理由帕普斯(Pappus,约公元 300 年,见第 25 章)发现,见帕普斯的《数学汇编》第八章.

定理 10.14　以 $\triangle ABC$ 的三边分别向外作 $\triangle BCA'$、$\triangle CAB'$、$\triangle ABC'$,使得 $\triangle BCA' \backsim \triangle CAB' \backsim \triangle ABC'$,如图 10 - 11 所示,则 $\triangle A'B'C'$ 与 $\triangle ABC$ 具有共同的重心 G.

此定理由塞萨罗(E. Cesaro,1859—1906)于 1880 年发现,第二年又被诺伊贝格和莱沙特再次发现,它可以推广到多边形中.

§10.4　外心的有关性质

定理 10.15　设 O 为 $\triangle ABC$ 的外心,则

$$OA=OB=OC.$$

定理 10.16　直角三角形的外心为斜边的中点,锐角三角形的外心在三角形内,钝角三角形的外心在三角形外.

定理 10.17　设 O 为 $\triangle ABC$ 的外心,则有 $\angle BOC=2\angle A$,或 $\angle BOC=360°-2\angle A$,如图 10 - 12(a)和(b)所示.

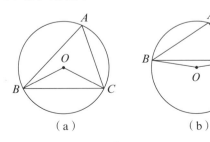

（a）　　　　　（b）

图 10 - 12

定理 10.18 锐角三角形的外心与顶点的连线与其中一边的夹角与该边所对的角互余. 如图 $10-12(a)$, 则 $\angle OBC + \angle A = 90°$.

定理 10.19 设 $\triangle ABC$ 的三边分别为 a、b、c, 外接圆半径为 R, 面积为 S. 则

$$R = \frac{abc}{4S}.$$

定理 10.20 设 O 为锐角 $\triangle ABC$ 的外心, 它到 $\triangle ABC$ 三边 BC、CA、AB 的距离分别为 h_a、h_b、h_c, $\triangle ABC$ 的外接圆半径为 R, 内切圆半径为 r, 则

$$h_a + h_b + h_c = R + r.$$

定理 10.21 设 O 为锐角 $\triangle ABC$ 的外心, 它到 $\triangle ABC$ 三边 BC、CA、AB 的距离分别为 h_a、h_b、h_c, $\triangle ABC$ 的外接圆半径为 R, 则

$$\frac{h_a}{\cos A} = \frac{h_b}{\cos B} = \frac{h_c}{\cos C} = R.$$

定理 10.22 设 O 为锐角三角形 ABC 的外心, 它到三边 BC、CA、AB 的距离分别为 h_a、h_b、h_c, $\triangle ABC$ 的外接圆半径为 R, 内切圆半径为 r, 则

$$3r \leqslant h_a + h_b + h_c \leqslant \frac{3}{2}R.$$

定理 10.23 设 O 为 $\triangle ABC$ 的外心, 若 AO(或 AO 延长线)交 BC 于点 D, 则

$$\frac{BD}{CD} = \frac{\sin 2C}{\sin 2B}.$$

定理 10.24 设 O 为 $\triangle ABC$ 的外心, 过点 O 的直线交 AB(或 AB 的延长线)于点 P, 交 AC(或 AC 的延长线)于点 Q, 如图 $10-13$, 则

$$\frac{AB}{AP}\sin 2B + \frac{AC}{AQ}\sin 2C = \sin 2A + \sin 2B + \sin 2C$$

或

$$\frac{BP}{AP}\sin 2B + \frac{CQ}{AQ}\sin 2C = \sin 2A.$$

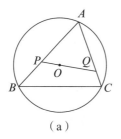 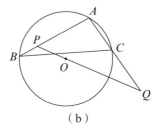

（a） （b）

图 $10-13$

§ 10.5　垂心的有关性质

定理 10.25　直角三角形的垂心在直角顶点,锐角三角形的垂心在三角形内,钝角三角形的垂心在三角形外.

定理 10.26　设 H 为 $\triangle ABC$ 的垂心,则
$$\angle BHC=\angle B+\angle C=180°-\angle A,$$
$$\angle CHA=\angle C+\angle A=180°-\angle B,$$
$$\angle AHB=\angle A+\angle B=180°-\angle C.$$

定理 10.27　设 H 为 $\triangle ABC$ 的垂心,则 H、A、B、C 四点中任一点是其余三点为顶点的三角形的垂心.

上述四个点被称为垂心组.关于垂心组有如下五个结论:

定理 10.28　垂心组的四个三角形的外接圆是等圆.

定理 10.29　垂心组的四个三角形的外心构成一个垂心组.

定理 10.30　垂心组的四个三角形的重心构成一个垂心组.

定理 10.31　垂心组位于中间的一点可作为一个三角形的内心,且其余三点作为这个三角形的三个旁心.反过来,结论也成立.

定理 10.32　垂心组的两条不相邻的连线的平方和等于外接圆直径的平方.

定理 10.33　设 $\triangle ABC$ 的三条高分别为 AD、BE、CF,点 D、E、F 分别为垂足,垂心为 H. 对于点 A、B、C、H、D、E、F 有六组四点共圆,有三组(每组四个)相似三角形,且
$$AH \cdot HD=BH \cdot HE=CH \cdot HF.$$

定理 10.34　在 $\triangle ABC$ 中,H 为垂心,设 $BC=a$,$CA=b$,$AB=c$,R 为 $\triangle ABC$ 外接圆半径.则
$$AH^2+a^2=BH^2+b^2=CH^2+c^2=4R^2.$$

定理 10.35　锐角三角形与直角三角形的垂心到各顶点的距离之和等于其外接圆半径与内切圆半径之和的 2 倍.

定理 10.36　三角形的顶点到垂心的距离等于外心到它对边距离的 2 倍.

该定理由法国数学家塞尔瓦(F. J. Servois,1767—1847)于 1804 年发现,卡诺(L. N. M. Carnot,1753—1823,见第 22 章)于 1810 年又重新发现了它.由此定理可得如下推论(其中 AD、BE、CF 分别为 $\triangle ABC$ 的三条高,H 为垂心,$BC=a$,$CA=b$,$AB=c$,R 为 $\triangle ABC$ 外接圆半径,r 为内切圆半径):

推论1 (1) $AH=2R\cos A,BH=2R\cos B,CH=2R\cos C.$

(2) $AH+BH+CH=2(R+r)=a\cot A+b\cot B+c\cot C.$

结论(2)为卡诺于1803年发现.

推论2 (1) $HD=2R\cos B\cos C,HE=2R\cos C\cos A,HF=2R\cos A\cos B.$

(2) $HA \cdot HD=HB \cdot HE=HC \cdot HF=4R^2-\dfrac{1}{2}(a^2+b^2+c^2)=$

$-4R^2\cos A\cos B\cos C.$

当$\triangle ABC$为锐角三角形时,其值为负;为钝角三角形时,其值为正. 它是卡诺于1801年发现的.

推论3 $a^2+AH^2=b^2+BH^2=c^2+CH^2=4R^2,$

$AH^2+BH^2+CH^2=12R^2-(a^2+b^2+c^2).$

推论4 $DE+EF+FD=\dfrac{2S}{R}.$

推论4是布思(Booth,1806—1876)发现的,它反映了三角形中的垂足三角形(三垂足构成的三角形)的周长与原三角形面积及外接圆之间的关系.

推论5 三角形的外心到它各顶点的向量之和等于外心到它垂心的向量.

推论5由英国数学家西尔维斯特(Sylvester,1814—1897)给出的,所以也称为西尔维斯特定理.

定理10.37 设H为锐角三角形ABC或直角三角形ABC的垂心,R为其外接圆半径,r为内切圆半径. 则

$$6r\leqslant HA+HB+HC\leqslant 3R.$$

定理10.38 任意三角形的第三个垂足三角形都与原三角形相似.

这一定理最初(约1892年)由诺伊贝格增补到凯西的名著《欧几里德原本前六卷续编》的第六版里而问世的. 1940年,斯特瓦尔特将其推广到n边形的情形:任意n边形的第n个垂足n边形与原n边形相似.

定理10.39 锐角三角形的垂心是垂足三角形的内心;在锐角三角形的内接三角形(顶点在原三角形的边上)中,垂足三角形的周长最短.

定理10.40 三角形的垂足三角形的三边,分别平行于原三角形外接圆在各顶点的切线.

定理10.41 $\triangle ABC$的垂心H关于三边BC、CA、AB的对称点均在$\triangle ABC$的外接圆上.

定理10.42 三角形的垂心在各角的内、外角平分线上的射影的连线共点,该

点恰是三角形九点圆的圆心.

定理 10.43 在非直角三角形 ABC 中,过垂心 H 的直线分别交 AB、AC 所在直线于点 P、Q,如图 $10-14$ 所示,则

$$\frac{AB}{AP}\tan B+\frac{AC}{AQ}\tan C=\tan A+\tan B+\tan C.$$

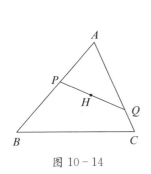

图 $10-14$

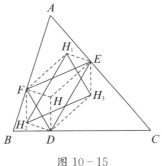

图 $10-15$

定理 10.44 如图 $10-15$,$\triangle ABC$ 的垂心为 H,H 在 BC、CA、AB 上的射影分别为 D、E、F,H_1、H_2、H_3 分别为 $\triangle AEF$、$\triangle BDF$、$\triangle CDE$ 的垂心,则 $\triangle DEF\cong\triangle H_1H_2H_3$.

§ 10.6　内心的有关性质

定理 10.45 若 I 为 $\triangle ABC$ 的内心,则 I 到 $\triangle ABC$ 三边的距离相等. 反之也成立.

定理 10.46 如图 $10-16$,若 I 为 $\triangle ABC$ 的内心,AI 所在直线交 $\triangle ABC$ 外接圆于点 D,则 $ID=DB=DC$. 反之,若对 $\triangle ABC$ 内一点 I,连接 AI 延长交 $\triangle ABC$ 外接圆于点 D,且 $ID=DB=DC$,则 I 为 $\triangle ABC$ 的内心.

定理 10.47 若 I 为 $\triangle ABC$ 的内心,则

$$\angle BIC=90°+\frac{1}{2}\angle A,$$

$$\angle CIA=90°+\frac{1}{2}\angle B,$$

$$\angle AIB=90°+\frac{1}{2}\angle C.$$

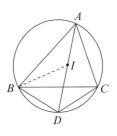

图 $10-16$

定理 10.48 若 I 为 $\triangle ABC$ 的内心，$BC=a$，$CA=b$，$AB=c$，$\angle A$ 的平分线交 BC 于点 K，交 $\triangle ABC$ 的外接圆于点 D，则

$$\frac{AI}{KI}=\frac{AD}{DI}=\frac{DI}{DK}=\frac{b+c}{a}.$$

定理 10.49 一条直线截 $\triangle ABC$，把周长 l 和面积 S 分为对应的两部分：l_1 和 l_2，S_1 和 S_2. 若直线 l 过 $\triangle ABC$ 内心，则 $\dfrac{l_1}{l_2}=\dfrac{S_1}{S_2}$；反之若 $\dfrac{l_1}{l_2}=\dfrac{S_1}{S_2}$，则直线 l 过 $\triangle ABC$ 的内心.

定理 10.50 过 $\triangle ABC$ 内心 I 任作一直线，分别交 AB、AC 于 P、Q 两点，则

$$\frac{AB}{AP}\cdot AC+\frac{AC}{AQ}\cdot AB=AB+AC+BC$$

或

$$\frac{AB}{AP}\sin B+\frac{AC}{AQ}\sin C=\sin A+\sin B+\sin C.$$

定理 10.51 用 $\triangle ABC$ 的外接圆半径 R 及三个内角表示内切圆半径 r 为

$$r=4R\sin\frac{A}{2}\sin\frac{B}{2}\sin\frac{C}{2}.$$

定理 10.52 I 为 $\triangle ABC$ 的内心，R 为 $\triangle ABC$ 外接圆半径，r 为 $\triangle ABC$ 内切圆半径，则

(1) $6r\leqslant IA+IB+IC\leqslant 3R$.

(2) $IA+IB+IC\leqslant\dfrac{\sqrt{3}}{3}(AB+BC+CA)$.

定理 10.53 I 为 $\triangle ABC$ 的内心，$\triangle ABC$ 内一点 P 在 BC、CA、AB 上的射影分别为 D、E、F，当点 P 与点 I 重合时，和式 $\dfrac{BC}{PD}+\dfrac{CA}{PE}+\dfrac{AB}{PF}$ 的值最小.

定理 10.54 I 为 $\triangle ABC$ 的内心，AI、BI、CI 的延长线分别交 $\triangle ABC$ 三边 BC、CA、AB 于点 D、E、F，交 $\triangle ABC$ 外接圆于点 A_1、B_1、C_1，记 $AD=t_a$，$BE=t_b$，$CF=t_c$，$AA_1=l_a$，$BB_1=l_b$，$CC_1=l_c$，用 p、R、r 分别表示 $\triangle ABC$ 的半周长、外接圆半径、内切圆半径，则

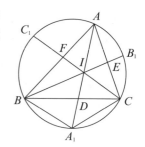

图 10 - 17

(1) $R\geqslant 2r$.

(2) $AI=4R\sin\dfrac{B}{2}\sin\dfrac{C}{2}$，$BI=4R\sin\dfrac{C}{2}\sin\dfrac{A}{2}$，$CI=4R\sin\dfrac{A}{2}\sin\dfrac{B}{2}$.

(3) $t_a = \dfrac{2bc}{b+c} \cos \dfrac{A}{2} = \dfrac{2}{b+c} \sqrt{bcp(p-a)}$, $t_b = \dfrac{2ca}{c+a} \cos \dfrac{B}{2} = \dfrac{2}{c+a} \sqrt{cap(p-b)}$,

$t_c = \dfrac{2ab}{a+b} \cos \dfrac{C}{2} = \dfrac{2}{a+b} \sqrt{abp(p-c)}$.

(4) $l_a = 2R\cos \dfrac{B-C}{2}$; $l_b = 2R\cos \dfrac{C-A}{2}$; $l_c = 2R\cos \dfrac{A-B}{2}$.

定理 10.55　I 为锐角三角形 ABC 的内心，AI、BI、CI 的延长线分别交 $\triangle ABC$ 三边 BC、CA、AB 于点 D、E、F，交 $\triangle ABC$ 外接圆于点 A_1、B_1、C_1，则

(1) $\dfrac{AI^2}{bc} + \dfrac{BI^2}{ca} + \dfrac{CI^2}{ab} = 1$.

(2) $\dfrac{AI}{AD} + \dfrac{BI}{BE} + \dfrac{CI}{CF} = 2$.

(3) $\dfrac{DA_1}{DA} + \dfrac{EB_1}{EB} + \dfrac{FC_1}{FC} = \dfrac{R}{r} - 1$.

(4) $\dfrac{DA_1}{DI} + \dfrac{EB_1}{EI} + \dfrac{FC_1}{FI} = 2\dfrac{R}{r} - 1$.

(5) $\dfrac{IA_1}{IA} + \dfrac{IB_1}{IB} + \dfrac{IC_1}{IC} = \dfrac{1}{2} \sec \dfrac{A}{2} \sec \dfrac{B}{2} \sec \dfrac{C}{2} - 1$.

(6) $AA_1 \cos \dfrac{A}{2} + BB_1 \cos \dfrac{B}{2} + CC_1 \cos \dfrac{C}{2} = 8R\cos \dfrac{A}{2} \cos \dfrac{B}{2} \cos \dfrac{C}{2}$.

定理 10.56　I 为锐角三角形 ABC 的内心，AI、BI、CI 的延长线分别交 $\triangle ABC$ 三边 BC、CA、AB 于点 D、E、F，交 $\triangle ABC$ 外接圆于点 A_1、B_1、C_1，用 S、p、R、r 与 S'、p'、R'、r' 分别表示 $\triangle ABC$ 与 $\triangle A_1 B_1 C_1$ 的面积、半周长、外接圆半径、内切圆半径，则

(1) $\dfrac{S_{\triangle DEF}}{S} = \dfrac{2abc}{(a+b)(b+c)(c+a)}$.

(2) $\dfrac{S'}{S} = \dfrac{1}{8} \csc \dfrac{A}{2} \csc \dfrac{B}{2} \csc \dfrac{C}{2}$.

(3) $p' \geqslant p, r' \geqslant r$.

(4) $IA \cdot IB \cdot IC \leqslant IA_1 \cdot IB_1 \cdot IC_1$.

定理 10.57　I 为 $\triangle ABC$ 的内心，$\odot I$ 分别切 $\triangle ABC$ 三边 BC、CA、AB 于点 D、E、F，则 AD、BE、CF 交于一点.

上述交点被称为葛干涅(Gergonne)点.

定理 10.58　I 为 $\triangle ABC$ 的内心，$BC = a$，$CA = b$，$AB = c$，$\odot I$ 分别切 $\triangle ABC$ 三边 BC、CA、AB 于点 D、E、F，r 为 $\odot I$ 半径，p 为半周长，R 为 $\triangle ABC$ 外接圆半径，则

(1) $S_{\triangle ABC}=rp.$

(2) $r=\dfrac{2S_{\triangle ABC}}{a+b+c}.$

(3) $AE=AF=p-a,BD=BF=p-b,CE=CD=p-c.$

(4) $abcr=p\cdot AI\cdot BI\cdot CI.$

(5) $S_{\triangle DEF}=\dfrac{r}{2R}S_{\triangle ABC},S_{\triangle IBC}=\dfrac{a}{2p}S_{\triangle ABC},S_{\triangle ICA}=\dfrac{b}{2p}S_{\triangle ABC},S_{\triangle IAB}=\dfrac{c}{2p}S_{\triangle ABC}.$

§10.7 旁心的有关性质

为了叙述方便,统一作如下约定:$\triangle ABC$ 的三边 BC、CA、AB 的长为 a、b、c,$\triangle ABC$ 的面积、半周长、内切圆半径、外接圆半径分别为 S、p、r、R,与 BC、CA、AB 外侧相切的旁切圆的圆心分别为 I_A、I_B、I_C,其半径分别为 r_a、r_b、r_c.

定理 10.59 三角形的内心是它的旁心三角形(三个旁心构成的三角形)的垂心.

定理 10.60 $\angle BI_AC=90°-\dfrac{1}{2}\angle A,\angle BI_bC-\angle BI_cC=\dfrac{1}{2}\angle A.$(对于 $\angle B$、$\angle C$ 有类似的结论)

定理 10.61 在 $\triangle ABC$ 中,$\angle A$ 的内角平分线交外接圆于点 D,以 D 为圆心,DC 为半径作圆,与直线 AD 相交于两点 I 和 I_A,则点 I 和 I_A 恰是 $\triangle ABC$ 的内心和旁心.(对于 $\angle B$、$\angle C$ 也有类似的结论)

定理 10.62 一个旁心与三角形三条边的端点连接所组成的三个三角形面积的比等于原三角形三条边的比,即

$$S_{\triangle I_ABC}:S_{\triangle I_ACA}:S_{\triangle I_AAB}=a:b:c,$$
$$S_{\triangle I_BBC}:S_{\triangle I_BCA}:S_{\triangle I_BAB}=a:b:c,$$
$$S_{\triangle I_CBC}:S_{\triangle I_CCA}:S_{\triangle I_CAB}=a:b:c.$$

定理 10.63 三个旁心与三角形一条边的端点连接所组成的三个三角形面积的比等于三个旁切圆半径的比,即

$$S_{\triangle I_ABC}:S_{\triangle I_BBC}:S_{\triangle I_CBC}=r_a:r_b:r_c,$$
$$S_{\triangle I_ACA}:S_{\triangle I_BCA}:S_{\triangle I_CCA}=r_a:r_b:r_c,$$
$$S_{\triangle I_AAB}:S_{\triangle I_BAB}:S_{\triangle I_CAB}=r_a:r_b:r_c.$$

定理 10.64 旁切圆的半径分别为：

$$r_a = \frac{S}{p-a} = 4R\sin\frac{A}{2}\cos\frac{B}{2}\cos\frac{C}{2},$$

$$r_b = \frac{S}{p-b} = 4R\cos\frac{A}{2}\sin\frac{B}{2}\cos\frac{C}{2},$$

$$r_c = \frac{S}{p-c} = 4R\cos\frac{A}{2}\cos\frac{B}{2}\sin\frac{C}{2}.$$

且

$$r_a + r_b + r_c = 4R + r,$$

$$S = r_a(p-a) = r_b(p-b) = r_c(p-c) = rp.$$

定理 10.65 三角形的旁心距分别为

$$I_A I_B = 4R\cos\frac{C}{2}, \quad I_A I_C = 4R\cos\frac{B}{2}, \quad I_B I_C = 4R\cos\frac{A}{2}.$$

定理 10.66 $\triangle ABC$ 是 $\triangle I_A I_B I_C$ 的垂足三角形，且 $\triangle I_A I_B I_C$ 的外接圆半径 $R' = 2R$.

定理 10.67 $\dfrac{I_A A}{\cos\dfrac{B}{2}\cos\dfrac{C}{2}} = \dfrac{I_A B}{\sin\dfrac{A}{2}\cos\dfrac{C}{2}} = \dfrac{I_A C}{\sin\dfrac{A}{2}\cos\dfrac{B}{2}} = 4R.$

定理 10.68 （1）$\dfrac{II_A \cdot I_B I_C}{a} = \dfrac{II_B \cdot I_C I_A}{b} = \dfrac{II_C \cdot I_A I_B}{c} = 4R$（其中 I 为 $\triangle ABC$ 的内心）.

（2）$\dfrac{I_B I_C \cdot I_C I_A \cdot I_A I_B}{abc} = \dfrac{4R}{r}.$

定理 10.69 $\triangle ABC$ 的旁心三角形 $\triangle I_A I_B I_C$ 的面积为 $S_{\triangle I_A I_B I_C} = 2pR.$

定理 10.70 $\triangle I_A I_B I_C$ 为 $\triangle ABC$ 的旁心三角形，则

$$\frac{S_{\triangle I_A I_B I_C}}{S} = \frac{2R}{r}.$$

定理 10.71 $\dfrac{1}{II_A^2} + \dfrac{1}{I_B I_C^2} = \dfrac{1}{a^2}$，$\dfrac{1}{II_B^2} + \dfrac{1}{I_C I_A^2} = \dfrac{1}{b^2}$，$\dfrac{1}{II_C^2} + \dfrac{1}{I_A I_B^2} = \dfrac{1}{c^2}$（其中 I 为 $\triangle ABC$ 的内心）.

定理 10.72 $\dfrac{IA^2}{bc} + \dfrac{IB^2}{ca} + \dfrac{IC^2}{ab} = 1$（其中 I 为 $\triangle ABC$ 的内心）.

定理 10.73 过旁心 I_A 的直线与 AB、AC 所在直线分别交于点 P、Q，则

$$\frac{AB}{AP}\sin B + \frac{AC}{AQ}\sin C = -\sin A + \sin B + \sin C.$$

§10.8 五心的有关性质

本讲中记△ABC的重心为G,外心为O,内心为I,垂心为H,旁心分别为I_A、I_B、I_C,外接圆半径为R,内切圆半径为r,且$AB=c,BC=a,AC=b,q=\sqrt{a^2+b^2+c^2}$.

定理 10.74 三角形的内心和任一顶点的连线与三角形外接圆相交,这个交点与外心的连线是这一顶点所对的边的中垂线.

定理 10.75 三角形的内心和任一顶点的连线,平分外心,垂心和这一顶点的连线所成的角.

定理 10.76 三角形的外心与垂心的连线的中点是九点圆的圆心.

九点圆在本书"第 15 章 九点圆"中有深入的讨论.

定理 10.77 三角形的外心O,重心G,九点圆圆心V,垂心H,这四心共线,且$GH=2OG,VH=3GV$.

直线OGH叫作欧拉线(见"第 11 章 欧拉线").

定理 10.78 三角形的内心与旁心构成一个垂心组.

定理 10.79 三角形的面积是其旁心三角形的面积与内切圆切点三角形面积的等比中项.

定理 10.80 旁心三角形与内切圆切点三角形的欧拉线重合.

定理 10.81 设H、G、I分别为三边两两互不相等的三角形的垂心、重心、内心,则$\angle HIG>90°$.

定理 10.82 三角形内心与外心的距离$IO^2=R^2-2Rr$.

定理 10.83 重心与内心的距离$GI^2=\dfrac{2}{3}p^2-\dfrac{5}{18}q^2-4Rr$.

定理 10.84 垂心与内心的距离

$$HI^2=4R^2-\frac{a^3+b^3+c^3+abc}{a+b+c},$$

$$HI^2=4R^2-8Rr+2p^2-\frac{3}{2}q^2,$$

$$HI^2=2r^2-4R^2\cos A\cos B\cos C,$$

$$HI^2=4R^2+2r^2-\frac{1}{2}(a^2+b^2+c^2).$$

定理 10.85 重心与外心的距离$GO^2=R^2-\dfrac{1}{9}q^2$.

定理 10.86 内心与旁心的距离

$$II_A = \frac{a\sqrt{bcp(p-a)}}{p(p-a)}, II_B = \frac{b\sqrt{acp(p-b)}}{p(p-b)}, II_C = \frac{c\sqrt{abp(p-c)}}{p(p-c)}.$$

定理 10.87 外心与垂心的距离

$$OH^2 = R^2(1 - 8\cos A\cos B\cos C) = 9R^2 - (a^2 + b^2 + c^2).$$

定理 10.88 三角形的外心至内心、旁心的距离的平方和,等于外接圆半径平方的 12 倍,即

$$OI^2 + OI_A^2 + OI_B^2 + OI_C^2 = 12R^2.$$

§ 10.9 定理的推广

1. 重心定理的推广

定理 10.89 设 D、E、F 分别为 $\triangle ABC$ 的边 BC、CA、AB 上的点,且 $\dfrac{AF}{AB} = \dfrac{BD}{BC} = \dfrac{CE}{CA} = \dfrac{1}{n}$,$AD$、$BE$、$CF$ 三线相交得 $\triangle GHK$,则 $S_{\triangle GHK} = \dfrac{(n-2)^2}{n^2-n+1}S_{\triangle ABC}$.

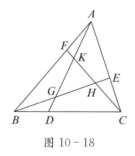

图 10 - 18

证明 如图 10 - 18,直线 CKF 截 $\triangle ABD$,由梅涅劳斯定理,得 $\dfrac{AK}{KD} \cdot \dfrac{DC}{CB} \cdot \dfrac{BF}{FA} = 1$,进而得到 $\dfrac{AK}{KD} = \dfrac{n}{(n-1)^2}$,$\dfrac{AK}{AD} = \dfrac{n}{n^2-n+1}$.

所以 $S_{\triangle AKC} = \dfrac{n}{n^2-n+1} \cdot \dfrac{n-1}{n}S_{\triangle ABC} = \dfrac{n-1}{n^2-n+1}S_{\triangle ABC}$.

同理可证 $S_{\triangle ABG} = S_{\triangle BCH} = \dfrac{n-1}{n^2-n+1}S_{\triangle ABC}$.

$$S_{\triangle GHK} = \left[1 - \frac{3(n-1)}{n^2-n+1}\right]S_{\triangle ABC} = \frac{(n-2)^2}{n^2-n+1}S_{\triangle ABC}.$$

显然当 $n=2$ 时,有 $S_{\triangle GHK} = 0$,G、H、K 三点重合于重心.

2. 外心定理的推广

定理 10.90 过 $\triangle ABC$ 三边中点 D、E、F 分别作与三边倾斜角均为 α 的斜线且顺序一致，三斜线相交得 $\triangle GHK$，则

$$S_{\triangle GHK} = \cos^2 \alpha \cdot S_{\triangle ABC}.$$

证明 如图 $10-19$，首先我们证 $\triangle KGH \backsim \triangle ABC$，

因为 $\angle KFA = \angle KEA = \alpha$，

所以 A、K、F、E 四点共圆，

所以 $\angle GKH = \angle BAC$.

同理可证 $\angle G = \angle B$，$\angle H = \angle C$，

故 $\triangle KGH \backsim \triangle ABC$.

又由正弦定理，有

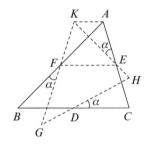

图 $10-19$

$$\frac{KF}{AF} = \frac{\sin \angle KAF}{\sin \angle AKF} = \frac{\sin \angle KEF}{\sin (180° - \angle AEF)} = \frac{\sin (C-\alpha)}{\sin C}.$$

所以

$$\frac{KF}{AB} = \frac{\sin (C-\alpha)}{2\sin C}. \qquad ①$$

同理，B、G、D、F 共圆，有

$$\frac{FG}{BF} = \frac{\sin (C+\alpha)}{\sin C} \Rightarrow \frac{FG}{AB} = \frac{\sin (C+\alpha)}{2\sin C}. \qquad ②$$

① + ② 得

$$\frac{KG}{AB} = \frac{1}{2\sin C}\big[\sin (C-\alpha) + \sin (C+\alpha)\big] = \cos \alpha.$$

故有

$$\frac{S_{\triangle KGH}}{S_{\triangle ABC}} = \left(\frac{KG}{AB}\right)^2 = \cos^2 \alpha,$$

即

$$S_{\triangle KGH} = \cos^2 \alpha \cdot S_{\triangle ABC}.$$

显然，当 $\alpha = 90°$，即 $S_{\triangle KGH} = 0$ 时正是外心定理.

对外心定理，还有下面的推广

定理 10.91 在 $\triangle ABC$ 中，三边分别为 a、b、c，设 $AF = \frac{1}{n}AB$，$BD = \frac{1}{n}BC$，$CE = \frac{1}{n}CA$，过 D、E、F 各作三边的垂线相交得 $\triangle GHK$，则

$$S_{\triangle GHK} = \frac{(n-2)^2}{16n^2} \cdot \frac{(a^2+b^2+c^2)^2}{S_{\triangle ABC}}.$$

证明略.

3. 垂心定理的推广

定理 10.92　如图 10-20,从 $\triangle ABC$ 三顶点分别作对边的斜线,与对边的交角为 α,且顺序一致,三斜线相交得 $\triangle GHK$,则

$$S_{\triangle GHK} = 4\cos^2\alpha \cdot S_{\triangle ABC}.$$

证明　如图 10-20,过 A、B、C 分别作对边的平行线交得 $\triangle A'B'C'$,则 A、B、C 分别为 $\triangle A'B'C'$ 三边的中点,由定理 10.90 有

$$S_{\triangle GHK} = \cos^2\alpha \cdot S_{\triangle A'B'C'} = 4\cos^2\alpha \cdot S_{\triangle ABC}.$$

显然,$\alpha = 90°$ 时为垂心定理.

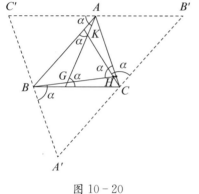

图 10-20

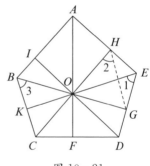

图 10-21

垂心定理还可理解为三角形一顶点与另两条高交点的连线垂直于对边,那么对五边形,我们有

定理 10.93　在一五边形中,若有四个顶点向对边所作的高交于一点,则第五个顶点与其交点的连线也垂直于对边.

证明　如图 10-21,设在五边形 $ABCDE$ 中,$AF \perp CD$、$BG \perp DE$、$CH \perp AE$、$DI \perp AB$,且 AF、BG、CH、DI 交于点 O,连接 EO 并延长,交 BC 于点 K.连接 HG,则四边形 $AHFC$、四边形 $AIFD$、四边形 $BIGD$、四边形 $OHEG$ 都可以内接于圆.

所以

$$OA \cdot OF = OH \cdot OC, OA \cdot OF = OI \cdot OD,$$

$$OI \cdot OD = OB \cdot OG, \angle 1 = \angle 2.$$

所以 $OH \cdot OC = OB \cdot OG$,故 C、B、H、G 内接于圆.

所以∠2＝∠3,所以∠1＝∠3.

所以四边形 BEGK 内接于圆.而 BG⊥DE,故 EK⊥BC,命题得证.

此结论可推广到(2n＋1)边形.

4. 三角形有 44072 颗"心"

2022 年 4 月 8 日,物理学家、中国科学院物理研究所研究员曹则贤教授在一场报告中问:"大家在中学学了三角形的内心、外心、垂心、重心……,你们知道三角形一共有多少个'心'吗?"

看大家说不出,曹教授郑重其事地说:"根据 2021 年 7 月 21 号的数据,平面上的三角形现在已知的不同的几何'心'是 44072 个!"

图 10－22

曹教授的话,让人们大开眼界,原来我们在中学所学到的数学知识只是一点点皮毛而已.学无止境,要想在某一领域有所成就,就必须花更多精力,在更广阔的范围去探寻!

§ 10.10 定理的应用

例 10.1 设 G 为△ABC 的重心,M、N 分别为 BC、CA 的中点.求证:四边形 GMCN 和△GAB 的面积相等.

证明 如图 10－23,连接 GC.

则 $S_{\triangle GMC}=\frac{1}{2}S_{\triangle GBC}=\frac{1}{2}\cdot\frac{1}{3}S_{\triangle ABC}=\frac{1}{6}S_{\triangle ABC}$.

同理 $S_{\triangle GCN}=\frac{1}{6}S_{\triangle ABC}$.

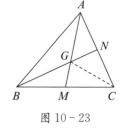

所以 $S_{四边形GMCN}=\frac{1}{3}S_{\triangle ABC}=S_{\triangle GAB}$.

图 10－23

例 10.2 (定理 10.36)求证:三角形的顶点到垂心的距离等于外心到它对边

的距离的 2 倍.

证明　如图 10-24，O 为 △ABC 的外心，H 为垂心，连接 CO 并延长，交 △ABC 外接圆于点 D. 过点 O 分别作 $DM \perp BC$，$OK \perp AB$，$ON \perp AC$，垂足分别为 M、K、N，连接 DA、DB，则 $DA \perp AC$，$BD \perp BC$，又 $AH \perp BC$，$BH \perp AC$.

所以 $DB /\!/ AH$，$DA /\!/ BH$. 所以四边形 $DBHA$ 为平行四边形. 所以 $AH = DB$.

又 $DB = 2OM$，所以 $AH = 2OM$.

同理可证 $BH = 2ON$，$CH = 2OK$. 证毕.

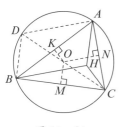

图 10-24

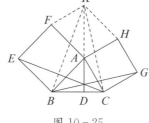

图 10-25

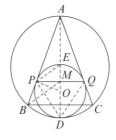

图 10-26

例 10.3　AD 是 △ABC 的一条高，以 AB、AC 为边分别向外作正方形 $ABEF$ 和正方形 $ACGH$，连接 BG、EC，求证：AD、BG、CE 相交于一点.

证明　如图 10-25，延长 DA 至 K，使 $AK = BC$，连接 FK、KH，则 △$KAH \cong$ △BCA，△$KAF \cong$ △CBA. 连接 KC、KB，则可得 △$KAC \cong$ △BCG，△$KAB \cong$ △CBE.

于是 $\angle ACK = \angle CGB$，$\angle ABK = \angle BEC$.

因为 $\angle ACG = \angle ACK + \angle KCG = \angle CGB + \angle KCG = 90°$，所以 $BG \perp KC$.

因为 $\angle EBA = \angle EBK + \angle KBA = \angle EBK + \angle BEC = 90°$，所以 $CE \perp KB$.

从而 AD、BG、CE 为 △KBC 的三条高线，故它们相交于一点.

例 10.4　在 △ABC 中，$AB = AC$，⊙O 内切 △ABC 的外接圆于点 D，且与边 AB、AC 分别相切于点 P、Q. 求证：线段 PQ 的中点是 △ABC 的内心.

证明　如图 10-26，分别连接 AD、PD、QD，易知 AD 平分 $\angle PDQ$ 及 $\angle A$，

因为 $PQ /\!/ BC$，

所以 $\angle APQ = \angle ABC$.　　　　　　　　　　　　　　　　　　　　　③

又 AB 切 ⊙O 于点 P，

所以 $\angle APQ = \angle PDQ = 2\angle PDM$.　　　　　　　　　　　　　　④

再连接 BD、BM，由于 $\angle PBD = \angle PMD = 90°$，

故 P、B、D、M 四点共圆.

所以∠PBM＝∠PDM. ⑤

由③④⑤可得∠PBM＝∠MBC.

即 BM 是∠ABC 的平分线,而 AM 是∠A 的平分线,所以交点 M 是△ABC 的内心.

这是第 20 届国际数学奥林匹克竞赛试题,其实当 AB≠AC 时,结论也成立,这个问题留给有兴趣的读者进一步探究.

练习与思考

1. G 为△ABC 的重心,∠A＝90°. 求证:$GB^2+GC^2=5GA^2$.

2. △ABC 的外心和垂心分别为 O、H,∠A＝60°. 求证:AO＝AH.

3. 在△ABC 中,BC＝14 cm,BC 边上的高 AD＝12 cm,内切圆半径 r＝4 cm,求 AB、AC 的长.

4. 在△ABC 中,AB＝5,BC＝6,CA＝7,H 为垂心,则 AH 的长为_____.
(2000 年上海市初中数学竞赛题)

5. 如图,设 I 为△ABC 的内心,射线 AI、BI、CI 与△ABC 的外接圆分别交于点 D、E、F. 求证:AD⊥EF.

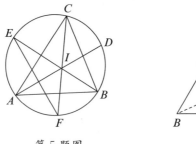

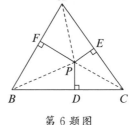

第 5 题图　　　　　第 6 题图

6. P 是△ABC 内一点,D、E、F 分别为 P 到 BC、CA、AB 各边所引垂线的垂足,求所有使 $\dfrac{BC}{PD}+\dfrac{CA}{PE}+\dfrac{AB}{PF}$ 为最小的 P 点.(第 22 届 IMO 赛题)

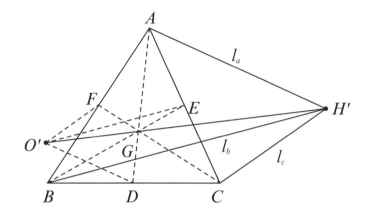

第11章

欧拉线

没有一个人像他（欧拉）那样多产，像他那样巧妙地把握数学：也没有一个人能收集和利用代数、几何、分析的手段去生产那么多令人敬佩的成果.

——克莱因

§11.1 定理及简史

欧拉线定理　任意三角形的垂心 H、重心 G 和外心 O，三点共线，且 $HG=2GO$.

上述定理中的直线通常称为三角形的欧拉线. 这个定理是 1765 年著名数学家欧拉提出并证明的.

欧拉(L. Euler,1707—1783)是一位多产的数学家、物理学家和天文学家,他于 1707 年 4 月 15 日出生于瑞士的巴塞尔. 13 岁上大学,17 岁成为巴塞尔有史以来第一个年轻硕士,24 岁成为物理讲座教授. 26 岁成为数学教授及彼得堡科学院数学研究所的领导人. 欧拉的名字频繁地出现在数学的许多领域. 他 19 岁开始发表论文,半个多世纪始终以充沛的精力不倦地工作. 28 岁时他右眼失明,59 岁后左眼也视力减退,渐至失明. 在失明的 17 年间,欧拉像失聪的贝多芬一样,以惊人的毅力,超人的才智凭着记忆和心算,仍然坚持富有成果的研究,他以口授子女记录的办法完成 400 多篇论文,并完成曾经使牛顿头痛的《月球运动理论》. 直至生命的最后一刻,一生共完成论文 860 多篇,后人计划出版他的全集多达 72 集. 有人称他为"数学界的莎士比亚".

上述定理的提出与解决,被称为三角形几何学的开端.

§11.2 定理的证明

定理的证法是很多的,证法 1 因简明而著称.

证法 1　如图 11-1 中,设 M 为 AB 中点,连接 CM,则重心 G 在 CM 上,且 $CG=2GM$. 连接 OM,则 OM 垂直平分 AB. 延长 OG 到 H',使 $H'G=2GO$,连接 CH'.

因为 $\angle CGH'=\angle MGO$,所以 $\triangle CH'G\backsim\triangle MOG$,从而 $CH'//OM$,即 $CH'\perp AB$. 同理可证 $AH'\perp BC$. 所以 H' 为 $\triangle ABC$ 的垂心,命题得证.

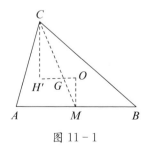

图 11-1

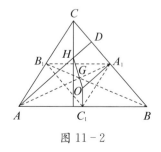

图 11-2

证法 2　设 A_1、B_1、C_1 分别为 $\triangle ABC$ 三边的中点,取重心 G 为位似中心,且位似比为 $AG:GA_1=2:1$,如图 11-2 所示.

在此位似的变换下,A、B、C 的对应点分别为 A_1、B_1、C_1. $\triangle ABC$ 的垂心的对应点为 $\triangle A_1 B_1 C_1$ 的垂心.

因为 $AD \perp BC$,$B_1 C_1 /\!/ BC$,$A_1 O /\!/ AD$,所以 $A_1 O \perp B_1 C_1$.

同理 $C_1 O \perp A_1 B_1$.

所以 O 为 $\triangle A_1 B_1 C_1$ 的垂心.

于是 O,G,H 三点共线,且 $OG : GH = 1 : 2$.

证法 3 如图 11 - 3,以 $\triangle ABC$ 的外心 O 为原点建立平面直角坐标系 xOy,故有外心 $O(0,0)$,设点 A、B、C 的坐标分别为 (x_1,y_1)、(x_2,y_2)、(x_3,y_3),则重心 G 的坐标为 $\left(\dfrac{x_1+x_2+x_3}{3},\dfrac{y_1+y_2+y_3}{3}\right)$.

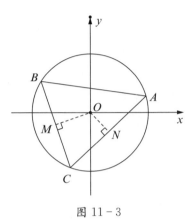

图 11 - 3

作 $OM \perp BC$,垂足为 M,$ON \perp AC$,垂足为 N,则 M、N 分别为 BC、AC 的中点,故 OM、ON 所在直线的斜率分别为 $\dfrac{y_2+y_3}{x_2+x_3}$、$\dfrac{y_1+y_3}{x_1+x_3}$.

设垂心 H 的坐标为 (x,y),则 x、y 为

$$\begin{cases} y-y_1=\dfrac{y_2+y_3}{x_2+x_3}(x-x_1), & \text{①} \\[2ex] y-y_2=\dfrac{y_1+y_3}{x_1+x_3}(x-x_2) & \text{②} \end{cases}$$

的解.

由①-②,并变形得

$$y_2+y_3-(y_1+y_3)=\dfrac{y_2+y_3}{x_2+x_3}(x-x_1)-\dfrac{y_1+y_3}{x_1+x_3}(x-x_2).$$

移项整理可得

$$\left[x-(x_1+x_2+x_3)\right]\left[\dfrac{y_2+y_3}{x_2+x_3}-\dfrac{y_1+y_3}{x_1+x_3}\right]=0.$$

后一因式为直线 OM、ON 的斜率差,故不为 0,

所以 $x=x_1+x_2+x_3$.

代入①式得 $y=y_1+y_2+y_3$,所以垂心坐标为 $H(x_1+x_2+x_3,y_1+y_2+y_3)$.

(这一结论在第 15 章中还要用到)

显然有 O、G、H 三点共线,且 $HG=2GO$.

§11.3　定理的推广

欧拉线定理更一般的结论如下:

定理 11.1　设 G 为 $\triangle ABC$ 的重心,D、E、F 分别为 BC、CA、AB 的中点,O' 为平面上任意一点,过点 A 的直线 $l_a /\!/ O'D$,过点 B 的直线 $l_b /\!/ O'E$,过点 C 的直线 $l_c /\!/ O'F$,则 l_a、l_b、l_c 三线共点 H,且有 $HG = 2GO'$.

证明　如图 11-4,连接 $O'G$ 并延长

至点 H',使 $GH' = 2GO'$.

又 $AG = 2GD$,$\angle AGH' = \angle DGO'$.

所以 $\triangle AGH' \backsim \triangle DGO'$.

所以 $\angle O'DG = \angle H'AG$.

从而 $AH' /\!/ O'D$,故 AH' 即为直线 l_a,

即 H' 为直线 l_a 与 $O'G$ 的交点;

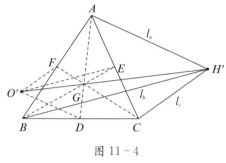

图 11-4

同理可证,直线 l_b、l_c 与 $O'G$ 也交于点 H'.

故 l_a、l_b、l_c 三线共点 H',即点 H,且有 $GH = 2O'G$.

显然,当点 O' 为 $\triangle ABC$ 的外心 O 时,$OD \perp BC$,有 $l_a \perp BC$,同理 $l_b \perp AC$,这时 H 即为 $\triangle ABC$ 的垂心,得前面所述的特殊情形.

§11.4　定理的应用

例 11.1　如图 11-5,四边形 $ABCD$ 内接于 $\odot O$,对角线 $AC \perp BD$,$OE \perp AB$,E 为垂足. 求证:$OE = \dfrac{1}{2}CD$.

证明　作 $CF \perp AB$,垂足为 F,且与 BD 交于点 H,则 H 为 $\triangle ABC$ 的垂心.

连接 CE,与 OH 交于点 G. 因为 O 为 $\triangle ABC$ 的外心,则 G 为 $\triangle ABC$ 的重心,且 $GH : OG = 2 : 1$.

因为 $OE /\!/ CF$,

所以 $CH : OE = GH : OG = 2 : 1$.

因为 $\angle ACD = \angle ABD = \angle ACF$,

所以 $CD = CH$.

所以 $CD : OE = 2 : 1$,即 $OE = \dfrac{1}{2}CD$.

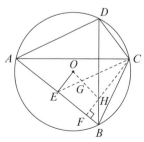

图 11-5

练习与思考

1. 已知：△ABC 内接于 ⊙O，H 为垂心，∠BAC＝60°．求证：∠BAC 的平分线 AF 垂直于欧拉线．

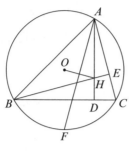

第 1 题图

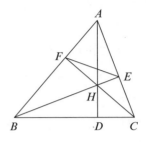

第 3 题图

2. 如果△ABC 的欧拉线平行于边 BC，则 $\tan B \tan C$＝3．

3. 如图，AD、BE、CF 为△ABC 的三条高．若 EF 平分 AD，则△ABC 的欧拉线平行于边 BC．

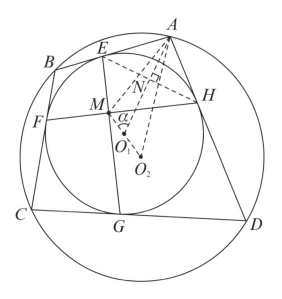

第**12**章

欧拉定理

能够作出数学发现的人，是具有感受数学中的秩序、和谐、对称、整齐和神秘美等能力的人，而且只限于这种人．

——庞加莱

§12.1　定理及简史

欧拉定理　设 $\odot O_1$、$\odot O_2$ 的半径分别为 r 和 R，圆心距为 d，若存在一个三角形以 $\odot O_1$ 为内切圆（或旁切圆），同时又内接于圆 O_2，则

$$d^2 = R^2 \mp 2Rr$$

或

$$\frac{1}{d-R} - \frac{1}{d+R} = \mp \frac{1}{r}.$$

当 $\odot O_1$ 为内切圆时取"$-$"号，为旁切圆时取"$+$"号.

上述定理通常被称为关于三角形的欧拉定理，也有书称为察柏尔（Chapple）定理. 但不论属于谁，这一定理的发现至今已有 200 多年的历史，而且欧拉的学生富斯（N. Fuss，1755—1825）在 1798 年还给出了它的一个推广.

§12.2　定理的证明

证明　如图 12 - 1(a) 和 12 - 1(b)，连接 AO_1，设其所在直线交 $\odot O_2$ 于点 D，连接 BD，再过 O_1 作 $\odot O_2$ 的直径 EF.

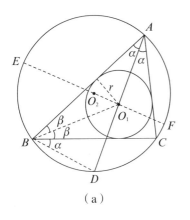
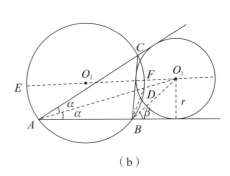

（a）　　　　　　　　　　　　　（b）

图 12 - 1

由圆的相关性质知

$$O_1 D \cdot O_1 A = O_1 E \cdot O_1 F = (R+d)|R-d| = |R^2 - d^2|,$$

又

$$AO_1 = \frac{r}{\sin \alpha}, \angle BO_1 D = \beta \pm \alpha = \angle O_1 BD.$$

（内切时取"＋"号，旁切时取"－"号）

所以

$$O_1D=BD=2R\sin\alpha.$$

所以

$$AO_1 \cdot O_1D=\frac{r}{\sin\alpha} \cdot 2R\sin\alpha=2Rr.$$

从而有

$$|R^2-d^2|=2Rr.$$

当 $\odot O_1$ 为内切圆时，$R>d$，有 $d^2=R^2-2Rr$；

当 $\odot O_1$ 为旁切圆时，$R<d$，有 $d^2=R^2+2Rr$. 证毕.

欧拉定理的逆命题也成立.

逆定理 设 $\odot O_1$、$\odot O_2$ 的半径分别为 r 和 R，圆心距为 d，若 $d^2=R^2\mp2Rr$，则存在一个 $\triangle ABC$，它外切（或旁切）于 $\odot O_1$，又内接于 $\odot O_2$.

证明 借助于图 12-1(a) 和 12-1(b) 理解，在 $\odot O_2$ 上任取一点 A，连接 AO_1 并延长，交 $\odot O_2$ 于点 D，在 $\odot O_2$ 上取点 B、C，使 $DB=DC=DO_1$.

因为

$$DB=DO_1=2R\sin\alpha, DO_1 \cdot AO_1=|R^2-d^2|,$$

代入 $d^2=R^2\mp2Rr$ 化简得

$$r=AO_1 \cdot \sin\alpha, 即 \sin\alpha=\frac{r}{AO_1}.$$

故 AB 为 $\odot O_1$ 的切线，同理 AC 也为 $\odot O_1$ 的切线.

又 $\angle DBO_1=\angle BO_1D=\beta\pm\alpha$，$\angle DBC=\angle DAC=\alpha$，

所以 $\angle O_1BC=(\beta\pm\alpha)\mp\alpha=\beta$.

故 BC 也为 $\odot O_1$ 的切线，所以 $\odot O_1$ 为 $\triangle ABC$ 的内切圆或旁切圆. 证毕.

§12.3 定理的引申与推广

1. 定理的引申

在欧拉定理中，若 $\odot O_1$ 为 $\triangle ABC$ 内切圆时，因为 $d^2=R^2-2Rr\geqslant0$，所以 $R\geqslant2r$，从而有

定理 12.1 若 $\triangle ABC$ 外接圆半径为 R，内切圆半径为 r，则 $R\geqslant2r$.

2. 定理的推广

将三角形推广到四边形,得到

定理 12.2　设 $\odot O_1$、$\odot O_2$ 的半径分别为 r、R,圆心距为 d,若存在一个四边形 $ABCD$ 外切于 $\odot O_1$ 且内接于 $\odot O_2$,则

$$\frac{1}{(R-d)^2}+\frac{1}{(R+d)^2}=\frac{1}{r^2}.$$

证明　(同一法)如图 12-2,四边形 $ABCD$ 外切于 $\odot O_1$,E、F、G、H 分别为切点,由弦切角性质,易得 $EG\perp FH$,设垂足为 M,再分别连接 AM、AO_1、EH,则 $AO_1\perp EH$,设交点为 N,

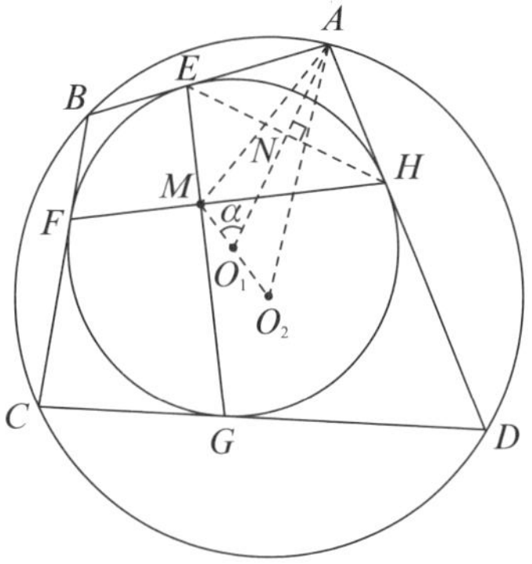

则 $O_1N^2+NH^2=r^2$.

又 $MN=NH$,

所以 $O_1N^2+NM^2=r^2$.

设 $\angle NO_1M=\alpha$,

则 $MN^2=MO_1^2+O_1N^2-2MO_1\cdot O_1N\cos\alpha$.

令 $MO_1=e$,$O_1N=x$ 得 $2x^2-2x\cdot e\cos\alpha+e^2=r^2$,

令 $O_1A=y$,则 $x\cdot y=r^2$,故 $x=\dfrac{r^2}{y}$.

代入 $2x^2-2x\cdot e\cos\alpha+e^2=r^2$ 得

$$2\frac{r^4}{y^2}-2\frac{r^2}{y}\cdot e\cos\alpha+e^2=r^2.$$

变形得

$$\frac{2r^4}{r^2-e^2}=2\frac{r^2e}{r^2-e^2}y\cos\alpha+y^2.$$

延长 MO_1 至 O_2,连接 AO_2,令 $O_1O_2=d$,则

$$O_2A^2=d^2+y^2+2dy\cos\alpha.$$

在上式中取 $d=\dfrac{r^2e}{r^2-e^2}$,得

$$O_2A^2=\frac{r^4e^2}{(r^2-e^2)^2}+y^2+2\frac{r^2e}{r^2-e^2}y\cos\alpha=\frac{r^4e^2}{(r^2-e^2)^2}+\frac{2r^4}{r^2-e^2}=k(常数).$$

同理可得 $O_2B^2=O_2C^2=O_2D^2=k$.

所以 A、B、C、D 四点共圆,即 $ABCD$ 内接于 $\odot O_2$.

图 12-2

令 $O_2A=R$ 得 $R^2=d^2+\dfrac{2r^4}{r^2-e^2}$，即 $r^2-e^2=\dfrac{2r^4}{R^2-d^2}$.

代入 $d=\dfrac{r^2e}{r^2-e^2}$ 得 $e=\dfrac{2r^2d}{R^2-d^2}$.

所以

$$r^2-e^2=r^2-\frac{4r^4d^2}{(R^2-d^2)^2}=\frac{r^2}{(R^2-d^2)^2}\big[(R^2-d^2)^2-4r^2d^2\big].$$

即有

$$\frac{2r^4}{R^2-d^2}=\frac{r^2}{(R^2-d^2)^2}\big[(R^2-d^2)^2-4r^2d^2\big].$$

化简整理有

$$\frac{1}{(R-d)^2}+\frac{1}{(R+d)^2}=\frac{1}{r^2}.$$

证毕.

上面的证明表明其逆命题也成立. 同时还得到一个重要结论:既有外接圆又有内切圆的四边形其对边切点连线的交点在两圆连心线上.

又将 $\dfrac{1}{(R-d)^2}+\dfrac{1}{(R+d)^2}=\dfrac{1}{r^2}$ 化为整式整理可得

$$(d^2-R^2)\big[d^2-(R^2-2r^2)\big]=0.$$

显然 $d^2-R^2\neq0$，因此有

$$d^2-(R^2-2r^2)=0.$$

即 $d^2=R^2-2r^2\geqslant0$，从而

$$R\geqslant\sqrt{2}\,r.$$

这样我们又有

定理 12.3　若凸四边形既有外接圆又有内切圆,且外接圆半径为 R,内切圆半径为 r,则

$$R\geqslant\sqrt{2}\,r.$$

更一般地,还有

定理 12.4　若凸 n 边形 $A_1A_2\cdots A_n$ 既有外接圆又有内切圆,设其外接圆半径为 R,内切圆半径为 r,则

$$R\cos\frac{\pi}{n}\geqslant r.$$

证明略.

§12.4 定理的应用

下面几例是定理 12.1 的应用.

例 12.1 在 $\triangle ABC$ 中,求证: $\sin\dfrac{A}{2}\sin\dfrac{B}{2}\sin\dfrac{C}{2}\leqslant\dfrac{1}{8}$.

证明 由三角形的内切圆与外接圆性质知 $r=4R\sin\dfrac{A}{2}\sin\dfrac{B}{2}\sin\dfrac{C}{2}$(其中 R、r 分别为外接圆半径和内切圆半径).

再由定理 12.1 可知 $R\geqslant 8R\sin\dfrac{A}{2}\sin\dfrac{B}{2}\sin\dfrac{C}{2}$,

即 $\sin\dfrac{A}{2}\sin\dfrac{B}{2}\sin\dfrac{C}{2}\leqslant\dfrac{1}{8}$.

例 12.2 在 $\triangle ABC$ 中,求证: $\dfrac{\sin A+\sin B+\sin C}{\sin A\sin B\sin C}\geqslant 4$.

证明 设 $\triangle ABC$ 的角 A、B、C 的对边为 a,b,c,面积为 S,外接圆半径为 R,内切圆半径为 r.

由正弦定理,有

$$\frac{\sin A+\sin B+\sin C}{\sin A\sin B\sin C}=\frac{\dfrac{a}{2R}+\dfrac{b}{2R}+\dfrac{c}{2R}}{\dfrac{abc}{(2R)^3}}=\frac{4R^2(a+b+c)}{abc}. \qquad (*)$$

由三角形的外接圆和内切圆半径公式知

$$a+b+c=\frac{2S}{r},abc=4RS.$$

结合定理 12.1,$(*)$ 式可变为

$$\frac{\sin A+\sin B+\sin C}{\sin A\sin B\sin C}=\frac{2R}{r}\geqslant\frac{4R}{R}=4.$$

例 12.3 在 $\triangle ABC$ 中,角 A、B、C 的对边分别为为 a,b,c,外接圆半径为 R. 求证: $\dfrac{1}{a}+\dfrac{1}{b}+\dfrac{1}{c}\geqslant\dfrac{\sqrt{3}}{R}$.

证明 因为 $\dfrac{1}{a^2}+\dfrac{1}{b^2}\geqslant\dfrac{2}{ab}$, $\dfrac{1}{b^2}+\dfrac{1}{c^2}\geqslant\dfrac{2}{bc}$, $\dfrac{1}{c^2}+\dfrac{1}{a^2}\geqslant\dfrac{2}{ca}$,

所以

$$\frac{1}{a^2}+\frac{1}{b^2}+\frac{1}{c^2}\geqslant\frac{1}{ab}+\frac{1}{bc}+\frac{1}{ca},$$

故

$$\left(\frac{1}{a}+\frac{1}{b}+\frac{1}{c}\right)^2 \geqslant 3\left(\frac{1}{ab}+\frac{1}{bc}+\frac{1}{ca}\right)$$

$$=\frac{3(a+b+c)}{abc}$$

$$=\frac{3 \cdot \dfrac{2S_{\triangle ABC}}{r}}{4RS_{\triangle ABC}}$$

$$=\frac{3}{2Rr}$$

$$\geqslant \frac{3}{R^2}.$$

其中 r 为 $\triangle ABC$ 内切圆半径.

所以

$$\frac{1}{a}+\frac{1}{b}+\frac{1}{c} \geqslant \frac{\sqrt{3}}{R}.$$

练习与思考

1. 已知：$\triangle ABC$ 的内切圆分别切各边于点 A'、B'、C'. 求证：$\triangle A'B'C'$ 的面积 $\leqslant \frac{1}{4}\triangle ABC$ 的面积.

2. 设 $\triangle ABC$ 的内切圆半径为 r，顶点到内心 O 的距离分别为 m、n、p. 求证：$mnp \geqslant 8r^3$.

3. 已知在 $\triangle ABC$ 中，角 A、B、C 的对边分别为 a、b、c，内切圆为 $\odot O$，切点三角形 DEF 的三条边长分别为 a_1、b_1、c_1. 求证：$abc \geqslant 8a_1b_1c_1$.

4. 试证：正 n 边形内切圆与外接圆半径之比等于 $\cos\frac{\pi}{n}$.

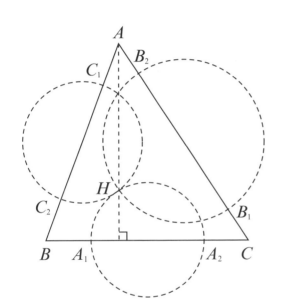

第**13**章

圆幂定理

证明是论证的手段，不是发明的手段. 数学的前进主要靠具有超常直觉的人们推动的，而不是靠那些长于严格证明的人们推动的. 实验、猜测、归纳和类比在数学的发现中具有重要的作用，所以，应当给予相当的关注.

为此，我们提出五个怎样：怎样发现定理；怎样理解定理；怎样证明定理；怎样应用定理；怎样推广定理.

——张顺燕

§13.1 定理及简史

相交弦定理 过圆内一点引两条弦,各弦被这点所分成的两线段的积相等.

切割线定理 从圆外一点向圆引切线和割线,切线长是这点到割线与圆的交点的两条线段长的比例中项.

割线定理 从圆外一点向圆引两条割线,则这一点到每条割线与圆的交点的两条线段的积相等.

上述三定理统称为圆幂定理,它们的发现至今已有两千多年的历史.其中相交弦定理和切割线定理被欧几里得编入他的《几何原本》(第三篇的第 35 个命题和第 36 个命题).

它们有下面的统一形式

圆幂定理 过一定点作两条直线与定圆相交,则定点到每条直线与圆的交点的两条线段的积相等.

即它们的积为定值.这里我们把相切看作相交的特殊情况,切点看作是两交点的重合.若定点到圆心的距离为 d,圆半径为 r,则定值为 $|d^2-r^2|$.

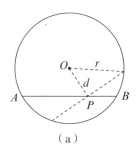 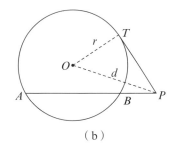

(a)　　　　　　　　　　　(b)

图 13-1

如图 13-1(a),当定点 P 在圆内时,$d^2-r^2<0$,其绝对值等于过定点的最小弦一半的平方;

当定点 P 在圆上时,$d^2-r^2=0$;

如图 13-1(b),当定点 P 在圆外时,$d^2-r^2>0$,其值等于从定点向圆所引切线长的平方.

这或许是为什么称为圆幂定理的由来.特别地,我们把 $|d^2-r^2|$ 称为定点对圆的幂."幂"这个概念是瑞士数学家斯坦纳(见第 17 章)最先引用的.点对圆的幂是"圆几何学"的一个重要概念,圆幂定理则是"圆几何学"的一个基本定理.

§13.2 定理的证明

首先我们看到,切割线定理是割线定理当割线 PCD 运动到 C、D 两点重合于一点 T 的极限情况如图 13-2(b)所示.现给出相交弦定理和割线定理的证明.

证明 如图 13-2,分别连接 AC、BD,则 $\angle PAC = \angle PDB$,又 $\angle APC = \angle DPB$.

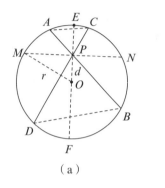

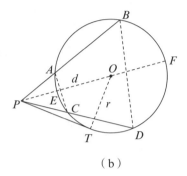

| （a） | （b） |

图 13-2

所以 $\triangle PAC \backsim \triangle PDB$. 所以 $\dfrac{PA}{PC} = \dfrac{PD}{PB}$,即 $PA \cdot PB = PC \cdot PD$.

命题得证.

如果我们连接 PO 并延长,分别交 $\odot O$ 于点 E、F,则有

$$PA \cdot PB = PC \cdot PD = PE \cdot PF$$

$$=\begin{cases} (r-d)(r+d)=r^2-d^2=\left(\dfrac{MN}{2}\right)^2 \text{(当点 } P \text{ 在圆内时,如图 13-2(a)),} \\ (d-r)(d+r)=d^2-r^2=PT^2 \text{(当点 } P \text{ 在圆外时,如图 13-2(b)).} \end{cases}$$

这即是我们提到的结论.

最后指出,圆幂定理的逆命题也是成立的,这是证四点共圆常用的依据.

圆幂定理的逆定理 若 AB、CD 相交于点 P,且 $PA \cdot PB = PC \cdot PD$,则 A、B、C、D 四点共圆.

特别地,如图 13-3(b),当 C、D 两点重合为点 T 时,则有

切割线定理的逆定理 若 AB、TP 交于点 P,且 $PA \cdot PB = PT^2$,则 PT 切 $\triangle ABT$ 的外接圆于点 T.

这两个定理的证明不难,我们把它留给读者.

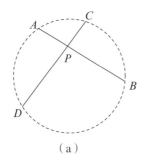
（a）

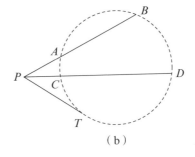
（b）

图 13-3

§ 13.3　定理的推广

1. 向圆锥曲线推广

把圆幂定理向圆锥曲线推广,可得

定理 13.1　设过点 P 的直线 AB、CD 分别与二次曲线 $ax^2+by^2=1$ 相交于 A、B、C、D 四点(对双曲线,仅考虑它的一支),直线 AB 的倾角为 α,直线 CD 的倾角为 β,QS、QT 分别为平行于 AB、CD 的切线,S、T 为切点,则

$$\frac{PA\cdot PB}{PC\cdot PD}=\frac{a\cos^2\beta+b\sin^2\beta}{a\cos^2\alpha+b\sin^2\alpha}=\frac{QS^2}{QT^2}.$$

证明　如图 13-4. 设点 P 的坐标为 (x_0,y_0),则 AB 的参数方程为

$$\begin{cases}x=x_0+t\cos\alpha,\\ y=y_0+t\sin\alpha.\end{cases}$$

代入椭圆方程 $ax^2+by^2=1$ 得

$(a\cos^2\alpha+b\sin^2\alpha)t^2+(2ax_0\cos\alpha+$

$2by_0\sin\alpha)t+ax_0^2+by_0^2-1=0.$

由 t 的几何意义有

$$PA\cdot PB=|t_1|\cdot|t_2|=|t_1\cdot t_2|=\left|\frac{ax_0^2+by_0^2-1}{a\cos^2\alpha+b\sin^2\alpha}\right|.$$

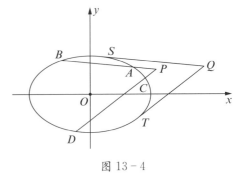

图 13-4

同理有

$$PC\cdot PD=\left|\frac{ax_0^2+by_0^2-1}{a\cos^2\beta+b\sin^2\beta}\right|.$$

从而有

165

$$\frac{PA \cdot PB}{PC \cdot PD} = \left| \frac{a\cos^2 \beta + b\sin^2 \beta}{a\cos^2 \alpha + b\sin^2 \alpha} \right|. \qquad ①$$

设点 Q 的坐标为 (m, n)，则 QS 的参数方程为

$$\begin{cases} x = m + t\cos \alpha, \\ y = n + t\sin \alpha. \end{cases}$$

同上可得

$$QS^2 = |t_1 t_2| = \left| \frac{am^2 + bn^2 - 1}{a\cos^2 \alpha + b\sin^2 \alpha} \right|,$$

$$QT^2 = \left| \frac{am^2 + bn^2 - 1}{a\cos^2 \beta + b\sin^2 \beta} \right|.$$

所以

$$\frac{QS^2}{QT^2} = \left| \frac{a\cos^2 \beta + b\sin^2 \beta}{a\cos^2 \alpha + b\sin^2 \alpha} \right|. \qquad ②$$

结合①②，定理得证.

显然，当 $a = b$ 时，即方程 $ax^2 + by^2 = 1$ 的轨迹为一个圆时，有 $QS = QT$，从而 $\frac{PA \cdot PB}{PC \cdot PD} = 1$，为圆幂定理.

同理还可得

定理 13.2 设过点 P 的直线 AB、CD 分别交抛物线 $y^2 = 2px$ 于 A、B、C、D 四点，直线 AB 的倾角为 α，直线 CD 的倾角为 β，QS、QT 分别为平行于 AB、CD 的切线，S、T 为切点，则

$$\frac{PA \cdot PB}{PC \cdot PD} = \frac{\sin^2 \beta}{\sin^2 \alpha} = \frac{QS^2}{QT^2}.$$

更一般地，还有

定理 13.3 设过点 P 的直线 AB、CD 分别交圆锥曲线 $A_1 x^2 + B_1 xy + C_1 y^2 + D_1 x + Ey + F = 0$（$A_1$、$B_1$、$C_1$ 至少有一个不为零）于 A、B、C、D 四点（对双曲线仅考虑一支），直线 AB 的倾角为 α，直线 CD 的倾角为 β，QS、QT 分别为平行于 AB、CD 的切线，S、T 为切点，则

$$\frac{PA \cdot PB}{PC \cdot PD} = \frac{A_1 \cos^2 \beta + B_1 \cos \beta \cdot \sin \beta + C_1 \sin^2 \beta}{A_1 \cos^2 \alpha + B_1 \cos \alpha \cdot \sin \alpha + C_1 \sin^2 \alpha} = \frac{QS^2}{QT^2}.$$

证明仿定理 13.1，略.

2. 向任意四边形推广

还可把圆幂定理向任意四边形推广，即有

定理 13.4 如图 13-5，设 A_1、A_2、A_3、A_4 是同一平面上任意三点都不共线的四点，直线 A_1A_2、A_3A_4 相交于点 P，记线段 $PA_i = a_i (i = 1、2、3、4)$，$\triangle A_2A_3A_4$、$\triangle A_3A_4A_1$、$\triangle A_4A_1A_2$、$\triangle A_1A_2A_3$ 的外接圆半径分别为 R_1、R_2、R_3、R_4，则有

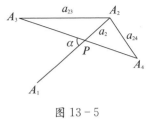

图 13-5

$$R_1R_2a_1a_2 = R_3R_4a_3a_4. \qquad (*)$$

显然，当 A_1、A_2、A_3、A_4 四点共圆时，有 $R_1 = R_2 = R_3 = R_4$，则

$$a_1a_2 = a_3a_4,$$

即 $PA_1 \cdot PA_2 = PA_3 \cdot PA_4$. 这便是圆幂定理，所以定理 13.4 为圆幂定理的一个推广.

证明 记线段 $A_iA_j = a_{ij} (i, j = 1、2、3、4)$，$\triangle A_2A_3A_4$、$\triangle A_3A_4A_1$、$\triangle A_4A_1A_2$、$\triangle A_1A_2A_3$ 的面积分别表示为 S_1、S_2、S_3、S_4，记 A_1P、A_2P、A_3P、A_4P 的长度分别为 a_1、a_2、a_3、a_4. 又设 $\angle A_1PA_3 = \alpha$.

根据三角形面积、外接圆半径和三边的关系，有

$$R_1 = \frac{a_{23} \cdot a_{34} \cdot a_{24}}{4S_1}.$$

则由如图 13-5 可知，

$$S_1 = \frac{1}{2}a_{34} \cdot a_2 \sin \alpha.$$

所以

$$R_1 = \frac{a_{23}a_{24}}{2a_2 \sin \alpha}.$$

同理

$$R_2 = \frac{a_{13}a_{14}}{2a_1 \sin \alpha}, R_3 = \frac{a_{14}a_{24}}{2a_4 \sin \alpha}, R_4 = \frac{a_{13}a_{23}}{2a_3 \sin \alpha}.$$

所以

$$R_1R_2 \cdot a_1a_2 = \frac{a_{23}a_{24}}{2a_2 \sin \alpha} \cdot \frac{a_{13}a_{14}}{2a_1 \sin \alpha} \cdot a_1a_2 = \frac{a_{13}a_{14}a_{23}a_{24}}{4\sin^2 \alpha}.$$

同理

$$R_3R_4 \cdot a_3a_4 = \frac{a_{13}a_{14}a_{23}a_{24}}{4\sin^2 \alpha}.$$

所以

$$R_1R_2a_1a_2 = R_3R_4a_3a_4.$$

证毕.

167

§13.4 定理的应用

例 13.1 （射影定理）在直角三角形中，斜边上的高是两直角边在斜边上射影的比例中项；每一直角边是它在斜边上的射影和斜边的比例中项.

证明 如图 13-6，作 Rt△ABC 的外接圆，CP 为斜边 AB 上的高，延长 CP 交外接圆于点 D，则由相交弦定理，有 $AP \cdot PB = CP \cdot PD$，

因为 $CP = PD$，所以 $CP^2 = AP \cdot PB$.

又 $AC \perp BC$，△CPB 为直角三角形，BC 为 △CPB 外接圆直径，所以 AC 切 △BPC 的外接圆于点 C，由切割线定理有 $AC^2 = AP \cdot AB$.

同理有 $BC^2 = BP \cdot BA$，从而命题得证.

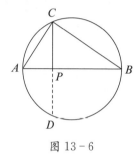
图 13-6

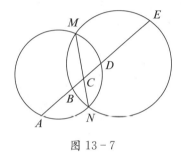
图 13-7

例 13.2 如图 13-7，已知两圆相交于点 M、N，点 C 为公共弦 MN 上任意一点，过点 C 任意作一直线与两圆的交点顺次为 A、B、D、E，求证：$\dfrac{AB}{BC} = \dfrac{ED}{DC}$.

证明 根据圆幂定理，有 $AC \cdot DC = MC \cdot CN = BC \cdot CE$.

所以 $\dfrac{AC}{BC} = \dfrac{CE}{DC}$，即 $\dfrac{AC-BC}{BC} = \dfrac{CE-CD}{DC}$，所以 $\dfrac{AB}{BC} = \dfrac{ED}{DC}$.

例 13.3 如图 13-8，PA、PB 分别切⊙O 于点 A、B，PO 交⊙O 于点 N，交 AB 于点 M，过点 P 任作一条割线，交⊙O 于 C、D 两点. 证明：$\angle DON = \angle DCM$.

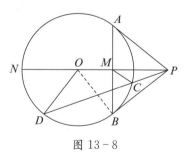
图 13-8

证明 连接 OB，则 $OB \perp PB$，又 $AB \perp PM$，由例 13.1 有 $PB^2 = PM \cdot PO$.

又 $PB^2 = PC \cdot PD$.

所以 $PC \cdot PD = PM \cdot PO$.

由圆幂定理的逆定理知 O、M、C、D 四点共圆，故有 $\angle DON = \angle DCM$.

例 13.4　如图 13 - 9,OA、OB 为 $\odot O$ 的两条半径,$BE \perp OA$,垂足为 E,$EP \perp AB$,垂足为 P. 求证:$OP^2 + EP^2 = OB^2$.

证明　由例 13.1 有 $PE^2 = PA \cdot PB$.

又 P 在 $\odot O$ 内,由圆幂定理的统一形式,有 $PA \cdot PB = OB^2 - OP^2$.

所以 $EP^2 = OB^2 - OP^2$. 即 $OP^2 + EP^2 = OB^2$.

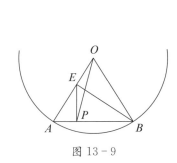

图 13 - 9

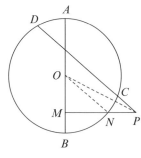

图 13 - 10

例 13.5　如图 13 - 10,从 $\odot O$ 外一点 P 作直径 AB 的垂线,垂足为 M,过 P 作割线交 $\odot O$ 于 C、D 两点. 求证:$PC \cdot PD + AM \cdot BM = PM^2$.

证明　设 MP 交 $\odot O$ 于点 N,连接 OP、ON,由圆幂定理的统一形式,有 $PC \cdot PD = OP^2 - ON^2$.

由于 AB 是 $\odot O$ 的直径,则 MN 为 Rt$\triangle ANB$ 斜边上的高,所以有 $AM \cdot BM = MN^2 = ON^2 - OM^2$.

故 $PC \cdot PD + AM \cdot BM = (OP^2 - ON^2) + (ON^2 - OM^2) = OP^2 - OM^2 = PM^2$.

证毕.

练习与思考

1. $\triangle ABC$ 的三条高 AD、BE、CF 相交于点 H,求证:$AH \cdot HD = BH \cdot HE = CH \cdot HF$.

2. 如图,在 Rt$\triangle ABC$ 中,直角顶点 C 在斜边 AB 上的投影为 D,G 为 CD 上一点,AG 的延长线交 $\triangle ABC$ 的外接圆于点 H. 求证:$AG \cdot AH = AD \cdot AB$.

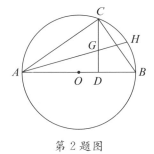

第 2 题图

3. △ABC 的三条高 AD、BE、CF 相交于点 H. 求证：$BA \cdot BF + CA \cdot CE = BC^2$.

4. 从圆外一点 M，引圆的切线 MT（T 为切点），过 MT 的中点 A 引割线 ABC 交圆于 B、C 两点. 求证：$\angle AMB = \angle MCA$.

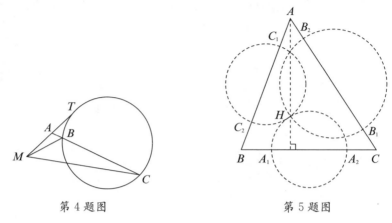

第 4 题图　　　　　　　第 5 题图

5. 已知 H 是锐角三角形 ABC 的垂心，以边 BC 的中点为圆心，过点 H 的圆与直线 BC 相交于两点 A_1、A_2；以边 CA 的中点为圆心，过点 H 的圆与直线 CA 相交于两点 B_1、B_2；以边 AB 的中点为圆心，过点 H 的圆与直线 AB 相交于两点 C_1、C_2. 证明：六点 A_1、A_2、B_1、B_2、C_1、C_2 共圆.（第 49 届 IMO 赛题）

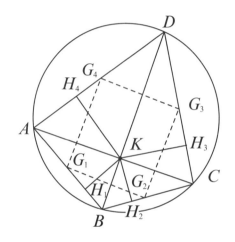

第 **14** 章

婆罗摩笈多
定理

在数学史上,希腊人的后继者是印度人.虽然印度的数学只是受到希腊数学成就的影响后才颇为可观,但他们也有早期具有本地特色的数学.

——克莱因

印度数学是"珍珠贝和酸椰枣的混合物".

——阿尔·比鲁尼

§14.1　定理及简史

婆罗摩笈多定理对我们并不陌生,它以下面的形式出现在中学课本中:

婆罗摩笈多定理　内接于圆的四边形 $ABCD$ 的对角线 AC 与 BD 垂直相交于点 K,过点 K 的直线与边 AD、BC 分别相交于点 H 和 M.

(1) 如果 $KH \perp AD$,那么 $CM = MB$;

(2) 如果 $CM = MB$,那么 $KH \perp AD$.

婆罗摩笈多(Brahmagupta,又称梵藏,约598—660)是印度卓越的数学家和天文学家. 在628年,他写了一部有二十四章的天文学著作《婆罗摩笈多修订体系》,其中有专述算术、代数、几何的,他的著作被认为是印度在几何方面最为出色的. 他研究的主要问题是:根据所给的边和外接圆半径,求三角形面积;作三角形使它的边、外接圆半径和面积都是有理数;根据给定的四边形计算它的对角线、面积、高以及与四边形有关的某些另外的线段. 他也曾给出已知四边形的四边,求四边形面积的公式:

图 14-1　沉湎于计算的婆罗摩笈多

$$S = \sqrt{(p-a)(p-b)(p-c)(p-d)}.$$

这里 a、b、c、d 为边,$p = \dfrac{1}{2}(a+b+c+d)$.

但遗憾的是这一公式只是当四边形内接于圆时才成立(见第6章). 此外,婆罗摩笈多还在628年左右正确地给出了负数的四则运算法则,在处理级数问题中,他也是印度数学家中最杰出的一位.

为简便起见,在下面的讨论中,我们把上述的婆罗摩笈多定理,简称为婆氏定理.

§14.2　定理的证明

证法1　如图 14-2 所示.

(1) 因为 $KH \perp AD$,$AC \perp BD$,

所以 $\angle 1 = \angle 2 = \angle 4$.

又 $\angle 2 = \angle 3$,

所以 $\angle 3 = \angle 4$,$MB = MK$.

同理 $MC = MK$,

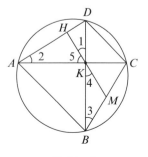

图 14-2

所以 $BM=CM.$

(2) 因为 $CM=MB$,即 KM 为 $\text{Rt}\triangle BKC$ 斜边 BC 上的中线,所以 $KM=MB$,$\angle3=\angle4.$

又 $\angle3=\angle2,\angle4=\angle1$,所以 $\angle2=\angle1.$

因为 $\angle1+\angle5=90°$,所以 $\angle2+\angle5=90°$,即 $KH\perp AD.$

证法2 (1) 如图 $14-2$,由定理 $8.1.$

$$\frac{BM}{MC}=\frac{KB\sin\angle4}{KC\sin(90°-\angle4)}=\frac{KB}{KC}\cdot\frac{\sin\angle4}{\cos\angle4}=\frac{KB}{KC}\cdot\tan\angle4.$$

因为 $KH\perp AD$,所以 $\angle1=\angle2=\angle4.$

所以 $\tan\angle4=\tan\angle2=\dfrac{DK}{AK}.$

所以 $\dfrac{BM}{MC}=\dfrac{KB}{KC}\cdot\dfrac{DK}{KA}=1.$

故 $BM=MC.$

(2) 由 $BM=MC$,得 $\dfrac{KB\sin\angle4}{KC\cos\angle4}=\dfrac{BM}{MC}=1$,即 $\tan\angle4=\dfrac{KC}{KB}.$

又 $\dfrac{KC}{KB}=\dfrac{KD}{KA}$,所以 $\tan\angle4=\dfrac{KD}{KA}.$

所以 $\angle4=\angle2.$

又 $\angle1=\angle4$,所以 $\angle1=\angle2.$

所以 $\angle2+\angle5=\angle1+\angle5=90°.$

故 $KH\perp AD.$ 婆氏定理得证。

接着我们指出,婆氏定理还有下面的:

逆定理 若四边形的两对角线互相垂直,并且

(1) 过对角线交点向一边所作垂线平分其对边;

(2) 对角线交点与一边中点的连线垂直于对边;

(3) 对角线交点、此交点在一边上的射影及对边中点三点共线.

这三条中只要一条成立,则四边形内接于圆.

下面仅给出(1)成立时的证明,(2)、(3)成立时的证明可类似得到.

证明 如图 $14-3$ 所设,$KT\perp CD,KH\perp AD,HK$、TK 分别交边 BC、AB 于点 M、N,且 M,N 分别为 BC、

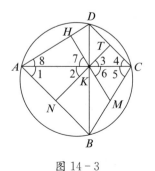

图 $14-3$

AB 中点,则 $\angle 1 = \angle 2 = \angle 3$, $\angle 5 = \angle 6 = \angle 7$.

因为 $\angle 4 + \angle 3 = 90°$, $\angle 8 + \angle 7 = 90°$,

所以 $\angle 4 + \angle 1 = 90°$. $\angle 8 + \angle 5 = 90°$.

所以 $\angle BAD + \angle DCB = 180°$. 从而 $ABCD$ 内接于圆.

§ 14.3 定理的推广

1. 对角线不垂直

定理 14.1 如图 $14-4$,四边形 $ABCD$ 为圆内接四边形,AC, BD 相交于点 K, $KH \perp AD$, 交 BC 于点 M,则

$$\frac{BM}{MC} = \frac{\sin 2\angle KCB}{\sin 2\angle KBC}.$$

证明 由定理 8.1,有 $\dfrac{BM}{MC} = \dfrac{BK \sin \angle BKM}{KC \sin \angle MKC}$.

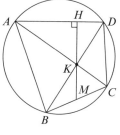

图 $14-4$

又 $\dfrac{BK}{KC} = \dfrac{\sin \angle KCB}{\sin \angle KBC}$, $\angle BKM = \angle HKD = 90° - \angle ADB = 90° - \angle KCB$,

所以 $\sin \angle BKM = \cos \angle KCB$.

同理 $\sin \angle MKC = \cos \angle KBC$.

故有 $\dfrac{BM}{MC} = \dfrac{BK}{KC} \cdot \dfrac{\sin \angle BKM}{\sin \angle MKC}$

$\qquad = \dfrac{\sin \angle KCB}{\sin \angle KBC} \cdot \dfrac{\cos \angle KCB}{\cos \angle KBC}$

$\qquad = \dfrac{\sin 2\angle KCB}{\sin 2\angle KBC}.$

显然,当 $AC \perp BD$ 时,$2\angle KCB + 2\angle KBC = 180°$,有 $\dfrac{BM}{MC} = 1$,为婆氏定理.

2. 四边形不内接于圆

定理 14.2 如图 $14-5$,在四边形 $ABCD$ 中,$AD \perp BC$,垂足为 K, $KT \perp AB$,垂足为 T,交 DC 于点 N, $KH \perp DC$,垂足为 H,交 AB 于点 M,则 $\dfrac{DN}{NC} = \dfrac{AM}{MB} = \dfrac{KA}{KB} \cdot \dfrac{KD}{KC}.$

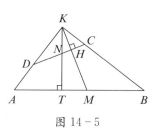

图 $14-5$

证明 因为∠NKC=∠MAK（均与∠DKN互余），

$$∠NCK=∠AKM（均与∠HKC互余），$$

所以△CKN∽△KAM. 所以 $\dfrac{CK}{KA}=\dfrac{KN}{AM}=\dfrac{NC}{MK}$.

所以 $AM=\dfrac{KN \cdot AK}{KC}$，$NC=\dfrac{KM \cdot CK}{KA}$. ①

同理可证△DNK∽△KMB，则 $\dfrac{DK}{KB}=\dfrac{KN}{BM}=\dfrac{DN}{KM}$.

所以 $MB=\dfrac{KN \cdot KB}{DK}$，$DN=\dfrac{KM \cdot DK}{KB}$. ②

由①，②，得 $\dfrac{DN}{NC}=\dfrac{AM}{MB}=\dfrac{KA \cdot KD}{KB \cdot KC}$.

若考虑四边形 $ABCD$，且当 A、C、D、B 共圆时有 $\dfrac{KA \cdot KD}{KB \cdot KC}=1$，得 $AM=MB$，

此时即为婆氏定理.

3. 对角线交角为 α

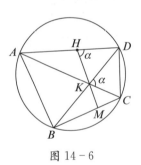

图 14-6

定理 14.3 如图 14-6，圆内接四边形 $ABCD$ 的两对角线 AC，BD 相交于点 K，交角为 $α$，KH 与 AD 交于点 H，且∠$KHD=α$，HK 交 BC 于点 M，则

$$\frac{BM}{MC}=\frac{\sin(α+∠BCK)}{\sin∠KBC}.$$

证明 因为∠$HAK=∠KBC$，∠$AHK=∠BKC$，

所以∠$BCK=∠AKH=∠MKC$. 所以 $KM=MC$.

所以 $\dfrac{BM}{MC}=\dfrac{BM}{MK}=\dfrac{\sin∠BKM}{\sin∠KBM}=\dfrac{\sin(α+∠KCB)}{\sin∠KBC}$.

当 $α=90°$ 时，有 $\dfrac{\sin(α+∠KCB)}{\sin∠KBC}=1$，得 $BM=MC$，即

为婆氏定理.

定理 14.4 如图 14-7，E、F 分别为⊙O 的内接四边形 $ABCD$ 的对角线 BD、AC 的中点，分别过点 E、F 作 $EK⊥AC$，$FK⊥BD$，两直线交于点 K，$KM⊥AD$，交 BC 于点 M，则 $BM=MC$.

显然，当 $AC⊥BD$ 时，K 为 AC、BD 的交点，婆氏定理为其特殊情形.

证明 连接 BK 并延长至点 T，使 $KT=BK$，连接

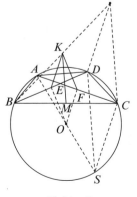

图 14-7

AO 延长交 $\odot O$ 于点 S，连接 CT、CS、DS、DT、OE、OF，则 $DT\underline{\underline{\parallel}}2EK$，$SC\underline{\underline{\parallel}}2OF$，所以 $OF\perp AC$. 又 $EK\perp AC$，所以 $OF\parallel EK$.

同理，$OE\parallel FK$，故四边形 $OFKE$ 为平行四边形.

所以 $OF\underline{\underline{\parallel}}EK$，从而 $SC\underline{\underline{\parallel}}DT$，$CT\parallel SD$.

又 AS 为直径，$DS\perp AD$，$KM\perp AD$，所以 $KM\parallel DS\parallel CT$.

又 $BK=KT$，

所以 $BM=MC$.

§14.4　定理的应用

例 14.1　如图 $14-8$，四边形 $ABCD$ 为圆内接四边形，$AC\perp BD$，垂足为 K，过点 K 向四边作垂线，垂足分别为 H_1、H_2、H_3、H_4，四边中点分别为 G_1、G_2、G_3、G_4，则 H_1、H_2、H_3、H_4、G_1、G_2、G_3、G_4 八点共圆.

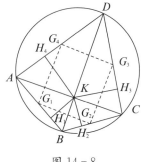
图 $14-8$

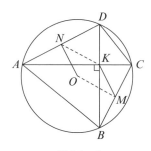
图 $14-9$

证明　因为 $G_1G_2\underline{\underline{\parallel}}G_3G_4\underline{\underline{\parallel}}\dfrac{1}{2}AC$，$G_1G_4\underline{\underline{\parallel}}G_2G_3\underline{\underline{\parallel}}\dfrac{1}{2}BD$，且有 $AC\perp BD$，故可推出四边形 $G_1G_2G_3G_4$ 为矩形，且 G_1G_3、G_2G_4 分别为其外接圆直径. 因为 $KH_1\perp AB$，由婆氏定理 H_1K 必交 CD 于 G_3，所以点 H_1 在以 G_1G_3 为直径的圆上.

同理可证点 H_2、H_3、H_4 均在矩形 $G_1G_2G_3G_4$ 的外接圆上.

例 14.2　如图 $14-9$，四边形 $ABCD$ 为 $\odot O$ 的内接四边形，$AC\perp BD$，垂足为 K，M 是 BC 的中点，N 是 AD 的中点. 求证：$KM=ON$.

证明　因为 N 为 AD 的中点，

所以 $ON\perp AD$.

又 $AC\perp BD$，M 为 BC 的中点，由婆氏定理有 $MK\perp ND$，

所以 $MK\parallel ON$. 同理有 $NK\parallel OM$，从而得四边形 $OMKN$ 为平行四边形.

所以 $ON=KM$.

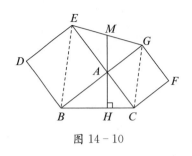

图 14 - 10

例 14.3 以直角三角形 ABC 的两直角边 AB、AC 为边向外作正方形 $ABDE$、$ACFG$. AH 为 BC 上的高,垂足为 H,延长 HA 交 EG 于点 M,求证:$EM=MG$.

证明 如图 14 - 10.连接 BE,CG,则有 $\angle EBG=\angle ECG=45°$,所以 B、C、G、E 四点共圆. EC、BG 为互相垂直的两条弦,又 $AH\perp BC$,由婆氏定理有 $EM=MG$.

练习与思考

1. 圆内接四边形 $ABCD$ 的对角线 AC、BD 相交于点 P.

(1) 若 O_1 为 $\triangle PCD$ 的外心,则 $O_1P\perp AB$;

(2) 若 $PH\perp AB$,则 PH 过 $\triangle PCD$ 的外心.

2. 已知:在圆内接四边形 $ABCD$ 中,$AC\perp BD$,外接圆圆心为 O,$AE=ED$,$OG\perp BC$,垂足为 G,求证:$OG=EH$.(1978 年上海高中赛题)

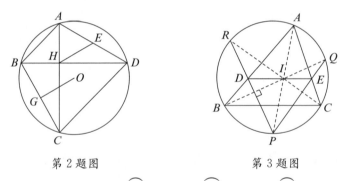

第 2 题图　　　　　　　　第 3 题图

3. 作 $\triangle ABC$ 的外接圆,连接 $\overparen{BC}$ 中点 P 与 $\overparen{AB}$ 中点 R 和 $\overparen{AC}$ 中点 Q 的弦,分别与 AB 边交于点 D,与 AC 边交于点 E,证明:点 D、E 与 $\triangle ABC$ 的内心共线.(1965 年全俄竞赛题)

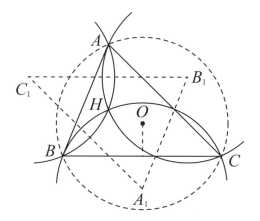

第**15**章

九点圆

同中观异，异中观同．异中观同就
是抓住问题本质，抓住共性．

——张顺燕

§ 15.1　定理及简史

九点圆定理　任意三角形三条高的垂足、三边的中点,以及垂心与顶点的三条连线的中点,这九点共圆.

这个圆通常称为三角形的九点圆,也有人叫费尔巴哈(K. W. Feuerhach, 1800—1834)圆,或欧拉圆.关于这个定理,可追溯到 1765 年,欧拉在一篇文章中证明的"垂足三角形和中点三角形有同一个外接圆(六点圆)",因此就有人误认为上述定理应归功于欧拉.

其实,第一个完整的证明是彭赛列(J. V. Poncelet,1788—1867)于 1821 年所发表的.1822 年,一位高中教师费尔巴哈也发现了九点圆,并且还指出,九点圆与三角形的内切圆及三个旁切圆都相切(见定理 15.3),所以在德国把它称为费尔巴哈圆,并把九点圆与内切圆及旁切圆的四个接触点称为三角形的费尔巴哈点.人们曾十分重视这一研究.

§ 15.2　定理的证明

九点圆定理的证法很多,如可任取其中三点作圆,再证余下六点在所作圆上.从九点中任取三点就有 $C_9^3 = 84$(种)取法,再按任意次序证其余六点与前三点共圆,有人计算过共有 94 832 640 000 种方法,这里仅介绍两种简洁且有代表性的证法.

证法 1　如图 15 - 1,AD、BE、CF 为 $\triangle ABC$ 的高,垂心为 H,N、S、P 分别为三边的中点,G、T、M 分别为 AH、BH、CH 的中点.

因为 $PS \underline{\parallel} TM \underline{\parallel} \dfrac{1}{2} BC$,

$PT \underline{\parallel} SM \underline{\parallel} \dfrac{1}{2} AH$,

又 $AD \perp BC$,

所以四边形 $PTMS$ 为矩形.

同理四边形 $TNSG$ 也为矩形,故 TS、NG、PM 是同一个圆的三条直径.

又 $\angle GDN = 90°$,所以 D 在此圆上.

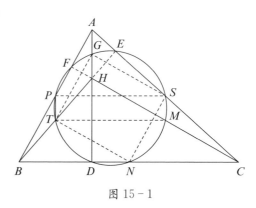

图 15 - 1

同理 E、F 也在此圆上.

故 D、E、F、G、T、M、N、S、P 九点共圆.

在给出证法 2 之前,我们先介绍一个引理(即八点圆定理). 这个引理是 1944 年布兰德(Brand)提出来的. 但早在 1924 年,纽约的施马尔(Schmall)叙述过它的一个重要特例,由这个特例,可给出九点圆定理的一个别证. 证法不是最简的,但却是意味深长的.

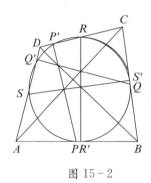

图 15 - 2

引理 如图 15 - 2,如果四边形 $ABCD$ 的两条对角线互相垂直,P、Q、R、S 是各边中点,PP'、QQ'、RR'、SS' 分别垂直于对边,垂足分别为 P'、Q'、R'、S',则 P、Q、R、S、P'、Q'、R'、S' 这八点共圆.

证明 因为 $AC \perp BD$,P、Q、R、S 为各边中点,易知四边形 $PQRS$ 为矩形. 以其对角线为直径作矩形 $PQRS$ 的外接圆 $\odot O$,因为 $\angle PP'R = \angle QQ'S = \angle RR'P = \angle SS'Q = 90°$,且都是直径上的圆周角,所以点 P'、Q'、R'、S' 都在 $\odot O$ 上,即 P、Q、R、S、P'、Q'、R'、S' 八点共圆.

证法 2 如图 15 - 1,在四边形 $ABCH$ 中,因为对角线 $BH \perp AC$,所以 P、N、M、G、F、D 六点(垂足 F、D 重复两次)共圆. 同理,在四边形 $ABHC$ 中,有 P、T、M、S、F、E 六点(垂足 F、E 重复两次)共圆.

这两个圆都过 P、M、F 三点,所以是同一个圆,从而九点 P、N、S、F、D、E、G、T、M 共圆.

§15.3 定理的引申

首先我们有:

定理 15.1 $\triangle ABC$ 的三个旁心所构成的 $\triangle I_a I_b I_c$ 的九点圆为 $\triangle ABC$ 的外接圆.

证明 只需证 $\triangle I_a I_b I_c$ 的垂足三角形是 $\triangle ABC$,即得结论.

如图 15 - 3,根据旁心的定义知 $I_a A$ 平分 $\angle BAC$,$I_b A$ 平分 $\angle CAE$,$I_c A$ 平分 $\angle BAF$.

因为 $\angle BAF = \angle CAE$,所以 I_b,A,I_c 三点共线,且 $I_a A \perp I_b I_c$.

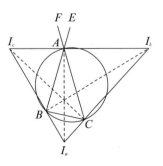

图 15 - 3

同理 $I_bB \perp I_aI_c$,$I_cC \perp I_aI_b$,故 $\triangle ABC$ 为 $\triangle I_aI_bI_c$ 的垂足三角形,所以 $\triangle ABC$ 的外接圆即 $\triangle I_aI_bI_c$ 的九点圆.

通过下面的定理 15.2,我们将看到,九点圆中的九个点确实是无数个中点中的九个特殊的点.

定理 15.2 $\triangle ABC$ 的垂心 H 与外接圆 O 上任意点连线的中点共圆,这圆就是 $\triangle ABC$ 的九点圆. 或三角形的垂心与外接圆上点的连线被其九点圆平分.

证明 如图 15-4,过垂心 H 作 $\odot O$ 的两弦 DE、FG,M、N、S、T 分别为 HD、HE、HF、HG 的中点,则 $\angle FDH = \angle SMH$,$\angle EGH = \angle NTH$.

又 $\angle FDH = \angle EGH$,所以 $\angle SMH = \angle NTH$.

故 M、S、N、T 四点共圆,由 DE、FG 的任意性,得 H 与 $\odot O$ 上任意点连线的中点在同一圆上. 由于这个圆过 HA、HB、HC 的中点,故这个圆就是三角形的九点圆.

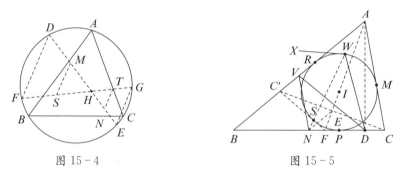

图 15-4   图 15-5

定理 15.3 (费尔巴哈定理)三角形的九点圆与内切圆内切且与三个旁切圆外切.

证明 如图 15-5 所设,内切圆 I 切 $\triangle ABC$ 三边于点 P、M、R,N、V 分别为 BC、AB 的中点.

连接 AI 并延长交 BC 于点 F,过点 F 作 FC'(异于 FP)切 $\odot I$ 于点 S,交 AB 于点 C',则 $\triangle AFC' \cong \triangle AFC$,$AC' = AC$,$C'C \perp AF$.

设 AF,$C'C$ 交于点 E,则 E 为 CC' 的中点,连接 NE,则

$$EN = \frac{1}{2}BC' = \frac{1}{2}(AB - AC)$$

$$= \frac{1}{2}[(AR + BR) - (AM + MC)]$$

$$= \frac{1}{2}(BP - PC)$$

$$= \frac{1}{2}[(BN + NP) - (NC - NP)]$$

$$= NP.$$

作 $AD \perp BC$,垂足为 D,则 $\angle AEC = \angle ADC = 90°$,

所以 A、E、D、C 四点共圆.又 $NE /\!/ AB$,

所以 $\angle NEF = \angle BAF = \angle FAC = \angle NDE$,从而 $\triangle NEF \backsim \triangle NDE$.

所以 $NF \cdot ND = NE^2 = NP^2$.

连接 NS,交 $\odot I$ 于另一点 W,又有 $NP^2 = NS \cdot NW$,

所以 $NF \cdot ND = NS \cdot NW$.

所以 F、D、W、S 四点共圆.

所以 $\angle DWN = \angle BFC' = \angle AC'F - \angle B = \angle ACB - \angle B$.

又 $VN /\!/ AC$,V 是 $Rt \triangle ADB$ 斜边 AB 的中点,故有

$\angle NVD = \angle VNB - \angle VDN = \angle ACB - \angle B$.

所以 $\angle NWD = \angle NVD$.所以 W、V、N、D 四点共圆,即 W 在九点圆 VND 上.

下面证明九点圆与 $\odot I$ 切于 W.

过点 W 作 $\odot I$ 的切线 WX,使 WX 与 SC' 在 SW 同侧,则 $\angle XWS = \angle C'SW = \angle NDW$.所以 WX 与过 D、N、W 三点的圆相切,即 WX 与九点圆相切.

同理可证,九点圆与旁切圆也相切.

定理 15.4 圆周上任意四点,过其中任意三点作三角形,则这四个三角形的九点圆的圆心共圆.

这一定理被称为库利奇—大上定理,由库利奇(J. L. Coolidge)、大上茂乔分别于 1910 年和 1916 年发表.上述四个圆心所在的圆还被称为四边形的九点圆.

证明 如图 $15-6$,设 $A(x_1,y_1)$、$B(x_2,y_2)$、$C(x_3,y_3)$、$D(x_4,y_4)$ 是单位圆周上任意四点,则

$$x_i^2 + y_i^2 = 1(i = 1,2,3,4).$$

由九点圆圆心是外心与垂心连线的中点,得 $\triangle ABC$、$\triangle ABD$、$\triangle BCD$、$\triangle ACD$ 九点圆圆心坐标分别为

$$O_1\left(\frac{x_1+x_2+x_3}{2}, \frac{y_1+y_2+y_3}{2}\right),$$

$$O_2\left(\frac{x_1+x_2+x_4}{2}, \frac{y_1+y_2+y_4}{2}\right),$$

$$O_3\left(\frac{x_2+x_3+x_4}{2}, \frac{y_2+y_3+y_4}{2}\right),$$

$$O_4\left(\frac{x_1+x_3+x_4}{2}, \frac{y_1+y_3+y_4}{2}\right).$$

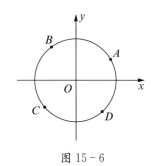

图 $15-6$

考虑点 $O'\left(\dfrac{x_1+x_2+x_3+x_4}{2},\dfrac{y_1+y_2+y_3+y_4}{2}\right)$，则

$$|O_1O'|=\left[\left(\frac{x_1+x_2+x_3+x_4}{2}-\frac{x_1+x_2+x_3}{2}\right)^2+\left(\frac{y_1+y_2+y_3+y_4}{2}-\frac{y_1+y_2+y_3}{2}\right)^2\right]^{\frac{1}{2}}$$

$$=\frac{1}{2}\sqrt{x_4^2+y_4^2}=\frac{1}{2}.$$

同理可证

$$|O_2O'|=|O_3O'|=|O_4O'|=\frac{1}{2}.$$

故 O_1、O_2、O_3、O_4 在以 O' 为圆心、$\frac{1}{2}$ 为半径的圆上，即四边形 $ABCD$ 的四个三角形的九点圆圆心共 $\odot O'$.

对圆上五点的情形，过任意四点作四边形，则这五个四边形的"九点圆"圆心在同一圆上，这个圆被称为五边形的"九点圆".

依此类推，定理可无限推广下去，其解析证明可如上模仿.

练习与思考

1. 如图，AD、BE、CF 为 $\triangle ABC$ 的高，垂足分别为点 D、E、F，H 为垂心，G、T、M 分别 HA、HB、HC 的中点，求证：点 G、T、M 分别平分 $\overset{\frown}{EF}$、$\overset{\frown}{FD}$、$\overset{\frown}{DE}$.

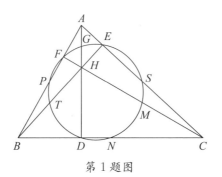

第 1 题图

2. 证明：九点圆圆心在三角形的欧拉线上，并且它到垂心和外心等距离，九点圆的半径等于原三角形外接圆半径的一半.

3. 设 G 是 $\triangle ABC$ 的重心，P 是 $\triangle ABC$ 外接圆上任意一点，连接 PG 并延长至 Q，使 $GQ=\dfrac{1}{2}PG$，求证：点 Q 在 $\triangle ABC$ 的九点圆上.

4. △ABC 为不等边三角形,∠A 对边的中垂线与∠A 的内、外角平分线分别相交于点 A_1,A_2,∠B 对边的中垂线与∠B 的内、外角平分线分别相交于点 B_1、B_2;∠C 对边的中垂线与∠C 的内、外角平分线分别相交于点 C_1,C_2,求证:A_1,A_2,B_1,B_2,C_1,C_2,A,B,C 九点共圆,且有 $A_1A_2 = B_1B_2 = C_1C_2 = 2R$($R$ 为△ABC 外接圆半径).

5. 如图,在△ABC 中,O 为外心,H 是垂心,作△CHB,△CHA 和△AHB 的外接圆,依次记它们的圆心为 A_1,B_1,C_1,求证:△$ABC \cong$△$A_1B_1C_1$,且这两个三角形的九点圆重合.(第 31 届 IMO 预选题)

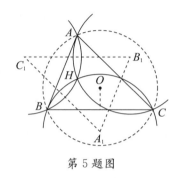

第 5 题图

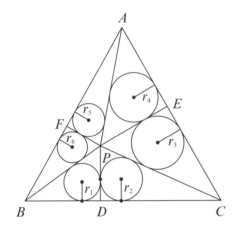

第**16**章

维维安尼定理

用功不是指每天在房里看书,也
不是光做习题,而是要经常想数学.一
天至少有七八个小时在思考数学.

——陈省身

§16.1　定理及简史

维维安尼定理　等边三角形内任一点到三边的距离之和等于定值(三角形的高).

维维安尼(V. Viviani,1622—1703)是著名物理学家伽利略(G. Galilei,1564—1642)的弟子,他是意大利物理学家、数学家,他的几何成就是确定维维安尼曲线.他所发现的上述定理与我国现行教材上大家熟知的一个命题有密切的联系,这个命题是:

命题　等腰三角形底边上任一点到两腰的距离之和等于一腰上的高;等腰三角形底边延长线上任一点到两腰距离之差的绝对值等于一腰上的高.

(此命题的证明就不必赘述了.)

关于维维安尼定理,还有一段趣事.美国著名几何学家匹多(D. Pedoe)描述过:有一次一位经济学家打电话询问他,说维维安尼定理在经济学上有重要的意义,但不知这一定理是如何证明的,特向匹多请教.

其实这个定理的证明是简单的.

§16.2　定理的证明

此定理的证法很多,这里仅给出两种纯几何证法.

证法 1　如图 16-1,P 为△ABC 内任一点,过 P 作 $ST /\!/ BC$,交 AB 于点 S,交 AC 于点 T,交高 AM 于点 K,由前面的命题,有 $PF+PE=AK$. 又 $KM=PD$,所以 $PD+PF+PE=AK+KM=AM=h$(定值,△ABC 的高).

证法 2　设正三角形边长为 a,高为 h,则

$$S_{\triangle PAB}+S_{\triangle PBC}+S_{\triangle PCA}=S_{\triangle ABC},$$

即

$$\frac{1}{2}a \cdot PF+\frac{1}{2}a \cdot PD+\frac{1}{2}a \cdot PE=\frac{1}{2}a \cdot h,$$

故

$$PF+PD+PE=h.$$

这里采用的是面积证法.

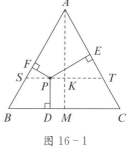

图 16-1

§16.3　定理的引申与推广

1. 对点 P 推广

定理 16.1　若 P 为等边三角形所在平面上任意一点,则由点 P 向各边所在直线所引垂直有向线段之和等于一定值(三角形的高). 当从点 P 所引垂直线段与三角形在其直线同侧时,取正号;异侧时,取负号.

当点 P 在三角形外时,有两种情形,如图 16 - 2.

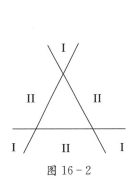

图 16 - 2

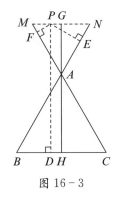

图 16 - 3

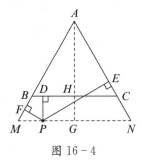

图 16 - 4

证明　(1)当点 P 在区域 Ⅰ 内,如图 16 - 3,这时即要证 $PD-PE-PF$ 为定值. 过 P 作 $MN\ /\!/\ BC$ 交 BA、CA 延长线于点 N、M,过点 A 作 $GH\perp BC$,交 MN 于点 G,交 BC 于点 H,则

$$PE+PF=AG,PD=GH,$$

所以

$$PD-PE-PF=GH-AG=AH=h.$$

(2)当点 P 在区域 Ⅱ 内,如图 16 - 4,这时即要证 $PE+PF-PD$ 为定值.

过点 P 作 $MN\ /\!/\ BC$,分别交 AB,AC 于点 M、N,过点 A 作 $AH\perp BC$,交 BC 于点 H、交 MN 于点 G,则 $\triangle AMN$ 为等边三角形,$PE+PF=AG$.

从而

$$PE+PF-PD=AG-GH=AH=h.$$

与点 P 在三角形内时结论一致,命题得证.

2. 将正三角形向任意三角形推广

定理 16.2　三角形内任意一点到三边的距离与相应边对角的正弦乘积的和是一个定值,这定值是三角形面积同外接圆半径之比.

证明 如图 16-5.

因为

$$\frac{1}{2}a \cdot PD + \frac{1}{2}b \cdot PE + \frac{1}{2}c \cdot PF = S,$$

由正弦定理,有

$$a = 2R \cdot \sin A, b = 2R \cdot \sin B, c = 2R \cdot \sin C,$$

所以

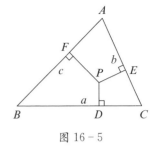

图 16-5

$$PD \cdot \sin A + PE \cdot \sin B + PF \cdot \sin C = \frac{S}{R}, 证毕.$$

类似于定理 16.1,引入有向线段的概念,也可把点推广到三角形外,但由于叙述上的繁琐,我们把它略去,下面的讨论也是如此.

3. 把正三角形向正 n 边形推广

定理 16.3 正 n 边形内一点到各边的距离之和为一定值.

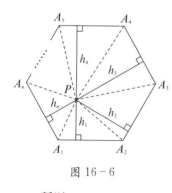

图 16-6

证明 如图 16-6,设正 n 边形 $A_1A_2A_3\cdots A_n$ 内任一点 P 到各边的距离依次为 h_1、h_2、$\cdots$、h_n,正 n 边形面积为 S,边长为 a,连接 PA_1、PA_2、$\cdots$、PA_n,

则

$$S_{\triangle PA_1A_2} + S_{\triangle PA_2A_3} + \cdots + S_{\triangle PA_nA_1} = S,$$

即

$$\frac{1}{2}ah_1 + \frac{1}{2}ah_2 + \cdots + \frac{1}{2}ah_n = S,$$

所以

$$h_1 + h_2 + \cdots + h_n = \frac{2S}{a}(定值), 证毕.$$

4. 向三维空间推广

定理 16.4 正多面体内任一点到各面的距离之和为一定值.

证明 设正多面体内任一点 P 到各面的距离分别为 h_1、h_2、$\cdots$、h_n(n 为面数,n 可取 $4,6,8,12$ 和 20),各面面积为 S,正多面体体积为 V,将 P 与正多面体各顶点相连接,则此正多面体可分成以 P 为公共顶点,正多面体各面为底面的 n 个棱锥(如图 16-7).

因为

$$\frac{1}{3}S \cdot h_1 + \frac{1}{3}S \cdot h_2 + \cdots + \frac{1}{3}S \cdot h_n = V,$$

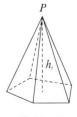

图 16-7

所以

$$h_1 + h_2 + \cdots + h_n = \frac{3V}{S}(\text{定值}).$$

上述定理都是用剖分的方法证明,其中起决定作用的是"边"相等,"面"相等,因此我们不难对定理作进一步的推广和引申.

5. 引申

定理 16.5 正三角形 ABC 的周长为 l,面积为 S,P 为 $\triangle ABC$ 内任一点,$PD \perp BC$,垂足为 D,$PE \perp CA$,垂足为 E,$PF \perp AB$,垂足为 F,则

(1) $BD + CE + AF = DC + EA + FB = \dfrac{1}{2}l$;

(2) $S_{\triangle PBD} + S_{\triangle PCE} + S_{\triangle PAF} = S_{\triangle PDC} + S_{\triangle PEA} + S_{\triangle PFB} = \dfrac{1}{2}S$.

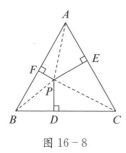 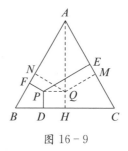

图 16 - 8　　　　　　　　图 16 - 9

证明 (1) **证法 1** 如图 $16-9$,过点 A 作 $AH \perp BC$,垂足为 H,再过点 P 作 $PQ \perp AH$,垂足为 Q,由点 Q 分别作 AC、AB 的垂线,垂足分别是 M、N,则

$$BD + CE + AF = (BH - DH) + (CM + ME) + (AN + NF)$$
$$= BH + CM + AN + ME + NF - DH, \quad ①$$

$$DC + EA + FB = (DH + HC) + (MA - ME) + (NB - NF)$$
$$= HC + MA + NB + DH - ME - NF. \quad ②$$

注意到 $BH = HC$,$AM = AN$,$CM = NB$,由①$-$②,得

$$(BD + CE + AF) - (DC + EA + FB) = 2(ME + NF - DH).$$

因为 $\angle PQN = \angle QPE = 30°$,所以 $ME + NF = PQ\sin 30° + PQ\sin 30° = PQ = DH$.

所以 $BD + CE + AF = DC + EA + FB$.

因为 $BD + DC + CE + EA + AF + FB = l$,

所以 $BD + CE + AF = DC + EA + FB = \dfrac{1}{2}l$.

证法 2　如图 16 - 10,过点 P 分别作三角形三边的平行线,则有 $AS=BT$,
$TD=DQ$,$QC=HA$,$ME=ES$,$HF=FN$,所以有

$$BD+CE+AF=DC+EA+FB=\frac{1}{2}l.$$

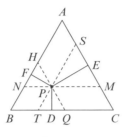

图 16 - 10

(2) 同上,显然有 $S_{\triangle PBT}=S_{\triangle PNB}$,$S_{\triangle PDT}=S_{\triangle PDQ}$,$S_{\triangle PQC}=S_{\triangle PMC}$,$S_{\triangle PEM}=S_{\triangle PES}$,
$S_{\triangle PSA}=S_{\triangle PHA}$,$S_{\triangle PFH}=S_{\triangle PFN}$,

所以 $S_{\triangle PBD}+S_{\triangle PCE}+S_{\triangle PAF}=S_{\triangle PDC}+S_{\triangle PEA}+S_{\triangle PFB}=\frac{1}{2}S.$

如图 16 - 11,如果规定与 $\overrightarrow{AB}$、$\overrightarrow{BC}$、$\overrightarrow{CA}$ 同向时为正,反向时为负,上述结论(1)
可将点 P 推广到 $\triangle ABC$ 外,如图 16 - 11(a)(b)(c)(d),分别有

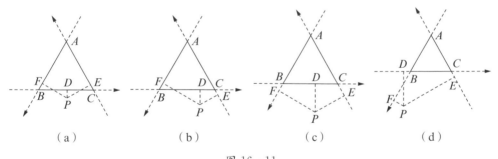

(a)　　　　(b)　　　　(c)　　　　(d)

图 16 - 11

$$BD+CE+AF=DC+EA+FB=\frac{1}{2}l,$$

$$BD-CE+AF=DC+EA+FB=\frac{1}{2}l,$$

$$BD-CE+AF=DC+EA-FB=\frac{1}{2}l,$$

$$-BD-CE+AF=DC+EA-FB=\frac{1}{2}l.$$

结论(2)可推广为任意三角形的情形:

定理 16.6 G 为 $\triangle ABC$ 的重心，$\triangle ABC$ 的面积为 S，P 为 $\triangle ABC$ 内任一点，过点 P 分别作三条中线的平行线，分别交 BC 于点 D，交 CA 于点 E，交 AB 于点 F，则

$$S_{\triangle PBD}+S_{\triangle PCE}+S_{\triangle PAF}=S_{\triangle PDC}+S_{\triangle PEA}+S_{\triangle PFB}=\frac{1}{2}S.$$

证明 过点 P 分别作三角形三边的平行线（图 16-12），易证 $TD=DQ,ME=ES,HF=FN$，所以

$$S_{\triangle PBT}=S_{\triangle PNB},S_{\triangle PDT}=S_{\triangle PDQ},S_{\triangle PQC}=S_{\triangle PMC},$$

$$S_{\triangle PEM}=S_{\triangle PES},S_{\triangle PSA}=S_{\triangle PHA},S_{\triangle PFH}=S_{\triangle PFN}.$$

所以

$$S_{\triangle PBD}+S_{\triangle PCE}+S_{\triangle PAF}=S_{\triangle PDC}+S_{\triangle PEA}+S_{\triangle PFB}=\frac{1}{2}S.$$

若规定正负，定理 16.6 也可将点 P 推广到 $\triangle ABC$ 外. 有兴趣的读者可自行完成并证明.

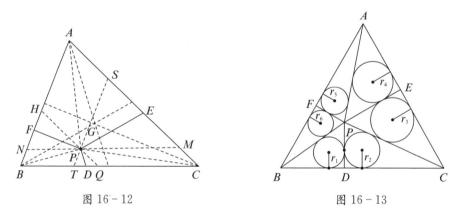

图 16-12　　　　　　　图 16-13

定理 16.7 如图 16-13，设 P 为正三角形 ABC 内一点，由 P 分别向三边作垂线，垂足分别为 D、E、F，则 $\triangle ABC$ 被分成 6 个直角三角形，设这些直角三角形的内切圆半径依次为 r_1、r_2、r_3、r_4、r_5、r_6，则有

$$r_1+r_3+r_5=r_2+r_4+r_6.$$

证明 因为 $r_1=\dfrac{BD+PD-PB}{2}$，$r_3=\dfrac{CE+PE-PC}{2}$，

$$r_5=\frac{AF+PF-PA}{2},r_2=\frac{DC+PD-PC}{2},r_4=\frac{EA+PE-PA}{2},r_6=\frac{FB+PF-PB}{2},$$

所以 $(r_1+r_3+r_5)-(r_2+r_4+r_6)=\dfrac{1}{2}(BD+CE+AF-DC-EA-FB)=0.$

故有
$$r_1 + r_3 + r_5 = r_2 + r_4 + r_6.$$

定理 16.8 如图 16 - 14,设 P 为正三角形 ABC 内一点,由 P 分别向三边作垂线 PX,PY,PW,在 $\triangle ABC$ 外部作 $\odot O_1$,使其与直线 AB,BC,PW 都相切,类似地作出其他五个圆,设这六个圆的半径依次为 r_1,r_2,r_3,r_4,r_5,r_6,则有

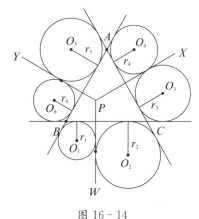

(1) $r_1 + r_3 + r_5 = r_2 + r_4 + r_6$;

(2) $r_1^2 + r_3^2 + r_5^2 = r_2^2 + r_4^2 + r_6^2$.

证明留给读者.

定理 16.7、定理 16.8 由我国学者刘步松提出.

图 16 - 14

定理 16.9 等边凸多边形内任一点到各边的距离之和为定值.

定理 16.10 若一个凸多面体各面面积相等,则此凸多面体内任一点到各面的距离之和为定值.

证明同定理 16.3、16.4.

值得注意的是,如果把定理 16.9 中的边数限制为 3,定理 16.10 中的面数限制为 4,则它们都存在逆定理. 即有

定理 16.11 若三角形内任一点到各边距离之和为定值,则该三角形为正三角形.

为了证明定理 16.11,首先我们有:

引理 1 若 $\triangle ABC$ 的 BC 边上任一点到 AB、AC 两边距离之和为定值,则 $\triangle ABC$ 是以 BC 为底边的等腰三角形.

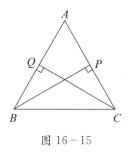

证明 如图 16 - 15.考虑在 BC 边上取两端点,因为点 B 到 AB 边的距离为零,点 C 到 AC 边的距离为零,所以作 $BP \perp AC$,垂足为 P,$CQ \perp AB$,垂足为 Q,则 $BP = CQ$(定值).

所以 $\mathrm{Rt}\triangle BCP \cong \mathrm{Rt}\triangle BCQ$.

所以 $\angle PCB = \angle QBC$,

即 $\angle ACB = \angle ABC$.

所以 $AB = AC$,且 BC 为底边.

图 16 - 15

引理 2 若三角形边上任一点到三边距离之和为定值,则此三角形为正三角形.

证明 取 BC 边上的任一点,则此点到 AB、AC 的距离之和为定值,由引理 1,有 $AB=AC$,同理有 $AB=BC$,故 $\triangle ABC$ 为正三角形.

引理 3 若三角形内任一点到各边距离之和为定值,则它的边上任一点到三边的距离之和为同一定值.

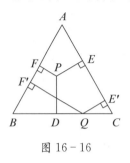

图 16-16

证明 如图 16-16,$\triangle ABC$ 内任一点 P 到三边的距离分别为 PD,PE,PF,且设 $PD+PE+PF=a$(定值),Q 在 BC 边上,Q 到 AB、AC 的距离分别为 QF'、QE',则当 $P \to Q$ 时,由距离的连续性(这要用到度量空间中的有关结论),有 $PD \to 0$,$PE \to QE'$,$PF \to PF'$,

则 $PD+PE+PF \to QE'+QF'$.

由 $PD+PE+PF=a$,有 $QE'+QF'=a$.

由引理 2、引理 3 即可得定理 16.11.

定理 16.12 若四面体内任一点到各面的距离之和为定值,则它的各面面积均相等.

证明仿上,略.

§16.4 定理的应用

例 16.1 试证:三角形外接圆上任一点到三边距离的平方和为定值.

证明 如图 16-17 所设,正三角形 ABC 外接圆上任一点 P 到 BC、AC、AB 的距离分别为 h_a、h_b、h_c,正三角形边长为 a,由定理 16.1 有

$$h_a+h_b-h_c=\frac{\sqrt{3}}{2}a.$$

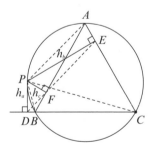

图 16-17

两边平方,得

$$h_a^2+h_b^2+h_c^2+2(h_ah_b-h_bh_c-h_ah_c)=\frac{3}{4}a^2.$$

下证 $h_ah_b-h_bh_c-h_ah_c=0$.

因为 $\dfrac{h_b}{PA}=\sin \angle PAC=\sin \angle PBD=\dfrac{h_a}{PB}$,所以 $h_a \cdot PA=h_b \cdot PB$.

同理可得 $h_a \cdot PA=h_c \cdot PC$,所以

$$h_a \cdot PA=h_b \cdot PB=h_c \cdot PC. \qquad ①$$

又 P,F,E,A 共圆,所以 $\angle PFD=\angle PAC$.

同理 P,D,B,F 共圆,所以 $\angle PDF=\angle PBF=\angle ACP$.

所以 $\triangle PFD \backsim \triangle PAC$.

所以 $\dfrac{h_c}{DF}=\dfrac{PA}{a}$, $PA=\dfrac{h_c}{DF}a$.

同理 $PB=\dfrac{h_a}{DE}a$, $PC=\dfrac{h_b}{EF}a$.

均代入①式,得 $\dfrac{h_a h_c}{DF}=\dfrac{h_b h_a}{DE}=\dfrac{h_c h_b}{EF}=k$.

由西姆松定理(见第 22 章),D、E、F 共线,所以
$$h_a h_b - h_a h_c - h_b h_c = (DE-EF-DF)k=0.$$

从而 $h_a^2+h_b^2+h_c^2=\dfrac{3}{4}a^2$(定值). 证毕.

例 16.2 设正三角形内切圆上任一点 P 到三边的距离分别为 h_a、h_b、h_c,求证:$h_a^2+h_b^2+h_c^2$ 为定值,并求出 $2(h_a h_b+h_a h_c+h_b h_c)$ 的值.

证明 如图 16-18,正三角形 ABC 边长为 a,切点为 D、E、F,则 $\triangle DEF$ 为正三角形,且边长为 $\dfrac{a}{2}$,$\triangle ABC$ 的内切圆为 $\triangle DEF$ 的外接圆,由例 16.1 有

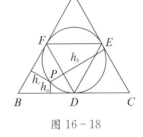

图 16-18

$$\left(\frac{\sqrt{3}}{4}a-h_a\right)^2+\left(h_b-\frac{\sqrt{3}}{4}a\right)^2+\left(\frac{\sqrt{3}}{4}a-h_c\right)^2=\frac{3}{4}\left(\frac{a}{2}\right)^2.$$

所以
$$h_a^2+h_b^2+h_c^2=\frac{\sqrt{3}}{2}a(h_a+h_b+h_c)-\frac{3}{8}a^2.$$

又
$$h_a+h_b+h_c=\frac{\sqrt{3}}{2}a, \qquad ②$$

故
$$h_a^2+h_b^2+h_c^2=\frac{3}{8}a^2 (定值).$$

将②式两端平方,得 $(h_a+h_b+h_c)^2=\dfrac{3}{4}a^2$.

所以 $2(h_a h_b+h_a h_c+h_b h_c)=\dfrac{3}{4}a^2-\dfrac{3}{8}a^2=\dfrac{3}{8}a^2$.

例 16.3 如图 $16-19$，P 为正三角形 ABC 内切圆上一点，P 关于三边的对称点分别为 P_1、P_2、P_3，求证：

$$S_{\triangle P_1P_2P_3}=\frac{3}{4}S_{\triangle ABC}.$$

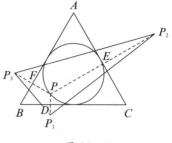

图 $16-19$

证明 连接 PP_1、PP_2、PP_3，分别交 BC、AC、AB 于点 D、E、F，$PD=h_1$，$PE=h_2$，$PF=h_3$，设正三角形 ABC 的边长为 a，依例 16.2 结论有 $h_1+h_2+h_3=\frac{\sqrt{3}}{2}a$，$h_1^2+h_2^2+h_3^2=\frac{3}{8}a^2$.

又 $\angle DPE=\angle EPF=\angle FPD=120°$，

所以 $S_{\triangle DEF}=\frac{1}{2}\sin 120°(h_1h_2+h_1h_3+h_2h_3)$

$$=\frac{\sqrt{3}}{4}(h_1h_2+h_2h_3+h_1h_3)$$

$$=\frac{\sqrt{3}}{8}\left[(h_1+h_2+h_3)^2-(h_1^2+h_2^2+h_3^2)\right]$$

$$=\frac{\sqrt{3}}{8}\left(\frac{3}{4}a^2-\frac{3}{8}a^2\right)$$

$$=\frac{3}{16}\cdot\frac{\sqrt{3}}{4}a^2$$

$$=\frac{3}{16}S_{\triangle ABC}.$$

从而 $S_{\triangle P_1P_2P_3}=4S_{\triangle DEF}=\frac{3}{4}S_{\triangle ABC}$. 证毕.

练习与思考

1. 已知 $\angle ABC=\angle CBD=60°$，从 $\angle ABC$ 内任一点 P 分别向 AB、BC、BD 作垂线 PX、PY、PZ，垂足分别为 X、Y、Z，求证：$PZ=PX+PY$.

2. 证明：不等边三角形内一点至三边距离之和大于最大边上的高，而小于最小边上的高.

3. 如图，正六边形 $ABCDEF$ 内一点 P 到各边的距离依次是 PP_1，PP_2，PP_3，PP_4，PP_5，PP_6. 求证：

$$PP_1+PP_3+PP_5=PP_2+PP_4+PP_6.$$

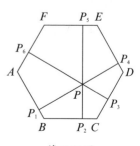

第 3 题图

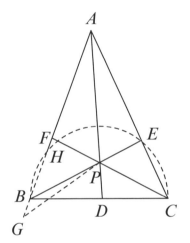

第 17 章

斯坦纳—
雷米欧司定理

在 19 世纪,这一问题(斯坦纳-雷米欧司定理)受到许多几何学家的注意,当时几何学权威斯坦纳曾写过专文,就内外分角线的各种情况进行了讨论,但并没有把问题彻底澄清. 1983 年以来,我与现在美国攻研计算机科学的周咸青同志,应用我们关于机器证明中使用的方法,并通过在计算机上多次反复验算,终于在一年多的通信讨论之后,获得了完全的解答.

——吴文俊

§17.1 定理及简史

斯坦纳-雷米欧司定理 两条内角平分线相等的三角形为等腰三角形.

这是一道脍炙人口的几何名题,日本数学教育学会会长井上仪夫曾经赞誉它是"作为一个难题而闻名的". 这一问题是由德国数学家雷米欧司(Lehmus)于1840年在给斯图姆(C. F. Sturm)的一封信中提出的. 他说,几何题在没有证明之前,很难说它是难还是容易. 等腰三角形两底角分角线相等,初中生都会证,可是反过来,已知三角形两内角平分线相等,要证它是等腰三角形却不容易了,我至今还没想出来. 斯图姆向许多数学家提到了这件事,后来是几何学家斯坦纳(J. Steiner,1796—1863)给出了最初的一个证明. 所以这个定理就以斯坦纳-雷米欧司定理而闻名于世.

斯坦纳出生于一个贫困的农民家庭,14岁还是一个文盲,后来半耕半读,22岁考入德国海得堡大学,1834年成为柏林大学教授.

斯坦纳的证明发表后,引起数学界极大反响. 后来,有一个数学刊物公开征求这一问题的证明,经过收集整理,得出60多种证法,编成了一本书. 到了1940年前后,有人竟用添圆弧的方法,找到了这一问题的一个最简单的间接证法. 1980年美国《数学教师》第12期介绍了这个定理的研究现状,结果收到两千多封来信,又增补了20多种证法并且得到了这一问题的一个最简单的直接证法. 从问题的提出,到这两个简捷证法的诞生,竟用了140年之久! 可见在数学这个百花园里,几何确是一个绚丽多彩、引人入胜的花坛,那些耐人寻味、经久不衰的名题,经过几代数学家的努力,得出了一些发人深省的精妙解法,有的博大深远、有的精巧绝伦,使我们不得不为之惊叹!

§17.2 定理的证明

证法1 如图17-1,设$BC=a$,$AB=c$,$AC=b$,则由角平分线定理有

$$AD=\frac{bc}{a+c},DC=\frac{ab}{a+c},$$

$$AE=\frac{bc}{a+b},BE=\frac{ac}{a+b}.$$

又据斯霍滕定理(见第8章),有

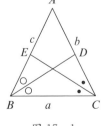

图17-1

$$BD^2 = AB \cdot BC - AD \cdot DC$$

$$= ac - \frac{bc}{a+c} \cdot \frac{ab}{a+c},$$

$$CE^2 = AC \cdot BC - AE \cdot EB = ab - \frac{bc}{a+b} \cdot \frac{ac}{a+b}.$$

又 $BD = CE$，

所以

$$ac - \frac{ab^2c}{(a+c)^2} = ab - \frac{abc^2}{(a+b)^2}.$$

整理，得

$$(b-c)(a^3 + a^2b + a^2c + 3abc + b^2c + bc^2) = 0.$$

显然后一因式不等于零，故 $b - c = 0$，即 $AB = AC$。

证法2 各边如前所设，又设 $\angle ABC = 2\alpha$，$\angle ACB = 2\beta$。

因为

$$S_{\triangle ABC} = \frac{1}{2}ac\sin 2\alpha = \frac{1}{2}ab\sin 2\beta,$$

所以

$$\frac{\sin 2\beta}{\sin 2\alpha} = \frac{c}{b}. \qquad ①$$

又

$$S_{\triangle ABD} + S_{\triangle BDC} = S_{\triangle AEC} + S_{\triangle CEB},$$

所以

$$\frac{1}{2}c \cdot BD\sin\alpha + \frac{1}{2}a \cdot BD\sin\alpha = \frac{1}{2}b \cdot CE\sin\beta + \frac{1}{2}a \cdot CE\sin\beta.$$

又 $BD = CE$，所以

$$\frac{\sin\beta}{\sin\alpha} = \frac{a+c}{a+b}. \qquad ②$$

①÷②，得

$$\frac{\cos\beta}{\cos\alpha} = \frac{ac+bc}{ab+bc}. \qquad ③$$

若 $\alpha \neq \beta$，不妨设 $\alpha > \beta$，由于 α、β 均为锐角，则 $\cos\alpha < \cos\beta$，从而由③有 $\frac{ac+bc}{ab+bc} > 1$，故 $c > b$。

另一方面，因为 $\alpha > \beta$，所以 $2\alpha > 2\beta$，则 $b > c$，矛盾，这说明 α、β 只能相等，故 $AB = AC$。

证法 3 如图 17-2，设 $\angle ABC = 2\alpha$，$\angle ACB = 2\beta$，过点 C 作 $CF /\!/ BD$，过点 B 作 $BF /\!/ AC$，两线交于点 F，则四边形 $BFCD$ 是平行四边. 所以 $\angle CBF = 2\beta$，$\angle BCF = \alpha$，$BD = CF$. 所以 $CE = CF$，则 $\angle 1 = \angle 2$.

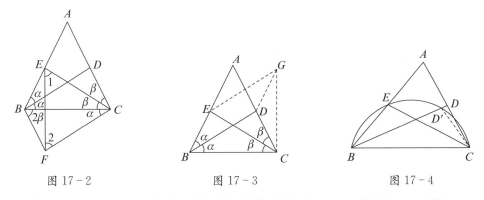

图 17-2　　　　　图 17-3　　　　　图 17-4

在 $\triangle BCE$ 和 $\triangle BCF$ 中，有两边对应相等，若夹角 $\alpha \neq \beta$，不妨设 $\alpha > \beta$，则

$$BF > BE. \tag{④}$$

在 $\triangle BEF$ 中，$\angle BEF = \angle BEC - \angle 1 = 180° - 2\alpha - \beta - \angle 1$

$$= 180° - (\alpha + \beta) - \angle 1 - \alpha, \tag{⑤}$$

$\angle BFE = \angle BFC - \angle 2 = 180° - 2\beta - \alpha - \angle 2$

$$= 180° - (\alpha + \beta) - \angle 2 - \beta. \tag{⑥}$$

比较⑤和⑥，因为 $\alpha > \beta$，所以 $\angle BEF < \angle BFE$，则 $BE > BF$. 这与④矛盾，因此原假设 $\alpha \neq \beta$ 不真.

所以 $\alpha = \beta$ 必成立，从而 $2\alpha = 2\beta$，得 $AB = AC$.

证法 4 如图 17-3，设 $AB \neq AC$，不妨设 $AB > AC$，则 $\beta > \alpha$，在 $\triangle BCE$ 和 $\triangle BCD$ 中，因为 $CE = BD$，$BC = BC$，$\alpha < \beta$，所以

$$CD < BE. \tag{⑦}$$

作平行四边形 $BDGE$，则 $GD = EB$，$EG = BD = CE$，所以 $\angle EGC = \angle ECG$.

又 $\alpha < \beta$，则 $\angle DGC > \angle DCG$，即 $CD > DG = BE$. 这与⑦矛盾，故 $AB > AC$ 不成立. 同理 $AB < AC$ 也不成立，所以 $AB = AC$.

证法 5 如图 17-4，假设 $AB > AC$，则 $\angle ABD < \angle ECA$，在 $\angle ECA$ 中，作 $\angle ECD' = \angle EBD$，交 BD 于 D'，则 B，C，D'，E 四点共圆，且 $\overset{\frown}{ED'} = \overset{\frown}{D'C} < \overset{\frown}{BE}$，由此 $\overset{\frown}{BED'} > \overset{\frown}{ED'C'}$，故 $BD' > CE$，从而 $BD > CE$，这与 $BD = CE$ 矛盾. 所以 $AB > AC$ 不成立. 同理 $AB < AC$ 也不成立. 故 $AB = AC$.

下面我们给出前面提到的最简捷的直接证法.

证法 6 如图 17 - 5,不妨设 $\angle ABC \geqslant \angle ACB$,在 OE 上取 M,使 $\angle OBM = \angle OCD$,连接 BM 延长交 AC 于点 N,则 $\triangle BND \backsim \triangle CNM$.

因为 $CM \leqslant BD$,所以 $BN \geqslant CN$.

所以 $\angle NCB \geqslant \angle OBM + \dfrac{\angle ABC}{2} = \dfrac{\angle ACB}{2} + \dfrac{\angle ABC}{2}$,即 $\angle ACB \geqslant \angle ABC$.

已设 $\angle ABC \geqslant \angle ACB$,

所以 $\angle ABC = \angle ACB$.

所以 $AB = AC$.

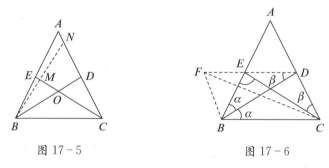

图 17 - 5　　　　　　　图 17 - 6

证法 7 设 $\angle ABC = 2\alpha$,$\angle ACB = 2\beta$,如图 17 - 6,作 DF 使 $\angle BDF = \beta$,作 BF 使 $\angle DBF = \angle CEB$,设 DF 与 BF 交于点 F.在 $\triangle DBF$ 和 $\triangle CEB$ 中,$\angle BDF = \angle ECB$,$\angle DBF = \angle CEB$,且 $BD = EC$,故 $\triangle DBF \cong \triangle CEB$.所以 $\angle BFD = \angle EBC = 2\alpha$,$BF = EB$.

$$\begin{aligned}
\text{所以}\angle FBC &= \angle FBD + \alpha = \angle BEC + \alpha \\
&= 180° - (2\alpha + \beta) + \alpha \\
&= 180° - (\alpha + \beta), \\
\angle CDF &= \angle CDB + \beta \\
&= 180° - (\alpha + 2\beta) + \beta \\
&= 180° - (\alpha + \beta).
\end{aligned}$$

因为 $2\alpha + 2\beta < 180°$,所以 $\alpha + \beta < 90°$.所以 $\angle FBC = \angle CDF > 90°$.

因为 $BC = DF$,$FC = CF$,所以 $\triangle BCF \cong \triangle DFC$(两个三角形有两边及其一边的对角分别相等,且这个角为钝角,则两个三角形全等).所以 $BF = DC$.

因为 $BF = EB$,所以 $DC = EB$.又 $DB = EC$,$BC = CB$,所以 $\triangle DBC \cong \triangle ECB$.

所以 $\angle DCB = \angle EBC$.所以 $AB = AC$.

证法 8　因为 $BD=CE$，由内分角线长公式[见第 9 章公式（$\mathbb{N}$）]，有

$$\frac{1}{a+b}\sqrt{ab\big[(a+b)^2-c^2\big]}=\frac{1}{a+c}\sqrt{ac\big[(a+c)^2-b^2\big]},$$

两边平方，得

$$ab(a+c)^2\big[(a+b)^2-c^2\big]=ac(a+b)^2\big[(a+c)^2-b^2\big],$$

化简，得

$$(b-c)(a^3+a^2b+a^2c+b^2c+bc^2+3abc)=0.$$

因为 $a>0,b>0,c>0$，所以 $a^3+a^2b+a^2c+b^2c+bc^2+3abc>0$.

所以 $b-c=0$，即 $\triangle ABC$ 为等腰三角形.

§17.3　定理的引申与推广

1. 定理的推广

定理 17.1　在 $\triangle ABC$ 中，P 为 $\angle BAC$ 平分线 AD 上异于 D 的任意一点，BP、CP 的延长线分别交 AC、AB 于点 E、F，若 $BE=CF$，则 $AB=AC$.

证明　如图 17 – 7，假设 $AB<AC$，据余弦定理，有

$$CP^2=AC^2+AP^2-2AC\cdot AP\cos\frac{\angle BAC}{2},$$

$$BP^2=AB^2+AP^2-2AB\cdot AP\cos\frac{\angle BAC}{2},$$

两式相减，并整理，得

$$CP^2-BP^2=(AC-AB)\left(AC+AB-2AP\cos\frac{\angle BAC}{2}\right).$$

由几何关系，得

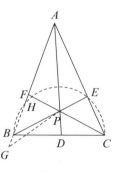

图 17 – 7

$$AD<\frac{1}{2}(AC+AB).$$

又 $AP\cos\dfrac{\angle BAC}{2}<AP<AD$，

所以

$$AC+AB-2AP\cos\frac{A}{2}>0.$$

因为 $AC-AB>0$，所以 $CP^2-BP^2>0$.

所以 $CP>BP$，从而 $\angle PBC>\angle PCB$.

延长 AB 到点 G，使 $AG=AC$，连接 GP，则 $\triangle AGP\cong\triangle ACP$，所以 $\angle AGP=\angle ACP$.

又∠ABP>∠AGP,所以∠ABP>∠ACP.

在 PF 上取点 H,使∠PBH=∠ACP,则 B、C、E、H 共圆.

因为∠PBC>∠PCB,

所以∠HBC>∠ECB,则$\overset{\frown}{HEC}>\overset{\frown}{BHE}$. 所以 CH>BE.

又 CF>CH,所以 CF>BE,与已知矛盾.

故 AB<AC 不成立.

同理 AB>AC 也不成立,所以 AB=AC.

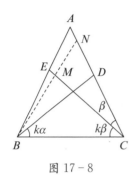

图 17-8

定理 17.2   如图 17-8,设 D、E 分别为△ABC 的边 AC、AB 上的点,BD、CE 分别内分∠ABC、∠ACB 为 1:k,且有 BD=CE,则 AB=AC.

证明   设∠ABD=α,∠ACE=β,则∠DBC=kα,∠ECB=kβ.

若假设∠ABC≥∠ACB,则 α≥β,在 CE 上取点 M,使∠DBM=β,连接 BM 并延长交 AC 于点 N,则△NBD∽△NCM.

因为 CM≤BD,所以 NB≥NC.

从而(k+1)β≥β+kα,则 β≥α,所以∠ACB≥∠ABC.

所以∠ABC=∠ACB.

特别地,当 k=1 时,为斯坦纳-雷米欧司定理.

2. 当外角平分线相等时

斯坦纳-雷米欧司定理是说两内角平分线相等的三角形是等腰三角形,很自然地使我们联想到:两外角平分线相等的三角形是否也为等腰三角形呢? 回答是否定的,有下面的反例为证.

如图 17-9,在△ABC 中,AD、CE 分别为∠CAB、∠ACB 的两外角平分线,∠CAB=12°,∠ABC=36°,∠ACB=132°,AD、CE 为外角平分线,易知∠1=48°,∠2=84°,∠3=48°,所以 AD=AC.

又易知∠4=24°,∠E=12°,AC=CE.

故两条外角平分线 AD=CE,但△ABC 不是等腰三角形.

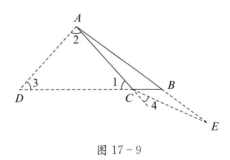

图 17-9

日本的井上仪夫教授将上述条件加强,得到

定理 17.3 两外角平分线相等,且第三角为该三角形的最大或最小内角时,此三角形是等腰三角形.

§17.4 两道以斯坦纳-雷米欧斯定理为背景的赛题

题1 (第31届IMO预选题)设 l 是经过点 C 且平行于 $\triangle ABC$ 的边 AB 的直线, $\angle A$ 的内角平分线交边 BC 于点 D,交 l 于点 E; $\angle B$ 的内角平分线交边 AC 于点 F,交 l 于点 G. 如果 $GF=DE$,试证: $AC=BC$.

命题者爱尔兰都柏林大学教授 Fergus Gaine 坦言,此题是受"斯坦纳—雷米欧斯定理"启发而创作的.

题2 (美国第26届大学生数学竞赛题)如图 17-10,在 $\triangle ABC$ 中, $\angle BAC <$ $\angle ACB < 90° < \angle ABC$,分别作 $\angle BAC$, $\angle ABC$ 的外角平分线,如果它们都等于边 AB,求 $\angle BAC$、$\angle ABC$ 各是多少.

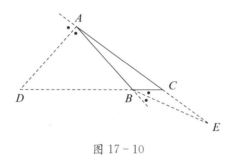

图 17-10

这也是从斯坦纳-雷米欧斯定理引出的一个问题,我国的初中生也能解出. 此题的答案是: $\angle BAC = 12°$, $\angle ABC = 132°$.

§17.5 吴文俊的研究

前面讨论了内角平分线相等和外角平分线相等的情况. 如果当一个内角平分线和外角平分线相等呢,结论如何? 把这些问题彻底弄清的是我国著名数学家吴文俊.

吴教授不是采用传统的几何方法,而是采用他发明的具有里程碑意义的新方法——机器证明的方法(简称"吴法"). 下面是他口述的一段回忆:

我选择了做机器证明,从几何定理的机器证明这个方向突破. 这项研究是从

图 17 - 11

1976 年冬天开始的……

我觉得我有办法,外国人没办法,我有办法!

我对几何定理机器证明有自己明确的想法,但需要验证. 那时我没有计算机,只有一条路:自己用手算! 我当计算机. 用 "吴氏计算机"验证.

为验证我方法的可行性,"吴氏计算机"证明的第一个定理 是费尔巴赫定理. 证明过程涉及的最大多项式有数百项,这一 计算非常困难,任何一步出错都会导致以后的计算失败. 那些 日子里,我把自己当作一部机器一样,没有脑子的只会算,一步一步死板地算,第一 步第二步第三步……,算了多少记不清了,算了废纸一大堆,算得很苦. 下苦功夫倒 没什么,麻烦的是要找出毛病所在. 到后来真正抓住了毛病出在哪儿,这是要靠你 平时的数学修养. 那是相当艰苦的一段经历.

1977 年春节期间,我首次用手算成功地验证了我的机器证明几何定理的方 法. 我非常振奋,接着又用手算验证了其他几个有名的几何定理,也成了. 我知道我 这个方法对了! 真高兴,这是关键的一步.

我的方法非常成功,许多定理一下子就证出来了,当时国外有人验证时能达到 微秒级,在国外相当轰动.

(节选自《走自己的路——吴文俊口述自传》,吴文俊先生口述,院士文库团队整理)

吴教授利用"吴法"对"分角线相等的三角形"的探讨,可以用图 17 - 13(见吴文 俊、吕学礼著《分角线相等的三角形》一书的封面(图 17 - 12)来说明.

图 17 - 12

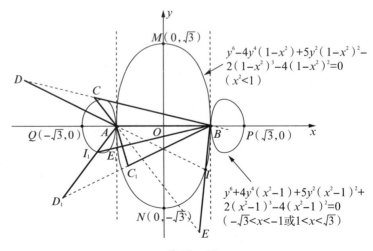

图 17 - 13

如果设 AB 为 2 个单位长度,以其中点为原点,其所在直线为 x 轴建立坐标系,如图 17-13,那么有无数个 $\triangle ABC$,其中 $AC \neq BC$,而外角平分线 AD 等于外角分角线 BE. AD、BE 所在直线交点 I 的坐标 (x, y) 满足方程:

$$y^6 - 4y^4(1-x^2) + 5y^2(1-x^2)^2 - 2(1-x^2)^3 - 4(1-x^2)^2 = 0. \quad (x^2 < 1)$$

其轨迹近似于椭圆,除去 A、B、M、N 四点.

也存在无数个 $\triangle ABC_1$,其中 $AC_1 \neq BC_1$,而外角平分线 AD_1 等于内角分角线 BE_1. AD_1、BE_1 所在直线交点 I_1 的坐标 (x, y) 满足方程:

$$y^6 + 4y^4(x^2-1) + 5y^2(x^2-1)^2 + 2(x^2-1)^3 - 4(x^2-1)^2 = 0.$$

$$(-\sqrt{3} < x < -1 \text{ 或 } 1 < x < \sqrt{3})$$

其轨迹是图 17-13 中两边的两个鹅蛋形,也要除去几个特殊点.

这样就使这个问题得到了完满的解决.

1977 年吴文俊发表在《中国科学》第六期上的《初等几何判定问题与机械化证明》科学论文,掀开了数学机械化这一领域新的一页. 他开创了从公理化到机械化的新路,第一次在计算机上证明了一大类初等几何问题,如西姆松定理、费尔巴赫定理、莫利定理等,还发现了不少新的不平凡的几何定理.

用"吴法"证明一个定理一般仅几秒钟."吴法"的影响是世界性的,著名科学家卡波尔写道:"吴的工作使自动推理领域发生了革命性的变化."吴文俊院士作为数学机械化领域的首席科学家,带领我国数学家在数学机械化领域取得了一系列重大成果,从而确定了以吴文俊院士为首的中国数学机械化学派在国际上的领先地位. 2001 年 3 月,吴文俊因此荣获首届中国科学技术最高奖(图 17-14).

著名计算机科学家美籍华人王浩教授曾说:"要使每个中国数学教师都懂'吴法'."

图 17-14

练习与思考

1. 证明:两条中线相等的三角形是等腰三角形.

2. 证明:两条高线相等的三角形是等腰三角形.

3. 设 l 是经过点 C 且平行于 $\triangle ABC$ 的边 AB 的直线,$\angle A$ 的内角平分线交边 BC 于点 D,交 l 于点 E;$\angle B$ 的内角平分线交边 AC 于点 F,交 l 于点 G. 如果 $GF = DE$,试证:$AC = BC$. (第 31 届 IMO 预选题)

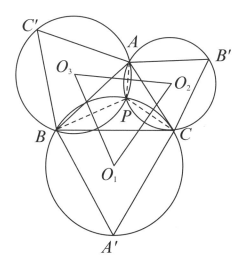

一个国家只有数学蓬勃发展,才能表现它国力的强大.

——拿破仑

一个国家的科学的进步可以用它消耗的数学来度量.

——拉奥

§ 18.1　定理及简史

拿破仑定理　以三角形各边为边分别向外侧作等边三角形,则三个等边三角形的中心构成一个等边三角形.

拿破仑(Napoleon,1769—1821)是法国历史上著名的皇帝、杰出的政治家和军事家. 他很重视数学,曾说:"一个国家只有数学蓬勃发展,才能表现它国力的强大."在数学各领域中,拿破仑更偏爱几何学,在他的戎马生涯中,精湛的几何知识帮了他很大的忙. 他在成为法国的统治者之前,常常和大数学家拉格朗日(J. L. Lagrange,1736—1813)和拉普拉斯(P. S. Laplace,1749—1827)进行讨论,拉普拉斯后来成为拿破仑的首席军事工程师. 在拿破仑执政期间,法国曾云集了一大批世界第一流的数学家. 但是,拿破仑对几

图 18 - 1

何学是否精通到能够独立发现并证明这个定理却是一个疑问,关于拿破仑对几何学的贡献多是些轶事性的传说. 正如加拿大几何学家考克塞特(H. S. M. Coxeter)指出,这一定理虽然已归在拿破仑的名下,但是他是否具备足够的几何学知识作出这项贡献,如同他是否有足够的英语知识写出著名的回文(即倒念顺念一样)

ABLE WAS I ERE I SAW ELBA

一样是值得怀疑的.

但是人们已习惯于把它称为"拿破仑定理",特别地把所得到的正三角形称为"拿破仑三角形".

§ 18.2　定理的证明

证法 1　如图 18 - 2,$\triangle ABC'$、$\triangle BCA'$、$\triangle ACB'$分别为$\triangle ABC$向形外作的等边三角形. 将$\triangle ABB'$绕A点沿顺时针方向旋转$60°$,则点B'与点C重合,点B与点C'重合,故

$$BB' = C'C.$$

同理可得

$$AA' = BB'.$$

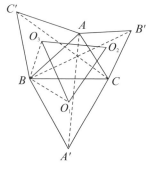

图 18 - 2

所以

$$AA' = BB' = CC'.$$

设 $\triangle ABC$ 三边分别为 a、b、c.

则

$$BO_3 = \frac{\sqrt{3}}{3}c, BO_1 = \frac{\sqrt{3}}{3}a,$$

所以

$$\frac{BO_3}{BO_1} = \frac{c}{a} = \frac{BC'}{BA'}.$$

又

$$\angle O_3 BO_1 = \angle C'BC,$$

所以 $\triangle O_3 BO_1 \backsim \triangle C'BC$，则 $\dfrac{O_3 O_1}{C'C} = \dfrac{\sqrt{3}}{3}$.

同理：

$$\frac{O_1 O_2}{AA'} = \frac{O_2 O_3}{BB'} = \frac{\sqrt{3}}{3}.$$

所以

$$O_1 O_2 = O_2 O_3 = O_3 O_1.$$

故 $\triangle O_1 O_2 O_3$ 为等边三角形.

证法 2 如图 18-3. 因为 $\triangle ABC'$ 和 $\triangle AB'C$ 均为正三角形，设其外接圆交于 A、P 两点，连接 PB、PC、PA.

因为

$$\angle APB + \angle C' = \angle APC + \angle B' = 180°,$$
$$\angle B' = \angle C' = 60°,$$

所以

$$\angle APB = \angle APC = 120°,$$

从而 $\angle BPC = 120°$，故点 P 在正三角形 $A'BC$ 的外接圆上. 所以 $O_3 O_1 \perp PB$，$O_3 O_2 \perp PA$.

所以

$$\angle O_3 = \angle 180° - \angle APB = 60°.$$

同理可证 $\angle O_1 = \angle O_2 = 60°$，

故 $\triangle O_1 O_2 O_3$ 为正三角形.

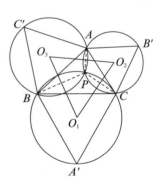

图 18-3

由证法 2,我们可得下面一个重要推论.

推论 以三角形每边为边向外作正三角形,则这三个正三角形的外接圆共点.

这点通常被称为原三角形的费马(P. Fermat)点(见第 24 章).

§18.3 定理的引申与推广

1. 引申

首先,拿破仑定理可表述为:

定理 18.1 以三角形各边为底向外作顶角等于 120°的等腰三角形,则三顶点构成等边三角形.

如图 18 - 4,若我们将图形补充"完整",三顶点变为三个正三角形的中心,问题已不证自明.

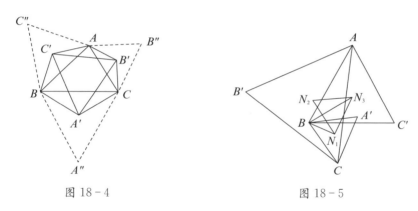

图 18 - 4　　　　　　　　图 18 - 5

其次,我们将"向外侧作正三角形"改为"向内侧作正三角形",又有:

定理 18.2 以三角形各边为边向内侧作等边三角形,则它们的中心构成等边三角形.

证明可仿前面的证法 1、证法 2 对称地写出,但下面我们给出它的另一个证明,由这个证明我们还可以得到一个有趣的"副产品".

证明 如图 18 - 2,在△BO_1O_3 中,有

$$O_1O_3^2 = \frac{1}{3}c^2 + \frac{1}{3}a^2 - \frac{2}{3}ac\cos(\angle ABC + 60°).$$ ①

如图 18 - 5,△ABC'、△BCA'、△CAB' 分别为以△ABC 各边为边向内侧作的正三角形,N_3、N_1、N_2 分别为其中心,在△BN_1N_3 中,

$$N_1N_3^2 = \frac{1}{3}c^2 + \frac{1}{3}a^2 - \frac{2}{3}ac\cos(\angle ABC - 60°).\qquad ②$$

①-②,得 $O_1O_3^2 - N_1N_3^2 = \frac{2}{\sqrt{3}}ac\sin B = \frac{4}{\sqrt{3}}S_{\triangle ABC}$.

同理可得 $O_2O_3^2 - N_2N_3^2 = O_1O_2^2 - N_1N_2^2 = \frac{4}{\sqrt{3}}S_{\triangle ABC}$.

因为 $O_1O_2 = O_2O_3 = O_3O_1$,

所以 $N_1N_2 = N_2N_3 = N_3N_1$,即 $\triangle N_1N_2N_3$ 为正三角形.

为区别于前者,我们不妨把这个三角形称为内拿破仑三角形.

由上面的证明,我们有等式

$$\frac{\sqrt{3}}{4}O_1O_3^2 - \frac{\sqrt{3}}{4}N_1N_3^2 = S_{\triangle ABC}.$$

即有:

定理 18.3 任意三角形的外拿破仑三角形与内拿破仑三角形的面积之差等于原三角形的面积,并且内、外拿破仑三角形有同一中心.

后一结论的证明留给有兴趣的读者.

特别指出,上述结论当 A、B、C 共线时仍成立.关于拿破仑定理.在爱可尔斯定理一章(见第 19 章)我们还会继续讨论.

2. 推广

下面我们把正三角形向相似三角形推广,得到:

定理 18.4 以任意 $\triangle ABC$ 的各边为边向外侧作与其相似的 $\triangle A'BC$、$\triangle CAB'$、$\triangle BC'A$,则它们的外心构成的三角形与这三个三角形相似.

证明 如图 18-6,记 $\angle B' = \alpha$,$\angle C' = \beta$,$\angle A' = \gamma$. 设 $\odot O_3$ 与 $\odot O_2$ 交于 P,则

$$\angle APB = 180° - \beta,$$
$$\angle APC = 180° - \alpha,$$

所以 $\angle BPC = 360° - [360° - (\alpha + \beta)] = 180° - \gamma$. 故点 P 在 $\odot O_1$ 上,从而有

$$O_1O_3 \perp PB, O_2O_1 \perp PC.$$

所以 $\angle O_1 = 180° - \angle BPC = \angle A' = \gamma$.

同理可得,$\angle O_2 = \angle B' = \alpha$,$\angle O_3 = \angle C' = \beta$.

故 $\triangle O_1O_2O_3$ 与三个相似三角形相似. 证毕.

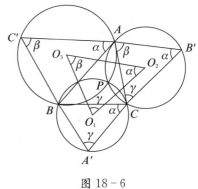

图 18-6

对应于定理 18.2,还有:

定理 18.5 以任意 $\triangle ABC$ 的各边为边向内侧作与其相似的 $\triangle A'CB$、$\triangle CB'A$、$\triangle BAC'$,则它们的外心构成的三角形与这三个三角形相似.

向任意三角形推广,又有:

定理 18.6 在 $\triangle ABC$ 的三边上向外(内)作 $\triangle A'BC$、$\triangle CB'A$、$\triangle ABC'$,使 $\angle A' + \angle B' + \angle C' = 180°$,则这三个三角形的外接圆共点,且它们的外心构成的三角形三角分别等于 $\angle A'$、$\angle B'$、$\angle C'$.

证明类似于定理 18.4,略.

向平行四边形推广,有:

定理 18.7 以平行四边形各边为一边向外侧作正方形,则四个正方形的中心构成一正方形.

略证如下:

证明 如图 18-7,容易得到 $\triangle AO_1O_4 \cong \triangle BO_1O_2 \cong \triangle CO_3O_2 \cong \triangle DO_3O_4$,

所以 $O_4O_1 = O_1O_2 = O_2O_3 = O_3O_4$.

又 $\angle O_4O_1O_2 = 90° - \angle AO_1O_4 + \angle BO_1O_2 = 90°$,

所以四边形 $O_1O_2O_3O_4$ 为正方形,命题得证.

当然也有:

定理 18.8 以平行四边形(非正方形)各边为一边向内侧作正方形,则四个正方形的中心构成正方形.

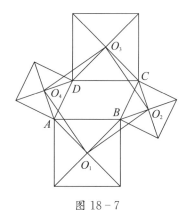

图 18-7

练习与思考

1. 如图,$\triangle A'BC$、$\triangle B'CA$、$\triangle C'AB$ 是以 $\triangle ABC$ 的三边为边向形外作的三个正三角形,O_1、O_2、O_3 为其中心,证明:

(1) 直线 $A'O_1$、$B'O_2$、$C'O_3$ 都经过 $\triangle ABC$ 的外心;

(2) 直线 AO_1、BO_2、CO_3 共点;

(3) 线段 AA'、BB'、CC' 长度相等且他们所在的三条直线共点.

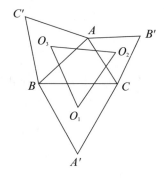

第 1 题图

2. 在任意凸四边形 $ABCD$ 各边上依次轮流向外及向内画等边三角形,证明:所得到的四个新顶点确定一个平行四边形.

3. 若将定理 18.7、定理 18.8 所得的正方形分别叫作外拿破仑正方形和内拿破仑正方形,找出外拿破仑正方形面积与内拿破仑正方形面积之差与平行四边形面积之间的关系.

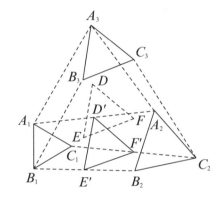

第**19**章

爱可尔斯定理

为什么数学比其他一切科学受到特殊的尊重？一个理由是它的命题是绝对可靠的和无可争辩的. 数学之所以享受声誉还有一个理由，那就是数学给精密自然科学以某种程度的可靠性，没有数学，这些科学是达不到这种可靠性的.

——爱因斯坦

§19.1 定理及简史

爱可尔斯定理 1 若 $\triangle A_1 B_1 C_1$ 和 $\triangle A_2 B_2 C_2$ 都是正三角形,则线段 $A_1 A_2$、$B_1 B_2$、$C_1 C_2$ 的中点构成的三角形也是正三角形.

爱可尔斯定理 2 若 $\triangle A_1 B_1 C_1$、$\triangle A_2 B_2 C_2$、$\triangle A_3 B_3 C_3$ 都是正三角形,则 $\triangle A_1 A_2 A_3$、$\triangle B_1 B_2 B_3$、$\triangle C_1 C_2 C_3$ 的重心构成的三角形也是正三角形.

这是爱可尔斯(Echols)1932 年在美国《数学月刊》上论述过的问题,爱可尔斯定理 1 曾被芜湖市选用作为 1983 年中学生数学竞赛试题.

§19.2 定理的证明

首先我们证明爱可尔斯定理 1,这个定理有多种证法,下面的证明是比较简捷的.

证明 如图 19 - 1,设 $\triangle A_1 B_1 C_1$ 的边长为 a,$\triangle A_2 B_2 C_2$ 的边长为 b,$A_1 A_2$、$B_1 B_2$、$C_1 C_2$ 的中点分别为 D、E、F,延长 $A_1 B_1$、$A_2 B_2$ 相交于点 M,延长 $A_1 C_1$、$A_2 C_2$ 相交于点 N,因为 $\angle M A_1 N = \angle M A_2 N = 60°$,所以 A_1、M、N、A_2 四点共圆. 所以 $\angle M = \angle N$(设为 α,$0° \leqslant \alpha < 180°$). 在四边形 $A_1 B_1 B_2 A_2$ 和四边形 $A_1 C_1 C_2 A_2$ 中,由定理 9.2 得到的公式 6

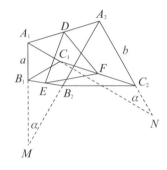

图 19 - 1

$$l = \frac{1}{2}\sqrt{a^2 + b^2 + 2ab\cos\alpha},$$

得 $DE = DF$,同理可得 $DE = EF$. 故 $\triangle DEF$ 为正三角形.

下面证明爱可尔斯定理 2.

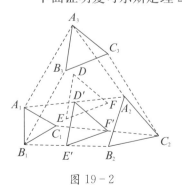

图 19 - 2

证明 设 $A_1 A_2$、$B_1 B_2$、$C_1 C_2$ 的中点分别为 D'、E'、F'(图 19 - 2),则由爱可尔斯定理 1 知 $\triangle D'E'F'$ 为正三角形,又设 D、E、F 分别为 $A_3 D'$、$B_3 E'$、$C_3 F'$ 上的点,且 $\dfrac{A_3 D}{DD'} = \dfrac{B_3 E}{EE'} = \dfrac{C_3 F}{FF'} = 2$,则 D、E、F 分别为 $\triangle A_1 A_2 A_3$、$\triangle B_1 B_2 B_3$、$\triangle C_1 C_2 C_3$ 的重心,由定理 9.2 的公式($*$):

$$l=\frac{1}{m+n}\sqrt{(am)^2+(bn)^2+2am\cdot bn\cos\alpha}$$

中,令$\dfrac{m}{n}=\dfrac{2}{1}$,可得$DE=DF=EF$,即$\triangle DEF$为正三角形.

§ 19.3 定理的推广

1. 爱可尔斯定理 1 的推广

将中点D、E、F推广,可得

定理 19.1 设$\triangle A_1B_1C_1$、$\triangle A_2B_2C_2$均为正三角形,D、E、F分别为A_1A_2、B_1B_2、C_1C_2上的点,且

$$\frac{A_1D}{DA_2}=\frac{B_1E}{EB_2}=\frac{C_1F}{FC_2}=\frac{m}{n},$$

则$\triangle DEF$为正三角形.

根据定理 9.2 中的公式 5 不难得到其证明,留给读者自己写出.

若将正三角形向相似三角形推广,则有

定理 19.2 设$\triangle A_1B_1C_1$、$\triangle A_2B_2C_2$同向相似,D、E、F分别为A_1A_2、B_1B_2、C_1C_2上的点,且

$$\frac{A_1D}{DA_2}=\frac{B_1E}{EB_2}=\frac{C_1F}{FC_2}=\frac{m}{n},$$

则$\triangle DEF$也与$\triangle A_1B_1C_1$及$\triangle A_2B_2C_2$同向相似.

证明 如图 19-3,设A_1B_1、A_2B_2交于点M,A_1C_1、A_2C_2交于点N,$\triangle A_1B_1C_1$的三边为a、b、c,$\triangle A_2B_2C_2$对应的三边为a'、b'、c'.

因为$\angle MA_1N=\angle MA_2N$,所以$A_1$、$M$、$N$、$A_2$四点共圆.所以$\angle M=\angle N=\alpha(0°\leqslant\alpha<180°)$.在四边形$A_1B_1B_2A_2$和四边形$A_1C_1C_2A_2$中,分别由定理 9.2 有

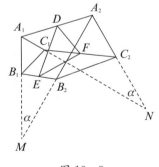

图 19-3

$$DE=\frac{1}{m+n}\sqrt{(c'm)^2+(cn)^2+2\cdot c'm\cdot cn\cdot\cos\alpha},$$

$$DF=\frac{1}{m+n}\sqrt{(b'm)^2+(bn)^2+2\cdot b'm\cdot bn\cdot\cos\alpha}.$$

设$\dfrac{c}{b}=\dfrac{c'}{b'}=k$,则$c=bk$,$c'=b'k$.从而有

$$DE = \frac{1}{m+n}\sqrt{(b'km)^2+(bkn)^2+2 \cdot b'km \cdot bkn \cdot \cos \alpha}$$

$$= k\frac{1}{m+n}\sqrt{(b'm)^2+(bn)^2+2 \cdot b'm \cdot bn \cdot \cos \alpha}$$

$$= k \cdot DF.$$

所以

$$\frac{DE}{DF}=k,\ 即\frac{A_1B_1}{A_1C_1}=\frac{DE}{DF},\ 则\frac{A_1B_1}{DE}=\frac{A_1C_1}{DF}.$$

同理可得

$$\frac{A_1B_1}{DE}=\frac{B_1C_1}{EF}.$$

故 $\triangle DEF$ 与 $\triangle A_1B_1C_1$、$\triangle A_2B_2C_2$ 同向相似.

将三角形向多边形推广,可得

定理 19.3 设 n 边形 $A_1A_2\cdots A_n$ 与 n 边形 $B_1B_2\cdots B_n$ 同向相似,点 D_1、D_2、$\cdots$、D_n 分别在 A_1B_1、A_2B_2、$\cdots$、A_nB_n 上,且

$$\frac{A_1D_1}{D_1B_1}=\frac{A_2D_2}{D_2B_2}=\cdots=\frac{A_nD_n}{D_nB_n}=\frac{m}{n},$$

则 n 边形 $D_1D_2\cdots D_n$ 与 n 边形 $A_1A_2\cdots A_n$ 及 n 边形 $B_1B_2\cdots B_n$ 同向相似.

证明 如图 19-4,因为 n 边形 $A_1A_2\cdots A_n$ 与 n 边形 $AB_1B_2\cdots B_n$ 同向相似,所以有 $\triangle A_1A_2A_n$ 与 $\triangle B_1B_2B_n$ 也同向相似. 由定理 19.2,有 $\triangle D_1D_2D_n$ 与 $\triangle A_1A_2A_n$ 同向相似,得

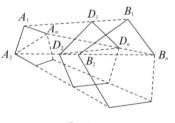

图 19-4

$$\angle D_2D_1D_n=\angle A_2A_1A_n,\frac{A_1A_2}{D_1D_2}=\frac{A_1A_n}{D_1D_n}.$$

将 n 边形每一对应顶点,及夹这角的两边所构成的三角形应用定理 19.2,则可得对应顶角相等,对应边成比例,故 n 边形 $D_1D_2\cdots D_n$ 与 n 边形 $A_1A_2\cdots A_n$ 及 n 边形 $B_1B_2\cdots B_n$ 同向相似.

2. 爱可尔斯定理 2 的推广

定理 19.4 如图 19-5,设 $\triangle A_1B_1C_1$、$\triangle A_2B_2C_2$、$\triangle A_3B_3C_3$ 均为正三角形,D'、E'、F' 分别为 A_1A_2、B_1B_2、C_1C_2 上的点,且

$$\frac{A_1D'}{D'A_2}=\frac{B_1E'}{E'B_2}=\frac{C_1F'}{F'C_2}=\frac{m}{n},$$

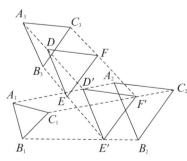

图 19-5

D、E、F 分别为 A_3D'、B_3E'、C_3F' 上的点,且 $\dfrac{A_3D}{DD'}=\dfrac{B_3E}{EE'}=\dfrac{C_3F}{FF'}=\dfrac{s}{t}$,

则 $\triangle DEF$ 为正三角形.

证明 $\triangle A_1B_1C_1$ 与 $\triangle A_2B_2C_2$ 均为正三角形,由已知及定理 19.1 得 $\triangle D'E'F'$ 为正三角形;

同理,对 $\triangle A_3B_3C_3$ 和 $\triangle D'E'F'$ 应用定理 19.1 得 $\triangle DEF$ 为正三角形.

定理 19.5 若 $\triangle A_1B_1C_1$、$\triangle A_2B_2C_2$、$\triangle A_3B_3C_3$ 同向相似,D'、E'、F' 分别为 A_1A_2、B_1B_2、C_1C_2 上的点,且

$$\frac{A_1D'}{D'A_2}=\frac{B_1E'}{E'B_2}=\frac{C_1F'}{F'C_2}=\frac{m}{n},$$

D、E、F 分别为 A_3D'、B_3E'、C_3F' 上的点,且

$$\frac{A_3D}{DD'}=\frac{B_3E}{EE'}=\frac{C_3F}{FF'}=\frac{s}{t},$$

则 $\triangle DEF$ 与原三个三角形同向相似.

证明 由定理 19.2,$\triangle D'E'F'$ 与 $\triangle A_1B_1C_1$ 及 $\triangle A_2B_2C_2$ 同向相似;$\triangle DEF$ 与 $\triangle A_3B_3C_3$ 及 $\triangle D'E'F'$ 同向相似,故 $\triangle DEF$ 与 $\triangle A_1B_1C_1$、$\triangle A_2B_2C_2$、$\triangle A_3B_3C_3$ 同向相似.

定理 19.6 若 n 边形 $A_1A_2\cdots A_n$、n 边形 $B_1B_2\cdots B_n$、n 边形 $C_1C_2\cdots C_n$ 同向相似,D_1'、D_2'、$\cdots$、D_n' 分别为 A_1B_1、A_2B_2、$\cdots$、A_nB_n 上的点,且

$$\frac{A_1D_1'}{D_1'B_1}=\frac{A_2D_2'}{D_2'B_2}=\cdots=\frac{A_nD_n'}{D_n'B_n}=\frac{m}{n},$$

D_1、D_2、$\cdots$、D_n 分别为 C_1D_1'、C_2D_2'、$\cdots$、C_nD_n',上的点,且

$$\frac{C_1D_1}{D_1D_1'}=\frac{C_2D_2}{D_2D_2'}=\cdots=\frac{C_nD_n}{D_nD_n'}=\frac{s}{t},$$

则 n 边形 $D_1D_2\cdots D_n$ 与 n 边形 $A_1A_2\cdots A_n$、n 边形 $B_1B_2\cdots B_n$ 及 n 边形 $C_1C_2\cdots C_n$ 同向相似.

证明 由定理 19.3,n 边形 $D_1'D_2'\cdots D_n'$ 与 n 边形 $A_1A_2\cdots A_n$ 及 n 边形 $B_1B_2\cdots B_n$ 同向相似,n 边形 $D_1D_2\cdots D_n$ 与 n 边形 $D_1'D_2'\cdots D_n'$ 及 n 边形 $C_1C_2\cdots C_n$ 同向相似,所以 n 边形 $D_1D_2\cdots D_n$ 与 n 边形 $A_1A_2\cdots A_n$、n 边形 $B_1B_2\cdots B_n$ 及 n 边形 $C_1C_2\cdots C_n$ 同向相似.

§19.4 定理的应用

例 19.1 如图 19-6,△ABC、△ADE 均为正三角形,F、G、H 分别为 AB、CD、AE 的中点. 求证:△FGH 为正三角形.

证明 对正三角形 ABC 和正三角形 EAD 应用爱可尔斯定理 1,即得△FGH 为正三角形.

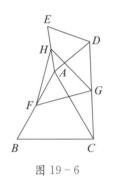

图 19-6

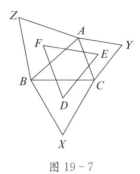

图 19-7

例 19.2 应用爱可尔斯定理证明拿破仑定理.

证明 如图 19-7,对正三角形 XCB、正三角形 CYA、正三角形 BZA,应用爱可尔斯定理 2,即得△DEF 为正三角形.

练习与思考

1. 用爱可尔斯定理证明:正三角形的中点三角形(三边中点所构成的三角形)为正三角形.

2. 如图,已知△ABC 是正三角形,在 AC 的延长线 CE 上作同一侧的正三角形 CDE,AD 中点为 M,BE 中点为 N. 证明:△CMN 也是正三角形.

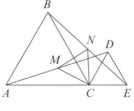

第 2 题图

3. 分别以△ABC 三边为边向三角形外作正三角形 ABZ、正三角形 BCX、正三角形 CAY,求证:△ABC 与△XYZ 有相同的重心.

4. 在以 AB、CD 分别为上、下底的等腰梯形中,对角线 AC、BD 交于点 O,AE⊥BD,垂足为 E,DF⊥AC,垂足为 F. 设 G 为 AD 的中点,当∠AOB＝60°时,△EFG 具有什么特征? 证明你的结论.(武汉市武昌区 1982 年竞赛试题)

5. 以△ABC 的两边 AB、AC 为边向形外作正方形 ABDE 和正方形 ACFG,若 BC、EG 的中心分别为 P、Q,两正方形的中心分别为 R、S. 证明:四边形 PSQR 为正方形.

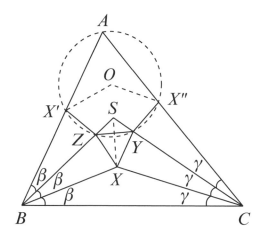

第20章

莫利定理

研究科学最宝贵的精神之一，是创造的精神，是独立开辟荒原的精神，在"山重水复疑无路"的时候，卓越的科学家往往另辟蹊径，创造出"柳暗花明又一村"的境界.

——华罗庚

§20.1 定理及简史

莫利定理 将任意三角形的各角三等分,则与每边相邻的两条三等分分角线的交点构成一等边三角形.

这一定理曾作为 1982 年上海市高中赛题压轴题.

这是一个令人惊叹的结果,它是在欧氏几何经过几千年的锤炼之后、所能发现的为数极少的新定理之一. 莫利(F. Morley,1860—1937)是美国著名的代数几何学家. 克莱因说:"欧几里得几何学的一条新奇的定理,在 1899 年被 Johns Hopkins 大学数学教授 F. Morley 发现,后来许多人发表了它的证明." 莫利于 1904 年给英国剑桥的一位朋友的信中提到这一定理,20 年后,才在日本发表. 在此期间,该定理作为问题出现在《教育时报》(Educatonal Times)上. 1924 年莫利透露了他发现这个定理的过程. 这位英裔几何学家的最后 50 年是在美国度过的,但是没有放弃英国国籍. 莫利不仅是第一流的数学家,而且棋艺精湛,曾因一度战胜过当时的世界冠军拉斯克尔而声誉鹊起.

1909 年,一位叫纳拉尼恩加(Naraniengar)的数学家给出了这一问题的非常吸引人的证明,就初等方法而言,这个证明的简易性,到现在为止仍是首屈一指的. 这个证明在 1922 年由契尔德(J. M. Child)重新发现.

在例 1.2(月牙定理)中我们就说过,在数学史上人们对用尺规进行几何作图表现出特别的兴趣. 用尺规不可能三等分任意角的事实,使人们逐渐地不去注意涉及角的三等分线问题,这或许是这个令人赏心悦目的定理姗姗来迟的缘由.

特别值得一提的是:我国著名数学家吴文俊院士也研究过这一问题,他是通过机器证明,取得了成功. 在《吴文俊论数学机械化》专著(见该书 478—484 页)中有详细论述.

§20.2 定理的证明

首先我们介绍纳拉尼恩加证法:

证法 1 如图 20 - 1. 设 $\triangle ABC$ 的 $\angle BAC = 3\alpha$,$\angle ABC = 3\beta$,$\angle BCA = 3\gamma$,与 BC 边相邻的两条三等分分角线相交于点 X,$\angle ABC$ 和 $\angle BCA$ 的另两条三等分分角线相交于点 S,则 X 为 $\triangle SBC$ 的内心,从而 XS 平分 $\angle BSC$.

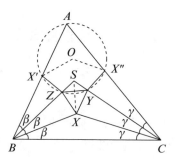

图 20－1

在 SX 两侧分别作 $\angle SXZ = \angle SXY = 30°$，$Z$、$Y$ 分别在 BS、CS 上，则 $\triangle SXZ \cong \triangle SXY$，所以 $XZ = XY$。

又 $\angle ZXY = 60°$，所以 $\triangle XYZ$ 为等边三角形。

下证 AZ、AY 三等分 $\angle A$。

分别在 BA、CA 上截取 $BX' = BX$，$CX'' = CX$，则 $\triangle BZX \cong \triangle BZX'$，从而 $ZX' = ZX = ZY$。

同理有 $YX'' = ZY$，所以 $X'Z = ZY = YX''$。

易得

$$\angle X'ZY = 360° - 2\angle BZX - 60°$$

$$= 360° - 2\left(\frac{\angle ZSY}{2} + 30°\right) - 60°$$

$$= 240° - \angle ZSY$$

$$= 240° - (180° - 2\beta - 2\gamma)$$

$$= 60° + 2(\beta + \gamma)$$

$$= 60° + 2(60° - \alpha)$$

$$= 180° - 2\alpha.$$

同理可证 $\angle ZYX'' = 180° - 2\alpha$。

作 $\triangle X'ZY$ 的外接圆 O，由对称性知 X'' 也在 $\odot O$ 上，易证圆心角 $\angle X'OZ = \angle ZOY = \angle YOX'' = 2\alpha$，故 $\angle X'OX'' = 6\alpha$。

又 $\angle A = 3\alpha$，所以点 A 也在 $\odot O$ 上。

又弦 $X'Z = ZY = YX''$，得 AZ、AY 为 $\angle A$ 的三等分线，从而命题得证。

证法 2 如图 20－2，设 $\angle BAC = 3\alpha$，$\angle ABC = 3\beta$，$\angle BCA = 3\gamma$，$AY = m$，$AZ = n$，$CB = a$，$AB = c$，$AC = b$。

因为 $3\alpha + 3\beta + 3\gamma = 180°$，

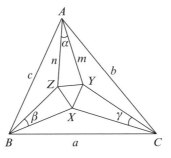

图 20-2

所以
$$\alpha+\beta+\gamma=60°$$
$$\alpha+\beta=60°-\gamma.$$

在△AZB中应用正弦定理,有
$$\frac{n}{c}=\frac{\sin\beta}{\sin(\alpha+\beta)}.$$

由此
$$n=\frac{c\sin\beta}{\sin(\alpha+\beta)}=\frac{c\sin\beta}{\sin(60°-\gamma)}.$$

类似可得
$$m=\frac{b\sin\gamma}{\sin(60°-\beta)}.$$

在△ABC中,由正弦定理,有
$$\frac{b}{c}=\frac{\sin 3\beta}{\sin 3\gamma},$$

所以
$$\frac{m}{n}=\frac{\sin 3\beta\sin\gamma\sin(60°-\gamma)}{\sin 3\gamma\sin\beta\sin(60°-\beta)}.$$

应用恒等式
$$\sin 3\beta=4\sin\beta\sin(60°+\beta)\sin(60°-\beta),$$

可把上式简化为
$$\frac{m}{n}=\frac{\sin(60°+\beta)}{\sin(60°+\gamma)}.$$

下面证明$\angle AZY=60°+\beta$,$\angle AYZ=60°+\gamma$.

事实上,因为$\alpha+\beta+\gamma=60°$,则以α、$60°+\gamma$和$60°+\beta$为内角的三角形是存在的,设这三角形为$\triangle A'B'C'$,则它夹角为α两边之比值为
$$\frac{\sin(60°+\beta)}{\sin(60°+\gamma)}=\frac{m}{n}.$$

又$\angle YAZ = \alpha$，所以$\triangle AYZ \backsim \triangle A'B'C'$.

于是$\angle AZY = 60° + \beta$，$\angle AYZ = 60° + \gamma$.

同理可证$\angle BZX = 60° + \alpha$.

因为

$$\angle AZB = 180° - (\alpha + \beta) = 180° - (60° - \gamma) = 120° + \gamma,$$

而

$$\angle YZA + \angle AZB + \angle BZX = 60° + \beta + 120° + \gamma + 60° + \alpha = 300°,$$

所以$\angle XZY = 60°$.

类似可证：$\angle XYZ = \angle YXZ = 60°$，从而$\triangle XYZ$为等边三角形. 通常称$\triangle XYZ$为内莫利三角形.

莫利定理还有下面的逆定理.

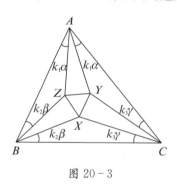

图 20 - 3

逆定理 如图 20 - 3，设任意$\triangle ABC$的内角分别为α、β、γ，在三角形内作AZ、AY，使$\angle ZAB = \angle YAC = k_1\alpha$；作$BZ$、$BX$，使$\angle ZBA = \angle XBC = k_2\beta$；作$CX$、$CY$，使$\angle XCB = \angle YCA = k_3\gamma$，其中$k_1$、$k_2$、$k_3$取值于区间$\left(0, \dfrac{1}{2}\right)$，若对于任意$\triangle ABC$，$\triangle XYZ$皆为正三角形，则$k_1 = k_2 = k_3 = \dfrac{1}{3}$.

其证明较繁，这里略去.

§20.3 定理的推广

把内角平分线改为外角平分线，则有

定理 20.1 将任意三角形的三外角三等分，则与每边相邻的三等分线的交点构成一等边三角形.

证明 如图 20 - 4，设$\triangle ABC$的$\angle BAC$、$\angle ABC$、$\angle BCA$的外角分别为3α、3β、3γ，则$\alpha + \beta + \gamma = 120°$，且$\alpha$、$\beta$、$\gamma$中至少有一个不小于$40°$. 不妨设$\alpha \geqslant 40°$，则$\beta + \gamma \leqslant 80°$，即$2\beta + 2\gamma \leqslant 160°$. 设与$BC$相邻的两条三等分线交于点$X$，另两条三等分线交于点$S$，则点$S$

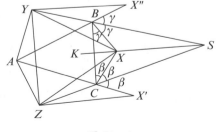

图 20 - 4

与点 A 在 BC 两侧,且 XS 平分 $\angle BSC$,故

$$\frac{1}{2}\angle BSC = \frac{1}{2}(180° - 2\beta - 2\gamma)$$

$$= \frac{1}{2}\left[180° - (240° - 2\alpha)\right]$$

$$= \alpha - 30°.$$

延长 SX 至 K,在 SB、SC 的延长线上分别取点 Z、Y,使 $\angle KXZ = \angle KXY = 30°$,则 $\triangle SXZ \cong \triangle SXY$,所以 $XZ = XY$,又 $\angle ZXY = 60°$,故 $\triangle XYZ$ 为等边三角形.

下证 AZ、AY 为 $\angle BAC$ 的外角的三等分线.

设点 X 关于 SB、SC 的对称点分别为 X'、X'',则 $X'Z = ZX = ZY = YX''$,

$$\angle X'ZY = \angle X''YZ = 60° + 2\angle SZX$$

$$= 60° + 2\left(30° - \frac{\angle BSC}{2}\right)$$

$$= 60° + 2(30° - \alpha + 30°)$$

$$= 180° - 2\alpha.$$

同莫利定理的证法 1 一样,X'、Z、Y、X'' 内接于圆,且 $X'Z$、ZY、YX'' 所对的圆心角均为 2α.

从而优弧 $\overparen{X'ZYX''}$ 所对的圆周角为 3α(优弧是因为 $\alpha \geq 40°$),劣弧 $X'X''$ 所对圆周角为 $180° - 3\alpha = \angle X'AX''$.

所以点 A 在圆上,故 $\angle ZAX' = \angle YAX'' = \alpha$.

所以 AY,AZ 为 $\angle BAC$ 的外角三等分线,命题得证.

$\triangle XYZ$ 通常被称为外莫利三角形.

定理 20.2 在任意三角形的每一内角的两条三等分线与不相邻的两外角的四条三等分线中,与每边相邻的两线的交点构成一正三角形.

上述三角形通常被称为旁莫利三角形. 一个三角形有三个旁莫利三角形.

证明仿上,略.

1939 年,法国数学家勒贝格(Lebesgus,1875—1941)在一篇论文中指出,在三角形所有三等分线的交点中,可以指出 27 个点,它们都是等边三角形的顶点. 而利用我国数学家吴文俊(1919—2017)发明的"吴法"(机器证明)发现,同时考虑三角形的内、外角的三等分线,可以构造出 27 个三角形,其中有 18 个是正三角形,另外 9 个不是正三角形.

练习与思考

1. 设三角形的三个内角是 3α、3β、3γ，外接圆半径是 R，则三内角的三等分线所交的正三角形边长是 $8R\sin\alpha\sin\beta\sin\gamma$.

2. 如图，若 $\triangle ABC$ 的内莫利三角形为 $\triangle XYZ$，则 AX、BY、CZ 三线共点.

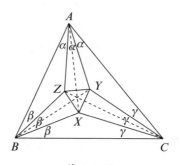

第 2 题图

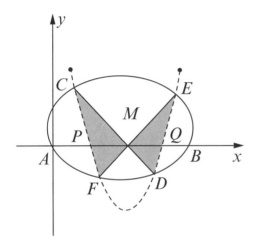

第21章

蝴蝶定理

山阴道上,应接不暇.

——王献之

如果我感到忧伤,我会做数学变得快乐;如果我正快乐,我会做数学保持快乐.

——雷尼

§21.1 定理及简史

蝴蝶定理 过圆中 AB 弦的中点 M 引任意两弦 CD 和 EF，连接 CF 和 ED 分别交 AB 于点 P、Q，则 $PM=MQ$.

因为该定理的图形（如图 21-1）像只翩翩起舞的蝴蝶，故因此而得名. 这一问题最先出现在 1815 年英国一本很有名望的杂志《男士日记》(Gentleman's Diary) 的问题征解栏上. 第一个证明由一位叫霍纳 (W. G. Horner, 1786—1837) 的英国人于同一年给出，但十分繁琐. 由于它图形美丽，意义深刻，故而引起人们广泛的兴趣. 但在 1972 年以前，人们都把它看成一个著名的几何难题，因为在这之前，所给出的证明都比较复

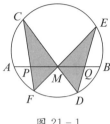

图 21-1

杂，或并非初等. 难怪 1972 年艾维斯在他的《几何概观》中写道："如果限用高中几何知识的话，这的确是一个棘手的问题."

1973 年，一位叫斯特温 (Steven) 的中学教师给出了一个漂亮的初等证明. 1983 年，中国科技大学单墫博士给出了一个简捷的解析证明. 1964 年，美国第 24 届大学生数学竞赛曾以此定理作为竞赛题. 我国 1990 年也曾把此定理作为全国数学冬令营试题. 这些年来研究者不乏其人，使得这只翩翩起舞的蝴蝶栖止不定，千变万化.

§21.2 定理的证明

下面的证法 1 是斯特温给出的.

证法 1 （构造恒等式法）由图 21-2 知，有四对相等的角 α、β、γ、δ，若设 $PM=x$，$MQ=y$，$AM=MB=a$，则有

$$\frac{S_{\triangle CMP}}{S_{\triangle QEM}} \cdot \frac{S_{\triangle QEM}}{S_{\triangle PFM}} \cdot \frac{S_{\triangle PFM}}{S_{\triangle QMD}} \cdot \frac{S_{\triangle QMD}}{S_{\triangle CMP}}=1.$$

即 $\dfrac{CM \cdot CP\sin \alpha}{EM \cdot EQ\sin \alpha} \cdot \dfrac{EM \cdot MQ\sin \gamma}{FM \cdot PM\sin \gamma} \cdot \dfrac{FP \cdot FM\sin \beta}{DM \cdot DQ\sin \beta} \cdot$

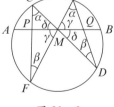

图 21-2

$\dfrac{MQ \cdot DM\sin \delta}{PM \cdot CM\sin \delta}=1.$

化简，得

$$CP \cdot FP \cdot (MQ)^2=EQ \cdot DQ \cdot (PM)^2.$$

由相交弦定理,得

$$CP \cdot FP = AP \cdot PB = (a-x)(a+x) = a^2 - x^2,$$

$$EQ \cdot DQ = AQ \cdot QB = (a+y)(a-y) = a^2 - y^2.$$

所以

$$(a^2 - x^2)y^2 = (a^2 - y^2)x^2, 则 x^2 = y^2.$$

因为 x、y 都大于零,上式仅在 $x=y$ 时成立,所以

$$PM = MQ.$$

证法 2 (反证法)仍采用前面的记号,假设 $QM < PM$,也即 $x > y$,则有 $a^2 - x^2 < a^2 - y^2$,即 $AP \cdot PB < AQ \cdot QB$,于是 $CP \cdot FP < EQ \cdot DQ$,据正弦定理有

$$CP = \frac{\sin \delta}{\sin \alpha}PM, FP = \frac{\sin \gamma}{\sin \beta}PM,$$

$$EQ = \frac{\sin \gamma}{\sin \alpha}MQ, DQ = \frac{\sin \delta}{\sin \beta}MQ.$$

代入最后一个不等式就有 $PM^2 < MQ^2$,这与假设 $PM > QM$ 矛盾,故不可能有 $PM > QM$. 同理也不可能有 $PM < QM$.

所以 $PM = MQ$.

证法 3 (计算法)如图 21-3,过点 P 作 $PH \perp EF$,$PG \perp CD$,垂足为 H、G,过点 Q 作 $QK \perp CD$,$QL \perp EF$,垂足为 K、L,其他同上所设.

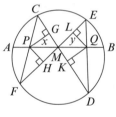

图 21-3

则有

$$\frac{x}{y} = \frac{PG}{QK} = \frac{PH}{QL}.$$

从而

$$\frac{x^2}{y^2} = \frac{PG \cdot PH}{QK \cdot QL} = \frac{PG}{QL} \cdot \frac{PH}{QK}.$$

因为

$$\frac{PG}{QL} = \frac{CP}{EQ}, \frac{PH}{QK} = \frac{PF}{QD}.$$

所以

$$\frac{x^2}{y^2} = \frac{CP \cdot PF}{EQ \cdot QD} = \frac{AP \cdot PB}{AQ \cdot QB}$$

$$= \frac{(a-x)(a+x)}{(a+y)(a-y)} = \frac{a^2 - x^2}{a^2 - y^2}.$$

所以 $x=y$,即 $PM = QM$.

证法 3 是加拿大的考塞特(Coxeter)教授给出的. 下面给出另一个初等证明.

证法 4（综合法）如图 21-4，作 E 关于 OM 的对称点

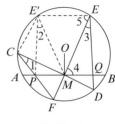

E'，连接 PE'、$E'M$、$E'C$，则 $EM=E'M$.

因为 $\angle E'MA=\angle 4=\angle 5$，

所以 $\angle E'MA+\angle E'CP=\angle 5+\angle E'CP=180°$.

故 E'、C、P、M 四点共圆. 所以 $\angle 1=\angle 2=\angle 3$.

进一步有 $\triangle E'PM\cong\triangle EQM$.

故 $PM=QM$.

图 21-4

最后，我们介绍一个漂亮的解析证法，这是中国科技大学单墫博士给出的.

证法 5（解析法）如图 21-5，以点 M 为原点，AB 为 x 轴建立直角坐标系

xOy，则圆的方程为：

$$x^2+(y+m)^2=R^2.$$

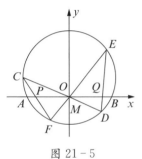

直线 CD 的方程：$y=k_1x$，直线 EF 的方程：$y=k_2x$.

由于圆和两相交直线组成的二次曲线系为

$$\mu[x^2+(y+m)^2-R^2]+\lambda(y-k_1x)(y-k_2x)=0.$$

令 $y=0$，知点 P 和点 Q 的横坐标满足二次方程

$$(\mu+\lambda k_1k_2)x^2+\mu(m^2-R^2)=0.$$

因为一次项系数为零，

所以两根 x_1 与 x_2 之和为零，即 $x_1=-x_2$.

图 21-5

所以 $PM=QM$.

当然还有不等式法、面积法、三角法、极坐标法等多种方法，在此不一一介绍.

逆定理 设 AB、CD、EF 是交于一点 M 的 $\odot O$ 的三条不同的弦，CF、ED 分别交 AB 于 P、Q 两点，若 $PM=QM$，则点 M 平分 AB.

证明 如图 21-2 所设. 仍采用证法 1 中的恒等式，有

$$\frac{CM\cdot CP\sin\alpha}{EM\cdot EQ\sin\alpha}\cdot\frac{EM\cdot MQ\sin\gamma}{FM\cdot PM\sin\gamma}\cdot\frac{FP\cdot FM\sin\beta}{DM\cdot DQ\sin\beta}\cdot\frac{MQ\cdot DM\sin\delta}{PM\cdot CM\sin\delta}=1.$$

得

$$CP\cdot FP\cdot MQ^2=EQ\cdot DQ\cdot PM^2.$$

因为

$$PM=QM,$$

所以

$$CP\cdot FP=EQ\cdot DQ.$$

又
$$CP \cdot FP = AP \cdot PB,$$
$$EQ \cdot DQ = AQ \cdot QB,$$

所以
$$AP \cdot PB = AQ \cdot QB,$$

即
$$(AM - PM)(MB + PM) = (AM + MQ)(MB - MQ).$$

化简即得
$$AM = MB.$$

§ 21.3 定理的变形、引申与推广

1. 梯形中的蝴蝶定理

定理 21.1 如图 21-6,在梯形 $ABCD$ 中,$AD \parallel BC$,则两条对角线与两腰构成 $\triangle ABM$ 和 $\triangle DCM$,设面积分别为 S_1、S_2,则 $S_1 = S_2$.

证明 由等底等高,易知 $S_{\triangle ABC} = S_{\triangle DBC}$,等式两边同时减去 $S_{\triangle MBC}$,即得 $S_1 = S_2$.

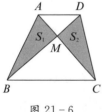

图 21-6

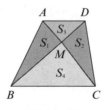

图 21-7

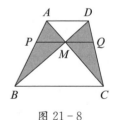

图 21-8

定理 21.2 如图 21-7,在梯形 $ABCD$ 中,$AD \parallel BC$,设两条对角线相交构成的四个三角形面积分别为 S_1、S_2、S_3、S_4,则 $S_1 \cdot S_2 = S_3 \cdot S_4$.

证明 根据等高的三角形的面积比等于底的比,有
$$\frac{S_1}{S_3} = \frac{S_4}{S_2} = \frac{BM}{MD},$$

即得 $S_1 \cdot S_2 = S_3 \cdot S_4$.

定理 21.3 如图 21-8,在梯形 $ABCD$ 中,$AD \parallel BC$,过两条对角线交点 M 作 $PQ \parallel BC$ 交 AB 于点 P,交 DC 于点 Q,则 $PM = MQ$.

证明 因为 $PQ \parallel BC$,所以 $\dfrac{PM}{BC} = \dfrac{AP}{AB}$,$\dfrac{MQ}{BC} = \dfrac{DQ}{DC}$,$\dfrac{AP}{AB} = \dfrac{DQ}{DC}$.

所以$\dfrac{PM}{BC}=\dfrac{MQ}{BC}$,$PM=MQ$.

2. 角上的蝴蝶定理

定理 21.4　设 A、B 分别为 $\angle S$ 两边上的点,过线段 AB 的中点 M,任作两条直线分别交 $\angle S$ 的两边于点 C、D 和点 E、F,连接 CF、ED 分别交 AB(或延长线)于点 P、Q(图 21-9),则 $PM=MQ$.

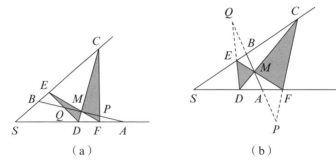

图 21-9

证明　如图 21-9(a),分别把 $\triangle MAD$、$\triangle MBC$、$\triangle SCD$、$\triangle SAB$ 看成梅氏三角形,直线 PFC、DEQ、EMF、FME 看成对应的梅氏直线,则有

$$\frac{MP}{PA}\cdot\frac{AF}{FD}\cdot\frac{DC}{CM}=1,$$

$$\frac{MD}{DC}\cdot\frac{CE}{EB}\cdot\frac{BQ}{QM}=1,$$

$$\frac{SE}{EC}\cdot\frac{CM}{MD}\cdot\frac{DF}{FS}=1,$$

$$\frac{SF}{FA}\cdot\frac{AM}{MB}\cdot\frac{BE}{ES}=1.$$

四式相乘,化简,得

$$\frac{MP}{PA}\cdot\frac{AM}{MB}\cdot\frac{BQ}{QM}=1.$$

由 $AM=MB$,得

$$\frac{AP}{PM}=\frac{BQ}{QM},即\frac{AP+PM}{PM}=\frac{BQ+QM}{QM}.$$

所以 $\dfrac{AM}{PM}=\dfrac{BM}{QM}$,则 $PM=QM$.

同理可证图 21-9(b)的情形.

3. 筝形上的蝴蝶定理

筝形　如果在凸四边形 $ABCD$ 中，$AB=BC$ 且 $CD=AD$，那么四边形 $ABCD$ 为筝形．其中 AC 叫作筝形的横架，BD 叫作筝形的中线．

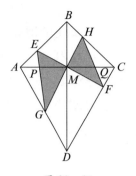

图 21-10

定理 21.5　如果四边形 $ABCD$ 是以 BD 为中线的筝形，过其对角线交点 M 作两直线分别与 AB、CD 交于点 E、F，与 AD、BC 交于点 G、H，连接 EG、HF 分别交 AC 于点 P、Q，则 $MP=MQ$．

证明　设 $MA=MC=a$，$MP=x$，$MQ=y$，则有

$$\frac{x}{a-x}\cdot\frac{a-y}{y}=\frac{MP}{AP}\cdot\frac{CQ}{MQ}=\frac{S_{\triangle MEG}}{S_{\triangle AEG}}\cdot\frac{S_{\triangle CHF}}{S_{\triangle MHF}}$$

$$=\frac{ME}{MF}\cdot\frac{MG}{MH}\cdot\frac{CH\cdot CF}{AE\cdot AG}$$

$$=\frac{S_{\triangle AEC}}{S_{\triangle AFC}}\cdot\frac{S_{\triangle AGC}}{S_{\triangle AHC}}\cdot\frac{CH\cdot CF}{AE\cdot AG}$$

$$=\frac{S_{\triangle AEC}}{S_{\triangle AHC}}\cdot\frac{S_{\triangle AGC}}{S_{\triangle AFC}}\cdot\frac{CH\cdot CF}{AE\cdot AG}$$

$$=\frac{AE\cdot AC}{CH\cdot AC}\cdot\frac{AG\cdot AC}{CF\cdot AC}\cdot\frac{CH\cdot CF}{AE\cdot AG}$$

$$=1,$$

即有 $x(a-y)=y(a-x)$，$ax=ay$，所以 $x=y$，即 $MP=MQ$．此题曾作为我国 1990 全国数学冬令营试题．

4. 一般四边形上的蝴蝶定理

定理 21.6　如果四边形 $ABCD$ 的对角线 AC、BD 交于 AC 的中点 M，过 M 作两直线分别与 AB、CD 交于点 E、F，与 AD、BC 交于点 G、H，连接 EG、HF，分别交 AC 于点 P、Q，则 $MP=MQ$．

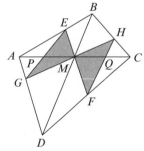

图 21-11

证明　如图 21-11，设 $MA=MC=a$，$MP=x$，$MQ=y$．则有

$$\frac{x}{a-x}\cdot\frac{a-y}{y}=\frac{MP}{AP}\cdot\frac{CQ}{MQ}=\frac{S_{\triangle MEG}}{S_{\triangle AEG}}\cdot\frac{S_{\triangle CHF}}{S_{\triangle MHF}}$$

$$=\frac{S_{\triangle MEG}}{S_{\triangle MHF}}\cdot\frac{S_{\triangle CHF}}{S_{\triangle CBD}}\cdot\frac{S_{\triangle CBD}}{S_{\triangle ABD}}\cdot\frac{S_{\triangle ABD}}{S_{\triangle AEG}}$$

$$=\frac{ME \cdot MG}{MH \cdot MF} \cdot \frac{CH \cdot CF}{CB \cdot CD} \cdot \frac{MC}{AM} \cdot \frac{AB \cdot AD}{AE \cdot AG}$$

$$=\frac{ME}{MF} \cdot \frac{MG}{MH} \cdot \frac{CH}{CB} \cdot \frac{CF}{CD} \cdot \frac{AB}{AE} \cdot \frac{AD}{AG}$$

$$=\frac{S_{\triangle ACE}}{S_{\triangle ACF}} \cdot \frac{S_{\triangle ACG}}{S_{\triangle ACH}} \cdot \frac{S_{\triangle ACH}}{S_{\triangle ACB}} \cdot \frac{S_{\triangle ACF}}{S_{\triangle ACD}} \cdot \frac{S_{\triangle ACB}}{S_{\triangle ACE}} \cdot \frac{S_{\triangle ACD}}{S_{\triangle ACG}}$$

$$=1,$$

即有 $x(a-y)=y(a-x)$，$ax=ay$，所以 $x=y$，即 $MP=MQ$.

定理 21.7 设 M 是四边形 $ABCD$ 对角线的交点，过 M 作两直线分别与 AB、CD 交于点 E、F，与 AD、BC 交于点 G、H，连接 EG、HF，分别交 AC 于点 P、Q，则

$$\frac{MP}{AP} \cdot \frac{CQ}{MQ}=\frac{MC}{MA} \text{ 或 } \frac{1}{MP}-\frac{1}{MQ}=\frac{1}{MA}-\frac{1}{MC}.$$

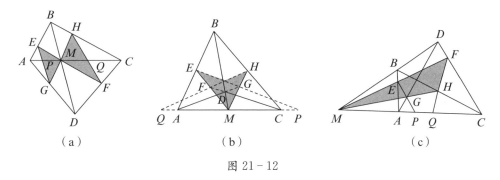

图 21-12

证明 如图 21-12(a)，则有

$$\frac{MP}{AP} \cdot \frac{CQ}{MQ}=\frac{S_{\triangle MEG}}{S_{\triangle AEG}} \cdot \frac{S_{\triangle CHF}}{S_{\triangle MHF}}$$

$$=\frac{S_{\triangle MEG}}{S_{\triangle MHF}} \cdot \frac{S_{\triangle CHF}}{S_{\triangle CBD}} \cdot \frac{S_{\triangle CBD}}{S_{\triangle ABD}} \cdot \frac{S_{\triangle ABD}}{S_{\triangle AEG}}$$

$$=\frac{ME \cdot MG}{MH \cdot MF} \cdot \frac{CH \cdot CF}{CB \cdot CD} \cdot \frac{MC}{MA} \cdot \frac{AB \cdot AD}{AE \cdot AG}$$

$$=\frac{ME}{MF} \cdot \frac{MG}{MH} \cdot \frac{CH}{CB} \cdot \frac{CF}{CD} \cdot \frac{AB}{AE} \cdot \frac{AD}{AG} \cdot \frac{MC}{MA}$$

$$=\frac{S_{\triangle ACE}}{S_{\triangle ACF}} \cdot \frac{S_{\triangle ACG}}{S_{\triangle ACH}} \cdot \frac{S_{\triangle ACH}}{S_{\triangle ACB}} \cdot \frac{S_{\triangle ACF}}{S_{\triangle ACD}} \cdot \frac{S_{\triangle ACB}}{S_{\triangle ACE}} \cdot \frac{S_{\triangle ACD}}{S_{\triangle ACG}} \cdot \frac{MC}{MA}$$

$$=\frac{MC}{MA}.$$

需要指出的是，此结论对于凸四边形[图 21-12(a)]、凹四边形[图 21-12(b)]和折四边形[图 21-12(c)]都是成立的. 其证明可一字不改地写出. 而且若 $MA=$

MC, 则有 $MP = MQ$.

定理 21.8 设 M 是四边形 $WXYZ$ 对角线的交点(如图 $21-13$), AC 过点 M, 交 WX 于点 A, 交 YZ 于点 C, 过 M 作直线分别与 WZ、XY 交于点 E、F, 连接 WF、EY, 分别交 AC 于点 P、Q, 则

$$\frac{MP}{AP} \cdot \frac{CQ}{MQ} = \frac{MC}{MA} \text{ 或 } \frac{1}{MP} - \frac{1}{MQ} = \frac{1}{MA} - \frac{1}{MC}.$$

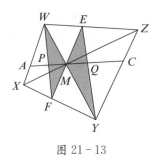 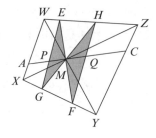

图 $21-13$　　　　　　　　　图 $21-14$

定理 21.9 设 M 是四边形 $WXYZ$ 对角线的交点(如图 $21-14$), AC 过点 M, 交 WX 于点 A, 交 YZ 于点 C, 过 M 作两直线分别与 WZ、XY 交于点 E、F 和点 H、G, 连接 EG、HF 分别交 AC 于点 P、Q, 则

$$\frac{MP}{AP} \cdot \frac{CQ}{MQ} = \frac{MC}{MA} \text{ 或 } \frac{1}{MP} - \frac{1}{MQ} = \frac{1}{MA} - \frac{1}{MC}.$$

定理 21.10 设 M 是四边形 $WXYZ$ 对角线的交点(如图 $21-15$), AC 过点 M, 交 WX 于点 A, 交 YZ 于点 C, 过 M 作直线与 WX、YZ 分别交于点 E、F, 过 M 作直线与 WZ、XY 分别交于点 H、G, 连接 EG, HF 分别交 AC 于点 P、Q, 则

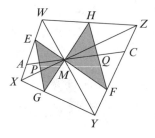

图 $21-15$

$$\frac{MP}{AP} \cdot \frac{CQ}{MQ} = \frac{MC}{MA} \text{ 或 } \frac{1}{MP} - \frac{1}{MQ} = \frac{1}{MA} - \frac{1}{MC}.$$

显然, 上述结论, 当 $MA = MC$ 时, 均有 $MP = MQ$.

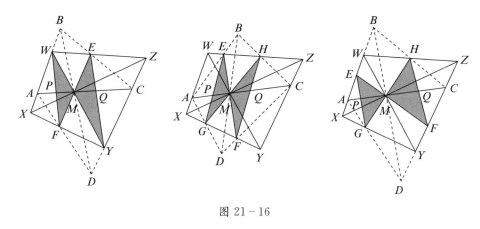

图 21 - 16

从图 21 - 16,我们可以看到四边形定理 21.8、定理 21.9、定理 21.10 与定理 21.7 之间的关系.

张景中院士说:"四边形蝴蝶定理比圆内蝴蝶定理的内容更丰富,变化更多. 因为圆一定是凸的,但四边形还有凹的和星形的."

5. 定理的推广

首先容易想到的是,如果连接 CE、DF,分别与 AB 延长线交于点 Q'、P',是否仍有 $MQ'=MP'$ 呢? 回答是肯定的,这即是:

定理 21.11 过圆的 AB 弦的中点 M 任意引弦 CD 和 EF,连接 CE 和 DF 交 AB 的延长线于点 Q'、P',则 $P'M=Q'M$.

证明 如图 21 - 17,有

$$\frac{S_{\triangle MEQ'}}{S_{\triangle MFP'}} \cdot \frac{S_{\triangle MFP'}}{S_{\triangle MCQ'}} \cdot \frac{S_{\triangle MCQ'}}{S_{\triangle MDP'}} \cdot \frac{S_{\triangle MDP'}}{S_{\triangle MEQ'}}=1,$$

即

$$\frac{ME \cdot MQ' \sin \alpha}{MF \cdot MP' \sin \alpha} \cdot \frac{MF \cdot P'F \sin \gamma}{CM \cdot CQ' \sin \gamma} \cdot$$

$$\frac{MC \cdot MQ' \sin \angle CMQ'}{MP' \cdot MD \sin \angle P'MD} \cdot \frac{DM \cdot DP' \sin \delta}{EM \cdot EQ' \sin \delta}=1.$$

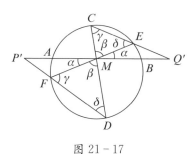

图 21 - 17

化简,得

$$MQ'^{2} \cdot P'F \cdot DP'=MP'^{2} \cdot CQ' \cdot EQ'.$$

设 $P'M=x$,$MQ'=y$,$AM=MB=a$,

则依割线定理,有

$$P'F \cdot P'D=P'A \cdot P'B=x^{2}-a^{2}.$$

同理 $Q'C \cdot Q'E=y^{2}-a^{2}$,

得
$$y^2(x^2-a^2)=x^2(y^2-a^2).$$

因为 x,y 均大于 0,故有 $x=y$,即 $P'M=Q'M$.

若将 AB 移到圆外,则有:

定理 21.12 AB 为 $\odot O$ 外一直线,$OM\perp AB$,垂足为 M,过 M 任作两条割线 CD、EF,设 CF、ED 分别与 AB 交于点 P、Q,则 $PM=QM$.

略证 如图 21-18,作 E 关于 OM 的对称点 E',连接 $E'M$、$E'P$、$E'C$,易证 $\triangle QEM\cong\triangle PE'M$,从而 $PM=QM$.

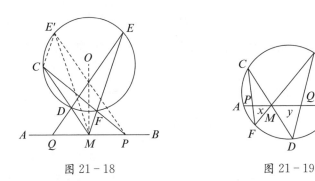

图 21-18　　　　　　　图 21-19

对中点 M 推广,可得

定理 21.13 如图 21-19,设 AB 是 $\odot O$ 内一条弦,过 AB 上一点 M 任作两弦 CD、EF,设 CF、ED 分别交 AB 于点 P、Q,并设 $AM=a,BM=b,PM=x,QM=y$,则

$$\frac{1}{a}-\frac{1}{b}=\frac{1}{x}-\frac{1}{y}.$$

证明 由证法 1 中的等式有
$$CP\cdot FP\cdot MQ^2=EQ\cdot DQ\cdot PM^2.$$

从而有
$$(a-x)(b+x)y^2=(a+y)(b-y)x^2.$$

展开化简,得
$$\frac{1}{a}-\frac{1}{b}=\frac{1}{x}-\frac{1}{y}.$$

显然,当 M 为 AB 中点时,$a=b$,有 $x=y$ 为蝴蝶定理.此结论最先由美国的坎迪(Canddy)给出,故有人称坎迪定理.

将弦 CD、EF 的交点移至 AB 外还有:

定理 21.14 M 为圆内弦 AB 的中点,过圆内一点 G 引两条弦 CD 和 EF,分

别交 AB 于点 H、K,使得 $HM=MK$,连接 CF 和 ED,分别交 AB 于点 P、Q,那么 $PM=MQ$.

证明 如图 21 - 20 所设,$PM=x$,$MQ=y$,$AM=MB=a$,$HM=MK=b$,仿证法 1 有

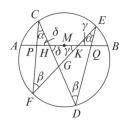

$$\frac{CH \cdot CP\sin \alpha}{EK \cdot EQ\sin \alpha} \cdot \frac{EK \cdot KQ\sin \gamma}{PK \cdot KF\sin \gamma} \cdot$$

$$\frac{FP \cdot FK\sin \beta}{DQ \cdot DH\sin \beta} \cdot \frac{HQ \cdot HD\sin \delta}{HC \cdot HP\sin \delta}=1.$$

图 21 - 20

化简,得 $CP \cdot KQ \cdot FP \cdot HQ=EQ \cdot PK \cdot DQ \cdot HP.$

所以 $CP \cdot FP \cdot (y^2-b^2)=EQ \cdot DQ(x^2-b^2).$

又

$$CP \cdot FP=(a-x)(a+x)=a^2-x^2,$$

$$EQ \cdot DQ=(a+y)(a-y)=a^2-y^2,$$

所以

$$(a^2-x^2)(y^2-b^2)=(a^2-y^2)(x^2-b^2).$$

展开化简,得

$$y^2(a^2-b^2)=x^2(a^2-b^2).$$

因为 $x>0$,$y>0$,$a^2-b^2\neq0$,

所以 $x=y$,即有

$$PM=MQ.$$

定理 21.15 如图 21 - 21,M 为线段 AB 的中点,AB 与 $\odot O$ 交于点 C,D,AEF,BKH 为 $\odot O$ 的割线,HE、KF 与 AB 分别交于点 P、Q,则 $PM=MQ$.

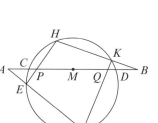

证明 因为 $\angle F+\angle PHB=180°$,

所以 $\angle AEP+\angle QKB=180°$.

图 21 - 21

因为 $\dfrac{S_{\triangle EPA}}{S_{\triangle KQB}} \cdot \dfrac{S_{\triangle KQB}}{S_{\triangle QAF}} \cdot \dfrac{S_{\triangle QAF}}{S_{\triangle HPB}} \cdot \dfrac{S_{\triangle HPB}}{S_{\triangle EPA}}=1,$

所以 $\dfrac{AE \cdot EP}{KQ \cdot KB} \cdot \dfrac{KQ \cdot QB}{AQ \cdot QF} \cdot \dfrac{AF \cdot QF}{HP \cdot HB} \cdot \dfrac{HP \cdot PB}{AP \cdot PE}=1,$

即 $\dfrac{AE \cdot AF \cdot QB \cdot PB}{HB \cdot KB \cdot AQ \cdot AP}=\dfrac{AC \cdot AD \cdot QB \cdot PB}{BD \cdot BC \cdot AQ \cdot AP}=\dfrac{QB \cdot PB}{AQ \cdot AP}=1.$

所以 $QB \cdot PB=AQ \cdot AP.$

设 $AM=MB=a$,$MP=x$,$MQ=y$,则有

$$(a-y)(x+a)=(a+y)(a-x).$$

化简,得

$$2a(x-y)=0,$$

$$x=y.$$

所以 $PM=MQ$.

显然,当点 H、K 重合时,割线 BKH 变为切线,结论也成立.

向圆锥曲线推广,可得:

定理 21.16 如图 21-22,AB 是椭圆上平行于长轴的一条弦,M 是 AB 的中点,过 M 作椭圆的任意两弦 CD 和 EF,连接 CF 和 ED 分别交 AB 于点 P、Q,则 $PM=MQ$.

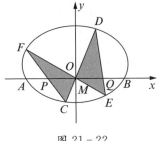

图 21-22

证明 建立如图 21-22 所示的平面直角坐标系 xOy,设直线 CD、EF 的方程分别为 $y=k_1x$,$y=k_2x(k_1\neq k_2)$,椭圆方程为 $\dfrac{x^2}{a^2}+\dfrac{(y-m)^2}{b^2}=1(m<0)$. 各点坐标分别为 $C(x_1,y_1)$,$D(x_2,y_2)$,$E(x_3,y_3)$,$F(x_4,y_4)$,$P(s,0)$,$Q(t,0)$. 由点 C、P、F 共线,可得 $\dfrac{x_1-s}{x_4-s}=\dfrac{k_1x_1}{k_2x_4}$,解得 $s=\dfrac{x_1x_4(k_1-k_2)}{k_1x_1-k_2x_4}$. 同理,由点 E、Q、D 共线,得 $t=\dfrac{x_2x_3(k_1-k_2)}{k_1x_2-k_2x_3}$.

联立方程组 $\begin{cases} y=k_1x, \\ \dfrac{x^2}{a^2}+\dfrac{(y-m)^2}{b^2}=1, \end{cases}$ 得 $(a^2k_1^2+b^2)x^2-2a^2k_1mx+a^2(m^2-b^2)=0$.

所以 $x_1+x_2=\dfrac{2a^2k_1m}{a^2k_1^2+b^2}$,$x_1x_2=\dfrac{a^2(m^2-b^2)}{a^2k_1^2+b^2}$.

同理,有 $x_3+x_4=\dfrac{2a^2k_2m}{a^2k_2^2+b^2}$,$x_3x_4=\dfrac{a^2(m^2-b^2)}{a^2k_2^2+b^2}$.

由 $\dfrac{k_1x_1x_2}{x_1+x_2}=\dfrac{k_2x_3x_4}{x_3+x_4}$,得 $x_2x_3(k_1x_1-k_2x_4)=-x_1x_4(k_1x_2-k_2x_3)$,

所以 $\dfrac{x_1x_4(k_1-k_2)}{k_1x_1-k_2x_4}+\dfrac{x_2x_3(k_1-k_2)}{k_1x_2-k_2x_3}=0$.

又 $k_1\neq k_2$,所以 $s+t=0$,即 $MP=MQ$.

类似地,还有

定理 21.17 如图 21 - 23,M 是抛物线的弦 AB 的中点,过 M 作抛物线的任意两弦 CD 和 EF,连接 ED 和 CF 分别交 AB 于点 P、Q,则 $PM=MQ$.

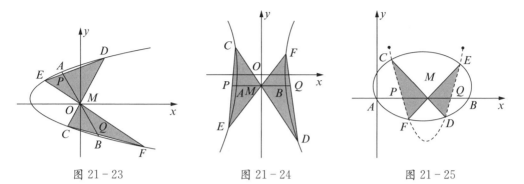

图 21 - 23   图 21 - 24   图 21 - 25

定理 21.18 如图 21 - 24,AB 是双曲线平行于 x 轴的一条弦,M 是 AB 的中点,过点 M 作双曲线的任意两弦 CD 和 EF,连接 CF 和 ED 分别交 AB 于点 P、Q,则 $PM=MQ$.

更一般地,有

定理 21.19 设 M 为圆锥曲线 Γ 的弦 AB 上一点,过 M 任作两弦 CD 和 EF,过点 C、F、D、E 的任一圆锥曲线与 AB 交于点 P、Q,设 $AM=a,BM=b,MP=p$,$MQ=q$,则

$$\frac{1}{a}-\frac{1}{b}=\frac{1}{p}-\frac{1}{q}.$$

下面给出定理 21.19 的证明,定理 21.17、定理 21.18 的证明可以对应写出,这里略去.

证明 建立如图 21 - 25 所示的平面直角坐标系 xOy,则点 M、B 的坐标分别为 $(a,0)$,$(a+b,0)$;圆锥曲线 Γ 和直线 CD、EF 的方程分别为:

$$\Gamma: x^2+cxy+dy^2-(a+b)x+ey=0;$$
$$CD: y=k_1(x-a);$$
$$EF: y=k_2(x-a).$$

从而过点 C、D、E、F 的二次曲线束方程为

$$x^2+cxy+dy^2-(a+b)x+ey+\lambda(k_1x-y-k_1a)(k_2x-y-k_2a)=0.$$

设 P、Q 两点的横坐标分别为 x_1,x_2,则 x_1,x_2 应满足方程

$$x^2-(a+b)x+\lambda(k_1x-k_1a)(k_2x-k_2a)=0,$$

即 $(1+\lambda k_1k_2)x^2-(a+b+2\lambda ak_1k_2)x+k_1k_2a^2\lambda=0.$

因此

$$\frac{1}{p}-\frac{1}{q}=\frac{1}{a-x_1}-\frac{1}{x_2-a}=\frac{1}{a-x_1}+\frac{1}{a-x_2}$$

$$=\frac{2a-(x_1+x_2)}{a^2-(x_1+x_2)a+x_1x_2}$$

$$=\frac{2a-\dfrac{a+b+2\lambda ak_1k_2}{1+\lambda k_1k_2}}{a^2-\dfrac{a+b+2\lambda ak_1k_2}{1+\lambda k_1k_2}a+\dfrac{k_1k_2a^2\lambda}{1+\lambda k_1k_2}}$$

$$=\frac{2a-(a+b)}{a^2-(a+b)a}=\frac{1}{a}-\frac{1}{b}.$$

特别地,当 M 为 AB 的中点时,有 $PM=QM$.

练习与思考

1. 设 AB 为 $\odot O$ 的直径,P 在过点 A 的切线上,过 P 作割线交 $\odot O$ 于点 C、D,直线 BC、BD 分别与 PO 相交于点 E、F,则 $EO=OF$.

2. 如图,$\triangle ABC$ 是锐角三角形,且 $BC>AC$,O 是它的外心,H 是它的垂心,F 是高 CH 的垂足,过点 F 作 OF 的垂线交边 CA 于点 P. 求证:$\angle FHP=\angle BAC$.
(第 37 届 IMO 预选题)

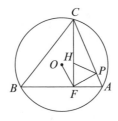

第 2 题图

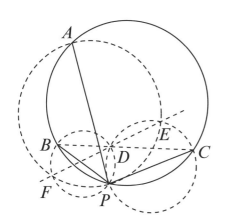

我们应该讨论一般化、特殊化和类比这些过程本身,它们是获得发现的伟大源泉.

——波利亚

学习欧几里得几何是我一生中的一件大事,它使我就像初恋一样痴迷,我没想到世界上竟有如此有趣的东西.

——罗素

§22.1　定理及简史

西姆松定理　过三角形外接圆上异于三角形顶点的任意一点作三角形三边或其延长线上的垂线,则三垂足共线.

这条直线习惯地被称为该点关于三角形的西姆松线.

罗伯特·西姆松(R. Simson,1687—1768)是英国数学家. 他在几何学和算术方面都有一些贡献. 作为古希腊数学的信徒,他曾于 1756 年校订过欧几里得的《几何原本》. 但是,要想从他的著作中发掘出上述定理却是徒劳的. 据麦凯(J. S. Machay)考证,西姆松定理实际是 1797 年由瓦拉斯(W. W. Wallace)发现的. 错误的原因出于法国几何学家塞尔瓦(F. J. Servois,1767—1847)一句不经意的话:"下面的定理,我认为属于西姆松."后来彭赛列在他关于射影几何的著作中,重说了这段话,于是使错误沿袭至今.

§22.2　定理的证明

如图 22-1,P 为 $\triangle ABC$ 外接圆上任意一点,过点 P 作 BC、AC、AB 的垂线,垂足分别为 D、E、F,连接 PA、PB、PC.

证法 1　因为 P、B、F、D 及 P、D、C、E 分别共圆,
所以

$$\angle PDF + \angle PBF = 180^\circ.$$

又

$$\angle PDE = \angle PCE = \angle PBF,$$

所以

$$\angle PDF + \angle PDE = 180^\circ.$$

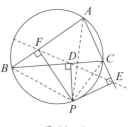

图 22-1

故 D、E、F 三点共线.

证法 2　因为 P、B、F、D 及 P、E、A、F 分别共圆,
所以 $\angle PFD = \angle PBD = \angle PAC = \angle PFE.$

故 D、E、F 三点共线.

直线 FDE 叫作点 P 关于 $\triangle ABC$ 的西姆松线.

西姆松定理的逆命题也成立.

逆定理　若一点在三角形三边所在直线上的射影共线,则该点在此三角形的

外接圆上.

证明 如图 22-1,因为 $PD\perp BC,PE\perp AC,PF\perp AB$,

所以 P、B、F、D 及 P、F、A、E 分别共圆.

又 F、D、E 三点共线.

所以

$$\angle PBC=\angle PFD=\angle PFE=\angle PAE=\angle PAC.$$

故 P、A、B、C 四点共圆. 逆定理得证.

§22.3 定理的引申与推广

1. 定理的引申

定理 22.1 如图 22-2,直线 EFD 为点 P 关于 $\triangle ABC$ 外接圆 O 的西姆松线,PD、PE、PF 或其延长线分别交 $\odot O$ 于 A'、B'、C',则 $AA'/\!/B'B/\!/CC'/\!/DE$.

证明 因为点 P、A'、C、A 与 P、D、C、E 分别共圆,所以

$$\angle 1=\angle 2=\angle 3.$$

所以 $AA'/\!/ED$.

同理可得:$BB'/\!/DE,CC'/\!/DE$.

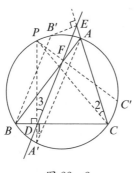

图 22-2

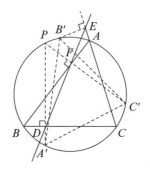

图 22-3

定理 22.2 如图 22-3,直线 EFD 为点 P 关于 $\triangle ABC$ 外接圆 O 的西姆松线,PD、PE、PF 或其延长线分别交 $\odot O$ 于 A'、B'、C',则 $\triangle ABC\cong\triangle A'B'C'$.

证明 因为点 P、A'、C、B' 与 P、D、C、E 分别共圆,所以 $\angle A'C'B'+\angle A'PB'=180°$,$\angle C+\angle DPE=180°$. 所以 $\angle A'C'B'=\angle C$. 所以 $AB=A'B'$. 同理可得:$BC=B'C',AC=A'C'$,所以 $\triangle ABC\cong\triangle A'B'C'$.

定理 22.3 如图 22-4,设 s_1 为点 P 关于 $\triangle ABC$ 外接圆 O 的西姆松线, s_2 为点 P_1 关于 $\triangle ABC$ 外接圆 O 的西姆松线,则 s_1 与 s_2 所夹的角 α 等于 $\overparen{PP_1}$ 所对的圆周角.

证明 如图 22-4,由定理 22.1,有

$$CC' /\!/ s_1, CC' /\!/ s_2, 则 \angle C''CC' = \alpha.$$

又 $C''P_1 /\!/ PC'$,所以 $\overparen{C''C} = \overparen{PP_1}$.

所以 $\angle C''CC' = \angle PCP_1 = \alpha$.

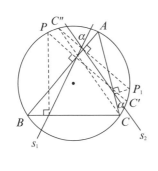

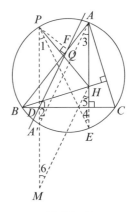

图 22-4　　　　　　　　　图 22-5

定理 22.4 三角形垂心与外接圆上一点的连线,被此点的西姆松线所平分.

证明 如图 22-5, H 为 $\triangle ABC$ 的垂心, DF 为点 P 关于 $\triangle ABC$ 的外接圆的西姆松线, DF 与 PH 交于点 Q. 过点 H 作 $HM /\!/ FD$,交 PD 延长线于点 M,因为 $PD /\!/ AH$,所以 $\angle 1 = \angle 3 = \angle 2 = \angle 4$.

由定理 22.1,有 $AA' /\!/ DF /\!/ HM$,进而有 $\angle 1 = \angle 3 = \angle 2 = \angle 4 = \angle 5 = \angle 6$.

由定理 10.41,点 H、E 关于 BC 对称,故 P、M 也关于 BC 对称,即 D 为 PM 的中点. DQ 为 $\triangle PMH$ 的中位线,即 PH 被 DF 所平分.

2. 定理的推广

（1）改垂线为斜线

定理 22.5 过 $\triangle ABC$ 外接圆上一点 P,向三边所在直线引斜线分别交 BC、CA、AB 于点 D、E、F,且 $\angle PDB = \angle PEC = \angle PFB$,则 D、E、F 共线.

证明 如图 22-6,因为 $\angle PDB = \angle PFB$,所以 B、P、D、F 四点共圆.

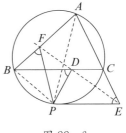

图 22-6

又$\angle PFB = \angle PEA$,

所以 P、F、A、E 四点共圆.

所以 $\angle PFD = \angle PBD = \angle PBC = \angle PAE = \angle PFE$. 故 F、D、E 三点共线.

同样可证明其逆命题也成立.

据说此定理是卡诺(L. N. M. Carnot, 1753—1823)发现的,卡诺是法国军事技术家、政治家、数学家. 他的《位置几何学》和《横截线论》对近代综合几何的基础作过有价值的贡献,以发现热力学第二定律著称的卡诺是其长子.

定理 22.6 过 $\triangle ABC$ 的三顶点引互相平行的三平行线,它们和 $\triangle ABC$ 的外接圆的交点分别为 A'、B'、C'. 在 $\triangle ABC$ 的外接圆上任取一点 P,设 PA'、PB'、PC' 与 BC、CA、AB 或其延长线分别交于 D、E、F,则 D、E、F 共线.

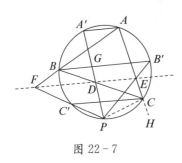

图 22-7

证明 如图 22-7,因为 $AA' \parallel B'B$,

所以 $\angle A' = \angle B'GD$.

因为 $\angle PCH = \angle A'$,所以 $\angle PCH = \angle B'GD$.

又 $\angle CBB' = \angle CPB'$,

在 $\triangle BGD$ 与 $\triangle PCE$ 中,有

$\angle BDG = \angle CEP$.

从而 D、P、C、E 四点共圆.

所以 $\angle PDE = \angle PCH = \angle A'$. 故 $AA' \parallel DE$.

同理可证,$AA' \parallel DF$. 所以 D、E、F 共线.

(2)对点 P 推广

定理 22.7 设 P、Q 为 $\triangle ABC$ 外接圆上异于 A、B、C 的任意两点,点 P 关于 BC、CA、AB 的对称点分别为 U、V、W,QU、QV、QW 和 BC、CA、AB 或其延长线分别交于点 D、E、F,则 D、E、F 共线.

证明 如图 22-8,因为 $\angle PCE = \angle PBA$,

所以 $\angle PCV = \angle PBW$.

又 $\angle PCQ = \angle PBQ$,

所以 $\angle QCV = \angle QBW$.

从而有 $\dfrac{S_{\triangle QCV}}{S_{\triangle QBW}} = \dfrac{VC \cdot QC}{WB \cdot QB} = \dfrac{PC \cdot QC}{PB \cdot QB}$.

同理 $\dfrac{S_{\triangle QAW}}{S_{\triangle QCU}} = \dfrac{PA \cdot QA}{PC \cdot QC}$,$\dfrac{S_{\triangle QBU}}{S_{\triangle QAV}} = \dfrac{PB \cdot QB}{PA \cdot QA}$.

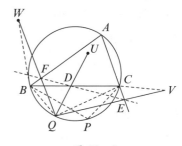

图 22-8

于是 $\dfrac{BD}{DC} \cdot \dfrac{CE}{EA} \cdot \dfrac{AF}{FB} = \dfrac{S_{\triangle QBU}}{S_{\triangle QCU}} \cdot \dfrac{S_{\triangle QCV}}{S_{\triangle QAV}} \cdot \dfrac{S_{\triangle QAW}}{S_{\triangle QBW}}.$

$$= \dfrac{PB \cdot QB}{PC \cdot QC} \cdot \dfrac{PC \cdot QC}{PA \cdot QA} \cdot \dfrac{PA \cdot QA}{PB \cdot QB} = 1.$$

由梅涅劳斯定理的逆定理,得 D、E、F 共线.

显然,当 P、Q 重合时为西姆松定理.

据传此定理是日本的清宫正雄于 1926 年发表的,他当时只有 16 岁.

定理 22.8　若 P,Q 为 $\triangle ABC$ 外接圆半径或延长线上两点,$OP \cdot OQ = R^2 . O$ 为外心,R 为半径,P 关于 BC、CA、AB 的对称点分别为 U、V、$W. QU、QV、QW$ 分别交 BC、CA、AB 于点 D、E、F,则 D、E、F 共线.

证明　如图 22 - 9,连接 OC,

则 $OP \cdot OQ = OC^2$.

又 $\angle POC = \angle COQ$,

所以 $\triangle OPC \backsim \triangle OCQ$.

所以 $\angle OCP = \angle OQC$.

设 OQ 与 $\odot O$ 交于点 K,则 $\angle OKC = \angle OCK$.

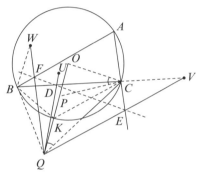

图 22 - 9

又 $\angle OKC = \angle OQC + \angle KCQ$,$\angle OCK = \angle OCP + \angle KCP$,

所以 $\angle PCK = \angle KCQ$.

所以 $\angle QCV = 2\angle KCE$.

同理,$\angle QBW = 2\angle KBA$.

又 $\angle KCE = \angle KBA$,

所以 $\angle QCV = \angle QBW$.

所以 $\dfrac{S_{\triangle QCV}}{S_{\triangle QBW}} = \dfrac{CV \cdot CQ}{QB \cdot WB} = \dfrac{PC \cdot QC}{PB \cdot QB}.$

同理有 $\dfrac{S_{\triangle QAW}}{S_{\triangle QCU}} = \dfrac{PA \cdot QA}{PC \cdot QC}, \dfrac{S_{\triangle QBU}}{S_{\triangle QAV}} = \dfrac{PB \cdot QB}{PA \cdot QA}.$

所以 $\dfrac{BD}{DC} \cdot \dfrac{CE}{EA} \cdot \dfrac{AF}{FB} = \dfrac{S_{\triangle QBU}}{S_{\triangle QCU}} \cdot \dfrac{S_{\triangle QCV}}{S_{\triangle QACV}} \cdot \dfrac{S_{\triangle QAW}}{S_{\triangle QBW}} = 1.$

故 D、E、F 共线.

显然,当 P(或 Q)在圆周上时,此定理即为西姆松定理.

（3）向圆内接多边形推广

为给出西姆松定理向圆内接多边形的推广，我们先给出 n 阶垂足多边形的定义.

定义 由多边形 $A_1A_2A_3\cdots A_n$ 所在的平面上一点 P，向多边形的各边 A_1A_2、A_2A_3、$\cdots$、A_nA_1 作垂线，设垂足为 B_1、B_2、$\cdots$、B_n，则称多边形 $B_1B_2\cdots B_n$ 为点 P 关于多边形 $A_1A_2\cdots A_n$ 的一阶垂足多边形（简称垂足多边形）.

由 P 再作 $B_1B_2\cdots B_n$ 各边的垂线，设垂足为 C_1、C_2、$\cdots$、C_n，则多边形 $C_1C_2\cdots C_n$ 称为点 P 关于多边形 $A_1A_2\cdots A_n$ 的二阶垂足多边形.

依次类推，可定义点 P 关于多边形 $A_1A_2\cdots A_n$ 的 n 阶垂足多边形.

定理 22.9 设点 P 与四边形 $A_1A_2A_3A_4$ 的四个顶点同在一个圆周上，则点 P 关于四边形 $A_1A_2A_3A_4$ 的二阶垂足四边形的四个顶点在同一直线上.

证明 如图 $22-10$，连接 A_1A_3，过 P 作 A_1A_3 的垂线，垂足为 Q，由题设知点 P 关于 $\triangle A_1A_2A_3$ 的西姆松线为 B_1B_2Q，同样，点 P 关于 $\triangle A_1A_3A_4$ 的西姆松线为 B_3QB_4.

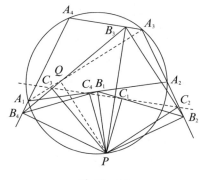

图 $22-10$

因为 $\angle A_1B_4P=\angle A_1QP=\angle A_1B_1P=90°$，

所以点 P 在 $\triangle QB_1B_4$ 的外接圆上，由西姆松定理，点 P 在 $\triangle QB_1B_4$ 三边上的垂足 C_1、C_3、C_4 共线.

同理可证 C_1、C_2、C_4 也共线.

故 C_1、C_2、C_3、C_4 四点共线.

这条直线叫作点 P 关于四边形 $A_1A_2A_3A_4$ 的西姆松线.

更一般地有

定理 22.10 若 P 与 n 边形 $A_1A_2\cdots A_n$ 的所有顶点在同一圆周上，则 P 点关于 n 边形 $A_1A_2\cdots A_n$ 的 $(n-2)$ 阶垂足 n 边形的 n 个顶点共线.

显然当 $n=3$ 时为西姆松定理. 这一定理还可采用复数方法和极坐标方法来证明. 我国安徽的程李强，1984 年在读初中时发现了它，并给出了当 $n=4,5$ 时的平面几何证明.

天津的杨世明老师，借助于笛氏坐标系，还把西姆松定理中圆上的点向任意点推广，得到

定理 22.11 设 $\triangle ABC$ 三边的直线方程分别为：$a_ix+b_iy+c_i=0, i=1,2,3$，则由平面上的任一点 $P(x,y)$ 向三边引垂线所得的垂足三角形的面积

$$S = k \cdot |f(x, y)|.$$

其中, $f(x, y)$ 是 $\triangle ABC$ 外接圆的方程.

$$k = \frac{|a_1^2 b_2 b_3 \Delta_1 + a_2^2 b_3 b_1 \Delta_2 + a_3^2 b_1 b_2 \Delta_3|}{2(a_1^2 + b_1^2)(a_2^2 + b_2^2)(a_3^2 + b_3^2)}.$$

$$\Delta_1 = \begin{vmatrix} a_2 & b_2 \\ a_3 & b_3 \end{vmatrix}, \Delta_2 = \begin{vmatrix} a_3 & b_3 \\ a_1 & b_1 \end{vmatrix}, \Delta_3 = \begin{vmatrix} a_1 & b_1 \\ a_2 & b_2 \end{vmatrix}.$$

§ 22.4   定理的应用

例 22.1   设 PA、PB、PC 为 $\odot O$ 的三条弦,分别以它们为直径作圆交于 D、E、F,则 D、E、F 共线.(萨蒙定理)

证明   如图 $22-11$,据直径所对的圆周角为直角,得 $PD \perp BC$,$PE \perp AC$,$PF \perp AB$,由西姆松定理,D、E、F 共线.

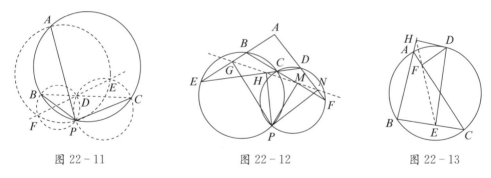

图 $22-11$ 图 $22-12$ 图 $22-13$

例 22.2   如图 $22-12$,延长四边形 $ABCD$ 的边 AB、DC 交于点 E,延长 AD、BC 交于点 F,圆 BCE 与圆 CDF 交于点 P,则点 P 在 AB、BC、CD、DA 上的射影 G、M、H、N 共线.

证明   因为 PG、PH、PM 分别垂直于 $\triangle BCE$ 的三边,故 G、H、M 共线;同理 H、M、N 也共线. 故 G、H、M、N 共线.

例 22.3   证明托勒密定理.

证明   如图 $22-13$,过点 D 作 $DE \perp BC$,$DF \perp AC$,$DH \perp AB$,垂足分别为 E、F、H,则 A、F、D、H 四点在以 AD 为直径的圆上,由正弦定理有 $\dfrac{BC}{2R} = \sin \angle BAC =$

$\sin \angle HAF = \dfrac{HF}{AD}$,所以 $HF = \dfrac{BC \cdot DA}{2R}$.

同理 $EF=\dfrac{AB\cdot DC}{2R}$，$EH=\dfrac{AC\cdot DB}{2R}$．（$R$ 为 $\triangle ABC$ 外接圆半径）

因为 D 在 $\triangle ABC$ 外接圆上，所以依西姆松定理 E、F、H 共线．故有 $EH=EF+FH$，即 $AC\cdot BD=AB\cdot CD+BC\cdot DA$，为托勒密定理．

当点 D 不在 $\triangle ABC$ 外接圆上时，有 $EF+FH>EH$，

则 $AB\cdot CD+BC\cdot DA>AC\cdot DB$，为托勒密定理的推广（见定理 7.2）．

练习与思考

1. 如图，圆上什么点恰好以 BC 为西姆松线？

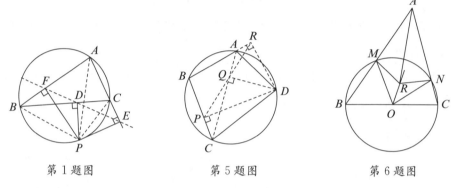

第 1 题图　　　　　　第 5 题图　　　　　　第 6 题图

2. 是否有点落在它自己的西姆松线上？这是一些什么样的直线？

3. 设 $\triangle ABC$ 是 $\odot O$ 的内接等边三角形，P 是圆上任意一点，则点 P 的西姆松线平分半径 OP．

4. 对于圆内接四边形 $ABCD$，从点 D 向直线 BC、CA、AB 分别作垂线，垂足为 P、Q、R．求证：$PQ=QR$ 的充分必要条件是 $\angle ABC$ 的平分线、$\angle ADC$ 的平分线、直线 AC 三线交于一点．（第 44 届 IMO 赛题）

5. 如图，在锐角三角形 ABC 中，$AB\neq AC$，以边 BC 为直径的圆分别交 AB、AC 于 M、N 两点，O 为边 BC 的中点，$\angle BAC$ 与 $\angle MON$ 的平分线交于点 R，求证：$\triangle BMR$、$\triangle CNR$ 的外接圆有一个公共点在边 BC 上．（第 45 届 IMO 赛题）

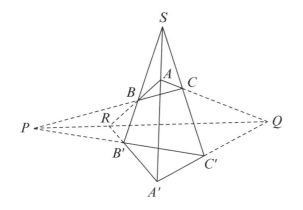

第23章

笛沙格定理

数学除了锻炼敏锐的理解力、发现真理外，它还有另一个训练全面考查科学系统的大脑的开发功能.

——格拉斯曼

§ 23.1　定理及简史

笛沙格定理　若两个三角形对应顶点的连线共点,则其对应边的交点共线.

笛沙格(G. Desargues,1591—1661)是一位自学成才的法国数学家,是最具独创精神的著名学者之一. 笛沙格先前当过陆军军官,其后成为一名工程师和建筑师. 他很重视知识的应用,关心改进艺术家、工程师乃至石匠的教育和技艺,曾专门写过几何在泥瓦工、石工方面应用的书,还曾在巴黎免费给人们讲课,他不赞成为理论而搞理论.

笛沙格出版了好几本著作,其中包括 1636 年出版的有关透视学的书. 最被人称道的是他的《试图处理圆锥与平面相交情况初稿》,笛卡儿和帕斯卡极度推崇这本书,可是它并未立刻引起人们的注意,也许笛沙格的主要兴趣在研究透视的应用.

笛沙格导入了无穷远点和无穷远线的概念,他视平行线在无穷远处相交,将直线看成具有无穷大半径的圆. 他的工作被后人称为几何学的一个新分支——射影几何学的开端.

§ 23.2　定理的证明

先把笛沙格定理改述成如下形式:

设平面上△ABC 与△$A'B'C'$ 的对应顶点的连线AA'、BB'、CC'交于点 S;对应边 BC 与 $B'C'$、AC 与 $A'C'$、AB 与 $A'B'$ 分别交于点 P、Q、R. 则 P、Q、R 三点共线.

证明　如图 23 - 1,因为直线 $PB'C'$ 截△SBC,由梅涅劳斯定理,有

$$\frac{BP}{PC} \cdot \frac{CC'}{C'S} \cdot \frac{SB'}{B'B} = 1.$$

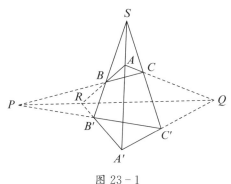

图 23 - 1

同理,直线 $QC'A'$ 截 $\triangle SCA$,有

$$\frac{CQ}{QA} \cdot \frac{AA'}{A'S} \cdot \frac{SC'}{C'C} = 1.$$

直线 $RB'A'$ 截 $\triangle SAB$,有

$$\frac{AR}{RB} \cdot \frac{BB'}{B'S} \cdot \frac{SA'}{A'A} = 1.$$

三式相乘,得

$$\frac{BP}{PC} \cdot \frac{CQ}{QA} \cdot \frac{AR}{RB} = 1.$$

把 $\triangle ABC$ 看成梅氏三角形,得 P、Q、R 三点共线.

本定理也可以用平行截割定理法、解析法和矢量法证明.

笛沙格定理的逆命题也成立.

逆定理 若平面内两个三角形对应边的交点共线,则它们对应顶点的连线共点.

逆定理的证明留给读者.

§23.3 定理的推广

将笛沙格定理向三维空间推广,即两个三角形在不同的两个平面内,结论仍然成立.

定理 23.1 在不同两平面 α、α' 上分别有 $\triangle ABC$ 和 $\triangle A'B'C'$,设它们对应顶点的连线 AA'、BB'、CC' 交于一点 S,对应边 BC 和 $B'C'$、CA 和 $C'A'$、AB 和 $A'B'$ 分别交于点 P、Q、R,则 P、Q、R 三点共线.

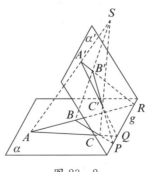

图 23 - 2

证明 因为 BB',CC' 交于点 S,因此它们在同一平面 β 内(图 23 - 2),于是 BC,$B'C'$ 在 β 内. 由题设它们相交,交点为 P,因为 $BC \in \alpha$,$B'C' = \alpha'$,所以其交点 P

在 α 和 α' 的交线 g 上.

同理,直线 CA 和 $C'A'$ 的交点 Q、AB 和 $A'B'$ 的交点 R 也在直线 g 上,故有 P、Q、R 三点共线.

有趣的是,"推广"的证明比原定理的证明要简单得多.

§23.4　定理的应用

例 23.1　如图 23 - 3. 已知 AD、BE、CF 为 $\triangle ABC$ 的三条高,BC 与 EF 交于点 Q,AC 与 DF 交于点 R,AB 与 DE 交于点 P,则 P、Q、R 三点共线.

证明　在 $\triangle ABC$ 与 $\triangle DEF$ 中,因为三对对应顶点 AD、BE、CF(三条高)交于一点,由笛沙格定理,则它们的对应边的交点 P、Q、R 三点共线.

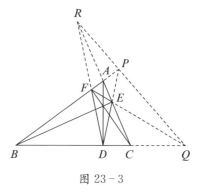

图 23 - 3

例 23.2　如图 23 - 4(a),a、b、c、d 为平面内四条直线,不作出 a、b 的交点和 c、d 的交点,求作一直线通过这两个交点.

解　设直线 a、c 交于点 A,直线 b、d 交于点 A',如图 23 - 4(b),过 AA' 上一点 S 在 AA' 一侧作直线 SBB'、SCC',使直线 a、b 与 SBB' 分别交于点 B、B',直线 c、d 与 SCC' 分别交于点 C、C',连接 BC、$B'C'$ 交于点 P_1,则由笛沙格定理,点 P_1 与直线 a、b 的交点及直线 c、d 的交点共线.

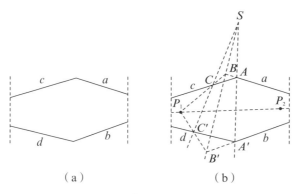

（a）　　　　　　　　　　（b）

图 23 - 4

同理可得，AA' 另一侧的点 P_2 也在直线 a、b 交点与直线 c、d 交点的连线上.

从而连接 P_1P_2 即为所求作的直线.

运用笛沙格定理的逆定理证三线共点也是极简便的.

练习与思考

1. $\triangle ABC$ 内切圆切三边 BC、CA、AB 于点 D、E、F，且 BC 交 EF 于点 P，CA 交 DF 于点 Q，AB 交 DE 于点 R，则 P、Q、R 三点共线.

2. 直线 a、b 平行于梯形 $ABCD$ 的底 AB，且直线 a 与 AD 交于点 M，与 AC 交于点 P；直线 b 与 BD 交于点 N，与 BC 交于点 Q，求证：MN 与 PQ 的交点在梯形一底上.

3. 设直线 a 交 $\triangle ABC$ 的三边 AB、BC、CA（或其延长线）于点 L、M、N，若直线 AM 与 BN 交于点 C'，AM 与 CL 交于点 B'，BN 与 CL 交于点 A'，试证：AA'、BB'、CC' 三线共点.

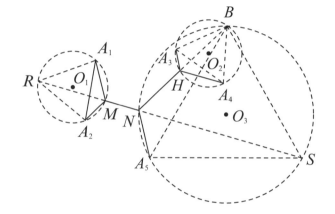

第**24**章

费马问题

"精诚所至,金石为开".费马虽不以数学为职业,但他将全部业余时间用于数学研究上,在数学的四大分支——微积分、解析几何、概率论、数论,都作出了开创性贡献.美国数学家贝尔称他为"业余数学家之王".

——解延年 尹斌庸

§24.1 问题及简史

费马问题 在已知△ABC所在平面上求一点P,使它到三角形三顶点的距离之和为最小.

费马(P. Fermat,1601—1665)是法国数学家,早年学法律,后来当律师,是一位社会活动家,还是图卢兹市(他的家乡)的议员,但他酷爱数学,把全部业余时间用在数学研究上,在微积分、解析几何、概率论、数论等领域中,都作出了开创性的贡献. 他同笛卡儿(R. Descartes,1596—1650)一同被列为解析几何的奠基人,分享创立解析几何荣耀;同时也是微积分的先驱者之一,微积分的发明者牛顿(I. Newton,1642—1727)曾坦率地说是受费马的启示;是他在与巴斯卡(B. Pascal,1623—1662)的来往书信中,对掷骰子赌博等有关数学问题的深入研究,点燃了古典概率论的火种. 但费马贡献最大的领域当推数论,影响最大的应为本书第一章提到的,曾困扰数学家350年之久的"费马大定理".

上述费马问题,是费马1640年前后向意大利物理学家托里拆利(E. Torricelli,1608—1647)提出的,托里拆利用多种方法解决了它,其中包括力学的方法,他的这些解1659年由他的学生维维安尼(Viviani,见第16章)公布. 在一个半世纪以后,瑞士数学家斯坦纳重新研究过这个问题,并将这个问题推广到n个点. 但为了纪念费马这位伟大的业余数学家,这个问题中所求的点被人们称为"费马点".

§24.2 问题的解

显然所求点不可能在三角形外,这一点读者可自己证明,下面我们分两种情况进行讨论.

1. 当三角形三内角均小于120°

解法1 自△ABC的边AB、AC向外侧作正三角形,设这两个正三角形的外接圆交于△ABC内一点P,则点P即为所求.

证明 以BC为边向外侧作正三角形,由第18章拿破仑定理的证法2的推论知,这个正三角形的外接圆过点P,且有∠APB=∠BPC=∠CPA=120°.

过 A、B、C 三点分别作 PA、PB、PC 的垂线交成 $\triangle EFG$，如图 24-1，则 $\triangle EFG$ 为正三角形，设其高为 h，由维维安尼定理（见第 16 章）有 $PA+PB+PC=h$，在 $\triangle ABC$ 内任取一点 P'，设 P' 到 $\triangle EFG$ 三边的距离分别为 h_1、h_2、h_3，则也有

$$h_1+h_2+h_3=h.$$

又

$$P'A+P'B+P'C \geqslant h_1+h_2+h_3=h=PA+PB+PC,$$

所以 P 是 $\triangle ABC$ 内到 A、B、C 三顶点距离之和最小的点.

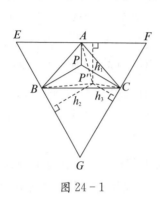

图 24-1

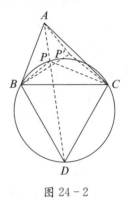

图 24-2

解法 2 如图 24-2，以 BC 为一边向外侧作正三角形 BCD，连接 AD，设与 $\triangle BCD$ 的外接圆交于 P，则点 P 即为所求.

证明 由例 7.3，有 $PD=PB+PC$，在 $\triangle ABC$ 内任取一点 P'，由定理 7.2 有

$$P'C \cdot BD+DC \cdot P'B \geqslant BC \cdot P'D,$$

即

$$P'C+P'B \geqslant P'D,$$

所以

$$P'A+P'B+P'C \geqslant P'A+P'D \geqslant AD=PA+PB+PC.$$

故 P 为所求之费马点.

2. 当有一角（不妨设为 A）$\geqslant 120°$ 时

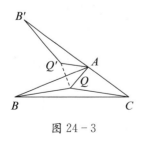

图 24-3

如图 24-3，Q 为 $\triangle ABC$ 内任一点，把 $\triangle BQA$ 绕 A 点旋转，使 AB 旋转到 CA 的延长线上，得到 $\triangle B'Q'A$，因为旋转角小于等于 $60°$，所以 $Q'Q \leqslant AQ$. 故

$$QA+QB+QC \geqslant QQ'+Q'B'+CQ \geqslant CB'=CA+AB.$$

当且仅当点 Q 与点 A 重合时等号成立，所以这时所求点即为 A 点.

§24.3 问题的引申与推广

1. 更一般定理族

一百多年前,德国数学家基佩特(Ludwig kiepert,1846—1934)发现,费马问题、拿破仑问题(第 18 章)均为一个定理族的特殊情况,即有下面的定理:

定理 24.1 分别以 $\triangle ABC$ 的三边为底,向形外作互为相似的等腰三角形 $\triangle BCD$、$\triangle CAE$、$\triangle ABF$,如图 24-4,连接 AD、BE、CF,这三线交于一点. 设这些相似三角形的底角为 α,当 α 为 $60°$ 时,这个交点为费马点;当 α 为 $30°$ 时,这个交点为拿破仑点;当 α 为 $0°$ 时,这个交点为三角形重心;当 α 为 $90°$ 时,这个交点为三角形垂心.

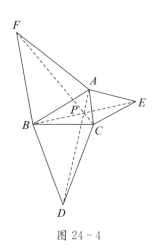

图 24-4

2. 一个定量的结论

首先,我们给出费马问题的一个定量的结论,这即是:

定理 24.2 $\triangle ABC$ 三边分别为 a、b、c,面积为 S,P 为其费马点,则

$$PA+PB+PC=\frac{1}{2}\sqrt{2(a^2+b^2+c^2+4\sqrt{3}\,S)}.$$

证明 如图 24-5,由余弦定理有

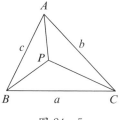

图 24-5

271

$$a^2+b^2+c^2=PA^2+PB^2-2PA\cdot PB\cos 120°$$
$$+PB^2+PC^2-2PB\cdot PC\cos 120°$$
$$+PC^2+PA^2-2PC\cdot PA\cos 120°$$
$$=2(PA^2+PB^2+PC^2)+(PA\cdot PB+PB\cdot PC+PC\cdot PA). \qquad ①$$

又 $S=\dfrac{1}{2}PA\cdot PB\sin 120°+\dfrac{1}{2}PB\cdot PC\sin 120°+\dfrac{1}{2}PC\cdot PA\sin 120°$,

则 $PA\cdot PB+PB\cdot PC+PC\cdot PA=\dfrac{4S}{\sqrt{3}}$. $\qquad ②$

又

$$(PA+PB+PC)^2=(PA^2+PB^2+PC^2)+2(PA\cdot PB+PB\cdot PC+PC\cdot PA),$$

将①、②代入上式整理,即得

$$PA+PB+PC=\dfrac{1}{2}\sqrt{2(a^2+b^2+c^2+4\sqrt{3}S)}.$$

3. 斯坦纳问题(推广到 n 个点)

定理 24.3 (四点问题)已知 A_1、A_2、A_3、A_4 四点,分别以 A_1A_2、A_3A_4 为边作正三角形 A_1A_2R 和正三角形 A_3A_4S 及其外接圆 O_1、O_2,连接 RS 交两圆于点 M、N,得网络 A_1M—A_2M—MN—A_3N—A_4N 过已给四点,则其线段和 $A_1M+A_2M+MN+A_3N+A_4N=RS$[如图 24-6(a)]. 同理,若以 A_1A_3、A_2A_4 为边作正三角形 A_1A_3R' 和正三角形 A_2A_4S' 及其外接圆 O_1'、O_2',连接 $R'S'$ 交两圆于点 M'、N',得网络 A_1M'—A_3M'—$M'N'$—A_2N'—A_4N' 也过四点,则其线段和 $A_1M'+A_3M'+M'N'+A_2N'+A_4N'=R'S'$[如图 24-6(b)]. 故过 A_1、A_2、A_3、A_4 四点的网络,其线段和最小值为 RS 和 $R'S'$ 中的最小者.

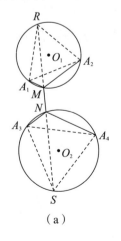

(a)

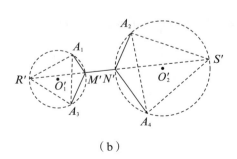

(b)

图 24-6

定理 24.4 （五点问题）如图 $24-7$,已知 A_1、A_2、A_3、A_4、A_5 五点,以 A_1A_2 为边作正三角形 A_1A_2R 及外接圆 O_1,以 A_3A_4 为边作正三角形 A_3A_4B 及外接圆 O_2,以 BA_5 为边作正三角形 BA_5S 及外接圆 O_3,连接 RS 交圆 O_1、O_3 于点 M、N,连接 NB 交圆 O_2 于 H,得网络 A_1M—A_2M—MN—NA_5—NH—HA_3—HA_4,则其线段和 $A_1M+A_2M+MN+NA_5+NH+HA_3+HA_4=RS$.

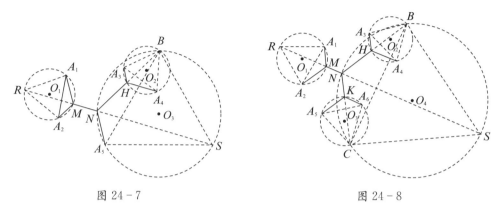

图 $24-7$ 图 $24-8$

定理 24.5 （六点问题）如图 $24-8$.已知 A_1、A_2、A_3、A_4、A_5、A_6 六点,以 A_1A_2 为边作正三角形 A_1A_2R 及外接圆 O_1、以 A_3A_4 为边作正三角形 A_3A_4B 及外接圆 O_2、以 A_5A_6 为边作正三角形 A_5A_6C 及外接圆 O_3、以 BC 为边作正三角形 BCS 及外接圆 O_4,连接 RS 交圆 O_1、O_4 于点 M、N,连接 NB 交圆 O_2 于点 H,连接 NC 交圆 O_3 于点 K,得网络 A_1M—A_2M—MN—NH—HA_3—HA_4—NK—KA_5—KA_6,则其线段和 $A_1M+A_2M+MN+NH+HA_3+HA_4+NK+KA_5+KA_6=RS$.

定理 24.3—定理 24.5 由例 7.3 不难证明. 其思路是把六点问题转化为五点、四点、三点问题,它可以推广到 n 个点的情形,由此可以找到最佳"网络".

4. 向二次线段推广

在费马问题中,把一次线段推广到二次线段,我们还有:

定理 24.6 当 $\triangle ABC$ 所在平面上的点 P 为 $\triangle ABC$ 的重心时,$PA^2+PB^2+PC^2$ 取最小值.

证明 设备点坐标分别为 $P(x,y)$,$A(x_1,y_1)$,$B(x_2,y_2)$,$C(x_3,y_3)$,则

$$PA^2+PB^2+PC^2$$

$$=\sum_{i=1}^{3}\left[(x-x_i)^2+(y-y_i)^2\right]$$

$$=3x^2-2(x_1+x_2+x_3)x+x_1^2+x_2^2+x_3^2+3y^2-2(y_1+y_2+y_3)y+y_1^2+y_2^2+y_3^2.$$

显然当 $x = \dfrac{x_1 + x_2 + x_3}{3}, y = \dfrac{y_1 + y_2 + y_3}{3}$，即 $P(x, y)$ 为 $\triangle ABC$ 重心时，$PA^2 + PB^2 + PC^2$ 取最小值.

更一般地，有：

定理 24.7 设 $A_1、A_2、\cdots、A_n$ 为平面上的 n 个点，则当 P 为这 n 个点的重心时，$PA_1^2 + PA_2^2 + \cdots + PA_n^2$ 取最小值.

证明仿上，读者可自己给出.

5. 反向费马问题

最后我们讨论所谓反向费马问题，即在已知 $\triangle ABC$ 内或边上找一点 P，使 $PA + PB + PC$ 为最大.

对这个问题，我们有一个更一般的结论.

定理 24.8 凸多边形内部或边上任意一点 P 到各顶点的距离之和至多为从某顶点到其他各顶点的距离之和.

证明略.

§24.4　结论的应用

例 24.1 P 为正三角形 ABC 内一点，点 P 到三边的距离为 $PD、PE、PF$. 证明：
$$PA + PB + PC \geqslant 2(PD + PE + PF).$$

证明 如图 $24-9$，设正三角形 ABC 的中心为 O，则 O 为 $\triangle ABC$ 的费马点，因此，对任意点 P 有
$$PA + PB + PC \geqslant OA + OB + OC = 2h,$$

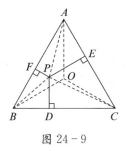

图 $24-9$

由维维安尼定理有
$$PD + PE + PF = h.$$

代入上式，得
$$PA + PB + PC \geqslant 2(PD + PE + PF).$$

例 24.2 四个城市 A、B、C、D 恰好是一个正方形的顶点,现要建造一个公路系统,使得每两个城市都有公路连通.请证明最短的公路系统并不是对角线 AC 与 BD 构成的.

证明 如图 24-10,设 AC、BD 交于点 O,P 为 $\triangle OAD$ 的费马点,则

$$PA+PD+PO<OA+OD,$$

所以

$$PA+PD+PO+OB+OC<AC+BD,$$

即 AC、BD 不构成最短的公路系统.

其最短的公路系统留给读者讨论.

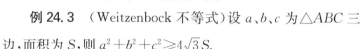

图 24-10

例 24.3 (Weitzenbock 不等式)设 a、b、c 为 $\triangle ABC$ 三边,面积为 S,则 $a^2+b^2+c^2\geqslant 4\sqrt{3}S$.

证明 在定理 24.2 的证明中,我们得到

$$a^2+b^2+c^2=2(PA^2+PB^2+PC^2)+(PA\cdot PB+PB\cdot PC+PC\cdot PA), \quad ①$$

$$PA\cdot PB+PB\cdot PC+PC\cdot PA=\frac{4S}{\sqrt{3}}. \quad ②$$

又

$$PA^2+PB^2\geqslant 2PA\cdot PB,\quad PB^2+PC^2\geqslant 2PB\cdot PC,\quad PC^2+PA^2\geqslant 2PC\cdot PA,$$

所以

$$2(PA^2+PB^2+PC^2)\geqslant 2(PA\cdot PB+PB\cdot PC+PC\cdot PA).$$

代入①,得

$$a^2+b^2+c^2\geqslant 3(PA\cdot PB+PB\cdot PC+PC\cdot PA)=3\cdot\frac{4}{\sqrt{3}}S=4\sqrt{3}S.$$

练习与思考

1. Q 在锐角三角形 ABC 的边上,P 为费马点,求证:$QA+QB+QC>PA+PB+PC$.

2. 设 F 为 $\triangle ABC$ 的费马点,a、b、c 为三边,求证:$a^2+b^2+c^2\geqslant(FA+FB+FC)^2$.

3. 一个战士想要查遍一个正三角形区域内和边界上的所有地雷,他的探测器的有效度等于正三角形高的一半,这个战士从三角形的一个顶点开始探测,他循怎样的探测路线才能使查遍整个区域的路程最短?

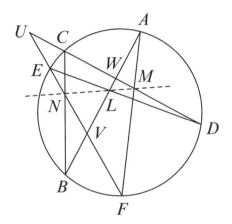

第**25**章

帕普斯定理与帕斯卡定理

蜜蜂……凭借其特有的几何上的深谋远虑……知道六边形要比正方形和三角形更大，材料消耗相同，却装得下更多的蜜.

——帕普斯

研究真理可以有三个目的：当我们探索时，就要发现真理；当我们找到时，就要证明真理；当我们审查时，就要把它同错误区别开来.

——帕斯卡

§25.1 定理及简史

帕普斯定理 设 A、C、E 是一直线上三点，B、D、F 是另一直线上三点，如果 AB、CD、EF 分别与 DE、FA、BC 相交，则三个交点 L、M、N 共线.

帕普斯(Pappus，约 300—约 350)是希腊亚历山大里亚学派最后一个大几何学家，著有《数学汇编》(Mathematical Collection) 8 篇，亚历山大后期，由于欧氏几何排斥其他科学方法，故步自封，逐渐失去了青春活力. 大约从公元一世纪起，希腊几何开始衰落，是帕普斯掀起了高潮后的最末一朵浪花，希腊几何宣告进入尾声，国外把它称为"天鹅之歌"("天鹅之歌"是著名作曲家舒伯特的绝笔之作，传说天鹅之死必鸣动听之歌，人们以之比喻歌唱家之绝唱或作曲家之绝作). 帕普斯的"天鹅之歌"的金曲，是上述以他名字命名的帕普斯定理，这一定理是他的《数学汇编》第七篇的命题 139.

帕普斯定理的重要意义不在于它拉上了古代希腊几何的帷幕，而在于它升起了一门崭新的几何学——近代射影几何新的曙光.

一千三百多年后，法国著名数学家帕斯卡(Pascal，1623—1662)在 1639 年给出了一个惊人的更一般的结论，这就是：

帕斯卡定理 圆内接六边形 $ABCDEF$(无须为凸六边形)相对的边 AB 和 DE、BC 和 EF、CD 和 FA 的(或延长线)交点 L、M、N 共线.

帕斯卡生于法国克莱蒙，他在短暂的一生里，对许多领域都有着伟大的贡献，他不仅是一位天才的数学家，还是一位物理学家和哲学家，他的法文散文《思想录》和《致外省人信札》是经典文学作品，他还是一位出名的神学辩论家. 上述定理记载于这位天才学者 17 岁时的著作《圆锥曲线论》(1640 年)中，帕斯卡的传记作者断定，仅此一个定理，就足以使帕斯卡成为第一流的数学家和学者扬名于世.

图 25-1

为纪念这位天才的数学家，法国和摩纳哥分别发行了帕斯卡逝世 300 周年和诞生 350 周年纪念邮票(图 25-1). 帕斯卡在 19 岁时，还制造出世界上第一台计算器(图 25 - 2 是罗马尼亚为此发行的邮资明信片),虽然笨拙,但可以进行八位数的四则运算.

图 25 - 2

帕斯卡也有一段尴尬趣事,据说他拒绝负数,他认为"0 减去 4 是胡说八道". 他的密友阿尔诺(A. Arnauld)帮腔道:"(−1)∶1=1∶(−1),即较小数∶较大数= 较大数∶较小数,荒唐!"

§25.2 定理的证明

首先我们证明帕普斯定理:

如图 25 - 3,把梅涅劳斯定理用于△UVW,因它有五条截线 DE、AF、BC、AC、BF,故有

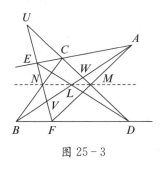

图 25 - 3

$$\frac{VL}{LW} \cdot \frac{WD}{DU} \cdot \frac{UE}{EV} = 1,$$

$$\frac{VA}{AW} \cdot \frac{WM}{MU} \cdot \frac{UF}{FV} = 1,$$

$$\frac{VB}{BW} \cdot \frac{WC}{CU} \cdot \frac{UN}{NV} = 1,$$

$$\frac{VA}{AW} \cdot \frac{WC}{CU} \cdot \frac{UE}{EV} = 1,$$

$$\frac{VB}{BW} \cdot \frac{WD}{DU} \cdot \frac{UF}{FV} = 1,$$

把前三式相乘再除以后两式的乘积,化简得

$$\frac{VL}{LW} \cdot \frac{WM}{MU} \cdot \frac{UN}{NV} = 1.$$

故点 L、M、N 共线.

下面证明帕斯卡定理.

关于帕斯卡本人的证明已经丢失,但在丢失之前莱布尼茨于 1676 年在巴黎见

过,并称赞过他的证明.这个史实使人们希望能重现已失传的证明,即要求所给出的证明只能采用帕斯卡时代所能用的结果和方法.许多数学家都作过这方面的尝试.据说帕斯卡更喜欢用梅涅劳斯定理,下面是一个用到梅涅劳斯定理的证明.

证明 如图 $25-4$,因为直线 DE、AF、BC 分别截 $\triangle UVW$,由梅涅劳斯定理,有

$$\frac{VL}{LW} \cdot \frac{WD}{DU} \cdot \frac{UE}{EV} = 1,$$

$$\frac{VA}{AW} \cdot \frac{WM}{MU} \cdot \frac{UF}{FV} = 1,$$

$$\frac{VB}{BW} \cdot \frac{WC}{CU} \cdot \frac{UN}{NV} = 1.$$

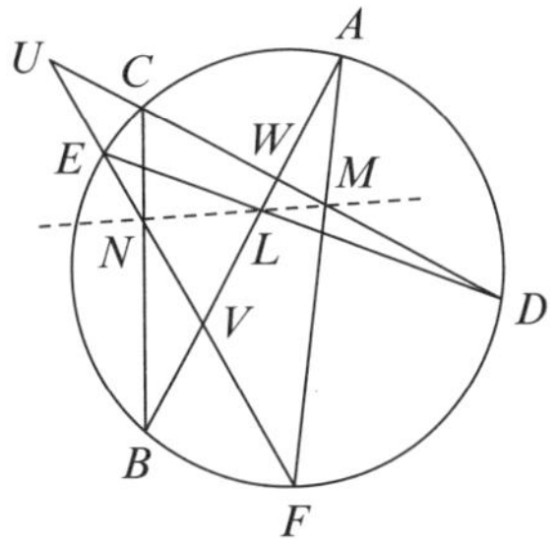

将以上三式相乘,再用圆幂定理,有

$$\frac{WD}{DU} \cdot \frac{UE}{EV} \cdot \frac{VA}{AW} \cdot \frac{UF}{FV} \cdot \frac{VB}{BW} \cdot \frac{WC}{CU}$$

$$= \frac{UE \cdot UF}{UC \cdot UD} \cdot \frac{VA \cdot VB}{EV \cdot FV} \cdot \frac{WC \cdot WD}{AW \cdot BW} = 1,$$

所以

$$\frac{VL}{LW} \cdot \frac{WM}{MU} \cdot \frac{UN}{NV} = 1.$$

图 $25-4$

故点 L、M、N 共线.

点 L、M、N 所在的直线通常被称为帕斯卡线,由于圆上六个已知点,通过改变次序可以组成 $\dfrac{6!}{12} = 60$(个)六角形(不一定是凸六角形),这 60 个六角形决定 60 条帕斯卡线,它们形成一个十分有趣的构图.

§25.3 特例与推广

首先我们考虑定理的特殊情况.

当圆内接六边形某两个相邻顶点重合时,则过这两点的边变为切线,六边形变为五边形,这时有:

定理 25.1 内接于圆的五边形某个顶点的切线与该顶点对边的交点在其余两对不相邻边交点的连线上,见图 $25-5$.

当有两对相邻顶点重合时,六边形退化为四边形,这时有:

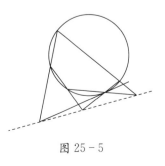

图 $25-5$

定理 25.2 圆内接四边形两对对边的交点及相对顶点切线的交点四点共线，见图 25 - 6.

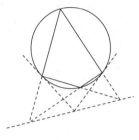

图 25 - 6

若有三对顶点重合，则六边形退化为三角形，这时有：

定理 25.3 作圆内接三角形三顶点的切线分别与对边相交，则三交点共线，见图 25 - 7.

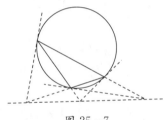

图 25 - 7

下面介绍帕斯卡定理的推广.

我们已知道，帕斯卡定理是帕普斯定理的一个推广，由于对于圆成立，帕斯卡通过投射等方法，将它进一步推广到所有圆锥曲线，即：

定理 25.4 内接于圆锥曲线的任意六边形的三对对边的交点在同一直线上.

布赖肯里奇（W. Braikenridge，1700—1762）和马克劳林（C. Maclaurin，1698—1746）还独自证明了其逆命题也成立，即有

定理 25.5 若一六边形的三对对边的三个交点共线，则六边形的六个顶点在同一圆锥曲线上.

限于本书的知识范围，我们不能给出这两个定理的证明.

§25.4 定理的应用

例 25.1 $\triangle ABC$、$\triangle A'B'C'$ 均为 $\odot O$ 的内接三角形，AB、$A'B'$ 交于点 P，BC、$B'C'$ 交于点 Q，CA'、$C'A$ 交于点 R，则 P、Q、R 三点共线.

证明 如图 25 - 8，考虑圆内接六边形 $ABCA'B'C'$，由帕斯卡定理即得结论.

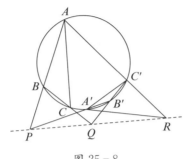

图 25 - 8

例 25.2 设 A_1、A_2、A_3、A_4、A_5 是圆上五点，且任意两点所截的弧均不相等，作出圆在 A_5 的切线.

解 如图 25 - 9，连接 A_1A_2、A_4A_5 交于点 P，连接 A_3A_4、A_5A_1 交于点 R.（由题设它们一定相交）

连接 PR，设 PR 与 A_2A_3 交于点 Q，连接 QA_5，即为所求切线.

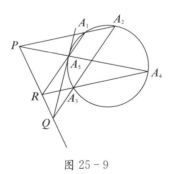

图 25 - 9

练习与思考

1. 设 A、C、E 是一条直线上的三个点，B、D、F 是另一条直线上的三个点，若直线 AB 平行 DE，CD 平行 FA，则 EF 平行 BC.

2. E 和 F 分别是 $\square ABCD$ 的两边 AB 和 CD 上的点. ED 与 FA 相交于点 M，BF 与 EC 相交于点 N，设直线 MN 与 DA 交于点 P，MN 与 BC 交于点 Q，则 $AP = QC$.

3. 圆内接四边形 $ABCD$ 的对边都不平行，则在 A、C 两点的切线的交点落在 AB 与 CD 交点和 BC 与 DA 交点的连线上.

4. 已知 $\triangle ABC$ 为锐角三角形，以 AB 为直径的 $\odot O$ 分别交 AC、BC 于点 D、E，分别过点 A 和点 E 作 $\odot O$ 的两条切线交于点 R，分别过点 B 和点 D 作 $\odot O$ 的两条切线交于点 S，证明：点 C 在线段 RS 上.（2002 年澳大利亚国家数学竞赛题）

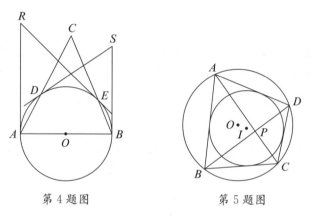

第 4 题图   第 5 题图

5. 设凸四边形 $ABCD$ 的外接圆和内切圆的圆心分别为 O、I，对角线 AC、BD 相交于点 P，求证：O、I、P 三点共线.（2005 捷克-波兰-斯洛伐克数学竞赛题）

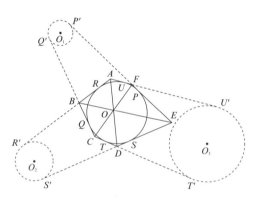

第26章

布里昂雄定理

思索，连续不断的思索，以待天曙，渐渐地见到光明. 如果说我对世界有些贡献的话，那不是由于别的，只是由于我的辛勤耐久的思索所致.

——牛顿

§26.1 定理及简史

与帕斯卡定理对偶,即将帕斯卡定理中的线换为点、点换为线即可得到:

布里昂雄定理 连接外切圆的六边形 $ABCDEF$ 的相对顶点的三条对角线 AD、BE、CF 共点.

布里昂雄(Brianchon,1783—1864)也是法国数学家,他在 21 岁发现了上述定理,后来他又借助于中心投影,把上述定理推广到所有的圆锥曲线,从而得到一个像帕斯卡定理一样在现代射影几何中起奠基作用的定理,尽管布里昂雄定理与帕斯卡定理可以通过"点""线"互换相互导出,但在历史上,布里昂雄定理要比帕斯卡定理晚一百五十余年.

§26.2 定理的证明

寻求布里昂雄定理的初等证明是一个吸引人的难题,苏联数学家斯莫戈尔热夫斯基(А. С. Смогожевский,1896—1969)于 1961 年成功地解决了这个问题. 1981 年,日本的矢野健太郎(1912—1993)给出了另一个初等证明,下面分别给予介绍.

下面的证法 1 是属于斯莫戈尔热夫斯基的,首先我们介绍一个引理.

引理 若 P'、Q' 是 $\odot O$ 在点 P、Q 处切线上的两点,且在 P、Q 同侧,$PP' = QQ'$,则存在一个圆与 PP'、QQ' 分别切于点 P'、Q'.

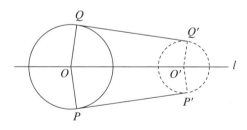

图 26-1

证明 作 PQ 的垂直平分线 l,则整个圆形关于 l 对称,从而过点 P'、Q' 的垂线与 l 交于同一点 O',以 O' 为圆心、$O'P'$ 为半径的圆则与 PP'、QQ' 分别切于点 P'、Q',引理得证.

证法1 如图 $26-2$，$ABCDEF$ 是圆外切六边形，R、Q、T、S、P、U 为切点，在 PF、QB、RB、SD、TD、UF 的延长线上分别取点 P'、Q'、R'、S'、T'、U'，使 $PP' = QQ' = RR' = SS' = TT' = UU'$. 由引理存在 $\odot O_1$ 与 PP'、QQ' 切于点 P'、Q'；$\odot O_2$ 与 RR'、SS' 切于点 R'、S'；$\odot O_3$ 与 TT'、UU' 切于点 T'、U'，又由切线长定理有 $AR = AU$，$DT = DS$，所以有 $AR' = AU'$，$DS' = DT'$，即 AD 为 $\odot O_2$、$\odot O_3$ 的等幂轴，同理 BE 为 $\odot O_1$、$\odot O_2$ 的等幂轴；CF 为 $\odot O_1$、$\odot O_3$ 的等幂轴. 设 AD、BE 交于点 O，则 O 与 $\odot O_1$、$\odot O_2$ 等幂，与 $\odot O_2$、$\odot O_3$ 等幂，所以点 O 也在 CF 上，即 AD、BE、CF 交于一点 O，从而命题得证.

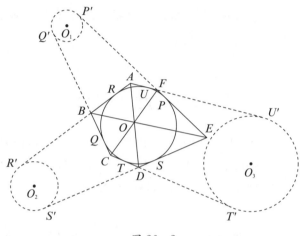

图 $26-2$

证法2 （矢野健太郎）如图 $26-3$，连接 RS、UT、QP，首先我们证明 AD、RS、UT 交于一点.

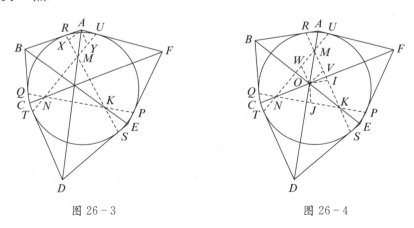

图 $26-3$ 图 $26-4$

过点 A 作 $AX /\!/ SD$ 交 RS 于点 X，$AY /\!/ TD$ 交 TU 于点 Y，则 $\angle AXR = \angle ESR = \angle ARX$，所以 $AX = RA$. 同理 $AY = AU$，又 $AR = AU$，所以 $AX = AY$. 设

AD 与 RS 交于点 M,AD 与 UT 交于点 M',则 $\dfrac{AM}{MD}=\dfrac{AX}{DS}$,$\dfrac{AY}{DT}=\dfrac{AM'}{M'D}$. 又 $DS=DT$,$AX=AY$,所以 $\dfrac{AM}{MD}=\dfrac{AM'}{M'D}$,即 M 与 M' 重合. 从而 AD、RS、UT 交于一点 M,同理有 BE、RS、QP 交于一点 K,CF、QP、TU 交于一点 N.

如图 26-4,设 AD、BE 交于点 O,过点 O 作 $OW \parallel DT$ 交 TU 于点 W,$OV \parallel DS$ 交 RS 于点 V,则 $OW=OV$. 过 O 作 $OI \parallel BR$ 交 RS 于点 I,$OJ \parallel BQ$ 交 QP 于点 J,则 $OI=OJ$.

又 $\angle OVI=\angle RSE=\angle ARS=\angle OIV$,所以 $OV=OI$,从而 $OW=OJ$. 设 OC 交 QJ 于点 N,OC 交 WT 于点 N',因为 $OJ \parallel QC$,$OW \parallel CT$,所以 $\dfrac{ON}{NC}=\dfrac{OJ}{QC}$,$\dfrac{ON'}{N'C}=\dfrac{OW}{CT}$. 又 $CQ=CT$,所以 $\dfrac{ON}{NC}=\dfrac{ON'}{N'C}$,即点 N、N' 重合. 所以 OC、QJ、WT 交于一点 N,即有 AD、BE、CF 交于一点 O.

§ 26.3 特例与推广

首先考虑定理的特殊情况.

当外切六边形某相邻两边重合时,则其顶点变为切点,六边形退化为五边形,这时有:

定理 26.1 若五边形外切于圆,则其中一边的切点与相对顶点的连线与另两对相对顶点的连线共点(图 26-5).

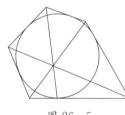 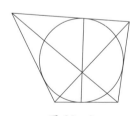 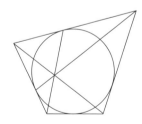

图 26-5   图 26-6   图 26-7

当有两对相邻的边重合时,六边形退化为四边形,这时有:

定理 26.2 若四边形外切于圆,则相对边上切点的连线与两对角线共点(图 26-6);一条对角线与另两个顶点的一个顶点与不相邻一边切点的连线和另一顶点与对应一边切点的连线三线共点(图 26-7).

当有三对相邻边重合时,六边形退化为三角形,即为定理 10.57.

下面是它的一个推广:

定理 26.3 若 $ABCDEF$ 为一圆锥曲线的外切六边形,则 AD、BE、CF 共点.

限于本书的知识范围,在这里我们也不能给出它的证明.

§26.4 定理的应用

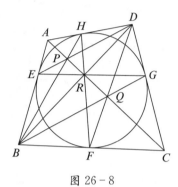

图 26-8

例 四边形 $ABCD$ 为 $\odot O$ 的外切四边形,E、F、G、H 为切点(图 26-8),求证:

(1) AC、BH、DE 共点;

(2) BG、DF、AC 共点;

(3) AC、BD、HF、GE 共点.

证明 (1)将四边形 $ABCD$ 看成六边形 $AHDCBE$ 的退化情况,由定理 26.2,得 AC、BH、DE 共点 P.

(2)将四边形 $ABCD$ 看成六边形 $DGCFBA$ 的退化情况,由定理 26.2,得 BG、DF、AC 共点 Q.

(3)将四边形 $ABCD$ 看成六边形 $AHDCFB$ 的退化情况,得 HF、BD、AC 共点 R.又将四边形 $ABCD$ 看成六边形 $AEBCGD$ 的退化情况,得 EG、BD、AC 共点 R,从而 AC、BD、HF、EG 共点 R.

练习与思考

1. 如图,四边形 $ABCD$ 是 $\odot O$ 的外切圆,E、F、G、H 为切点,求证:切点 H、F 的连线过 AC、BD 的交点.

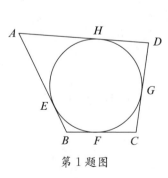

第 1 题图

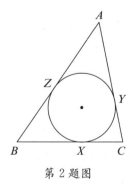

第 2 题图

2. $\triangle ABC$ 的内切圆在边 BC、CA、AB 上的切点为 X、Y、Z,用布里昂雄定理证明:AX、BY、CZ 共点[这点称为 $\triangle ABC$ 的葛干涅(Gergonne)点].

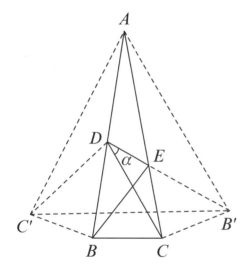

数学是花园，　　　　且不说周脾算经话勾股，
四季如春吐芳菲．　　且不说杨辉三角唱堆垒，
数学是桥梁，　　　　哥德巴赫猜想遥相望，
一路彩霞白云飞．　　陈省身猜想迎春晖．
数学是驿站，　　　　啊，数学美，
数形怡情忘却累．　　细细地品，
唱不尽和谐与简洁，　数学美，
道不完奇异变幻美．　微微地醉……
　　　　　　　　——节选自大罕《数学美》

§ 27.1　问题及简史

如图 27-1,已知 $AB=AC$,$\angle A=\angle DCA=20°$,$\angle ABE=30°$,求 $\angle CDE$ 的度数.

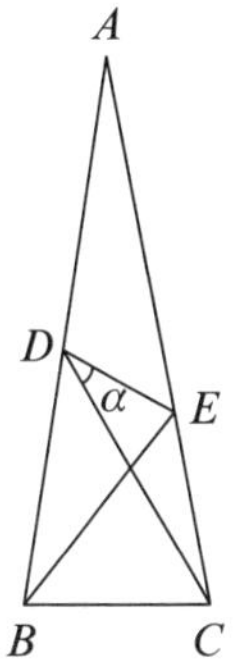

这是一道曾以"难"出名的古老的几何题,至于它的起源,现在尚没查清.但关于它的解,有一个事实是比较明确的:到 20 世纪 20 年代,这个题目的大多数解法都不是纯几何的,即使是利用三角解法也不是很容易的.1951 年,华盛顿大学的汤普森(Thompson)给出了一个几何味道很浓的解法,其巧妙构思颇受人称道.滑铁卢大学的罗斯·杭斯伯格(Ross Honsberger)把这道题目及其解法誉为"几何中的一颗宝石",可见数学家对它的厚爱.本篇给出这一问题的十一种解法,从这些初等简捷的解法中,会使我们感觉到这道难题今天已并非难题,但是我们不应该忘记前辈们为之所付出的艰辛劳动,同时也应体会到学业上的永无止境.

图 27-1

§ 27.2　问题的解答

在题设条件下,显然有 $\angle BCD=60°$,$\angle ABE=30°$,$\angle BDC=40°$,$\angle CBE=\angle CEB=50°$,$DA=DC$,$CB=CE$,在下面的解答中,我们将直接引用这些结论,且令 $\angle EDC=\alpha$.

解法 1　由正弦定理有

$$\frac{CD}{CE}=\frac{CD}{BC}=\frac{\sin 80°}{\sin 40°}=2\cos 40°,\frac{AB}{AE}=\frac{\sin 130°}{\sin 30°}=2\sin 50°=2\cos 40°.$$

所以 $\dfrac{AB}{AE}=\dfrac{CD}{CE}$.

又 $\angle A=\angle 1$,所以 $\triangle CDE \backsim \triangle ABE$.

所以 $\alpha=\angle 2=30°$.

解法 2　因为 $\dfrac{CD}{\sin 80°}=\dfrac{BC}{\sin 40°}$,$\dfrac{CD}{\sin(160°-\alpha)}=\dfrac{CE}{\sin \alpha}$.

两式相除并利用 $BC=CE$,得 $\dfrac{\sin(160°-\alpha)}{\sin 80°}=\dfrac{\sin \alpha}{\sin 40°}$.

所以 $\sin(20°+\alpha)=2\cos 40°\cdot\sin \alpha$,

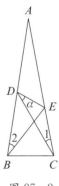

图 27-2

即 $\sin 20° \cdot \cos \alpha = \sin \alpha(2\cos 40° - \cos 20°)$.

所以 $\cot \alpha = \dfrac{2\sin 50° - \cos 20°}{\sin 20°} = \dfrac{2\sin(30° + 20°) - \cos 20°}{\sin 20°}$

$\qquad = \dfrac{\cos 20° + \sqrt{3}\sin 20° - \cos 20°}{\sin 20°} = \sqrt{3}$.

因为 $0° < \alpha < 180°$，所以 $\alpha = 30°$.

解法 3　如图 27-3，以 AC 为边作等边三角形 ACF，CF 交 AB 于点 G，则 $CG = CB = CE$，所以 $FG = AE$.

又 $\angle BCD = \angle F = 60°$，$\angle AGF = \angle DBC = 80°$，所以 $\triangle AGF \backsim \triangle DBC$. 所以 $\dfrac{AF}{DC} = \dfrac{FG}{CB}$. 故有 $\dfrac{AB}{CD} = \dfrac{AE}{EC}$.

又 $\angle BAC = \angle ECD$，所以 $\triangle ABE \backsim \triangle CDE$，故有 $\alpha = \angle ABE = 30°$.

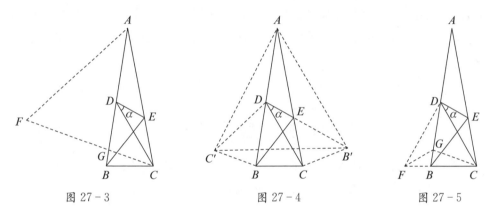

图 27-3　　　　　　　图 27-4　　　　　　　图 27-5

解法 4　如图 27-4，将 $\triangle ABC$ 分别以 AB、AC 为轴翻折至 $\triangle ABC'$、$\triangle ACB'$，连接 $C'B'$、DC'、DB'、EB'，则 $\triangle AC'B'$ 为等边三角形.

由对称性知 $DC' = DC = AD$，所以 $\triangle ADB' \cong \triangle C'DB'$，$\angle DB'A = 30°$.

同理 $\angle B'EC = \angle BEC = 50°$.

所以 $\angle AB'E = \angle B'EC - \angle EAB' = 50° - 20° = 30°$，从而点 D、E、B' 共线.

又 $\angle DCA = \angle CAB' = 20°$，所以 $DC /\!/ AB'$.

所以 $\alpha = \angle AB'D = 30°$.

解法 5　如图 27-5，延长 CB 至点 F，使 $CF = CD$，则 $\triangle DCF$ 为等边三角形. 作 $\angle DFC$ 的角平分线交 AB 于点 G，则 $\triangle FGD \cong \triangle FGC$，所以 $\angle GCF = \angle GDF = 20°$，从而 $\angle CGB = \angle CBG = 80°$. 所以 $CG = CB = CE$，因而有 $\triangle CED \cong \triangle CGF$，$\alpha = \angle GFC = 30°$.

解法6 如图 27-6,以 AD 为边作等边三角形 ADF,DF 交 AC 于点 G,则 $\triangle AGF \cong \triangle DBC$,所以 $\angle AGF = \angle DBC = 80°$. 又 $\angle GDC = 80°$,所以 $CG = CD$,$GE = CG - CE = CD - BC = DF - GF = GD$,故 $\angle GDE = 50°$,故 $\alpha = \angle CDG - \angle GDE = 80° - 50° = 30°$.

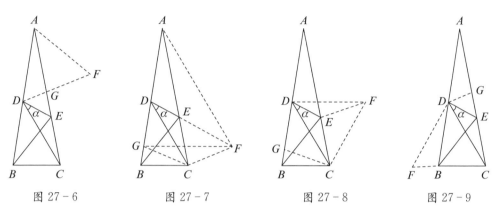

图 27-6　　图 27-7　　图 27-8　　图 27-9

解法7 如图 27-7,将 $\triangle ABC$ 以 AC 为轴对折得 $\triangle ACF$,在 AB 上取点 G,使 $\angle BCG = 20°$,连接 GF、EF、DF,则 $\angle BGC = \angle GBC = 80°$,所以 $CG = BC = CF$. 又 $\angle GCF = 140°$,所以 $\angle CFG = 20°$,从而 $\angle GFA = 60° = \angle BCD$. 又 $\angle GAF = \angle BDC$,所以 $\triangle AGF \backsim \triangle DBC$. 因为 $BC = CG = DG$,所以 $\dfrac{AF}{GF} = \dfrac{CD}{BC} = \dfrac{AD}{DG}$. 所以 FD 平分 $\angle GFA$.

又 $\angle EFG = \angle EFC - \angle GFC = 50° - 20° = 30°$,故点 D、E、F 共线,$\alpha = \angle FEC - ECD = 50° - 20° = 30°$.

解法8 如图 27-8,以 CD 为边作等边三角形 CDF,在 AB 上取点 G,使 $\angle BCG = 20°$,则 $\angle GCD = 40°$,$\angle CGB = 80°$,故有 $GD = GC = BC = CE$. 又 $\angle ECF = 40°$,所以 $\triangle GCD \cong \triangle ECF$. 所以 $EF = EC$,从而 $\triangle DEF \cong \triangle DEC$. 所以 $\alpha = \dfrac{1}{2} \times 60° = 30°$.

解法9 如图 27-9,延长 CB 至点 F,使 $CF = CD$,则 $\triangle CDF$ 为等边三角形,再在 AC 上截取 $CG = CD$,则有

$$\left. \begin{array}{l} AD = DF, \\ \angle DAG = \angle FDB, \\ AG = DB, \end{array} \right\} \Rightarrow \triangle ADG \cong \triangle DFB.$$

所以 $FB = DG$. 又 $GE = FB$,所以 $DG = GE$.

从而可得 $\angle EDG = 50°$,所以 $\alpha = \angle CDG - \angle EDG = 80° - 50° = 30°$.

解法 10 如图 27-10,在 CD 上截取 $CF=CE$,连接 EF 延长交 AB 于点 G,则 $\angle EFC=\angle GBC=80°$,故 F、G、B、C 四点共圆. 又 $\triangle BCF$ 为等边三角形,从而 $\angle FCG=\angle FBG=20°$,所以 CD 平分 $\angle GCA$,因此有

$$\frac{AD}{DG}=\frac{AC}{CG}. \tag{1}$$

过点 E 作 $EH\ /\!/\ CG$ 交 AB 于点 H,则 $\triangle GEH$ 为等边三角形,从而有

$$\frac{AC}{CG}=\frac{AE}{EH}=\frac{AE}{EG}. \tag{2}$$

由(1),(2)有

$$\frac{AD}{DG}=\frac{AE}{EG},$$

所以 ED 平分 $\angle GEA$,即 $\angle GED=50°$,从而 $\alpha=\angle EFC-\angle FED=80°-50°=30°$.

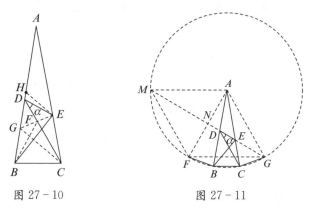

图 27-10　　　　　　　图 27-11

解法 11 (汤普森解法)如图 27-11,以 A 为圆心、AB 为半径作 $\odot A$,再以 B 为圆心、BC 为半径画弧交 $\odot A$ 于点 F,以 C 为圆心、CB 为半径画弧交 $\odot A$ 于点 G,连接 FG、AF、AG,则 $\triangle AFG$ 为等边三角形. 再在 $\odot A$ 上取点 M,使 $FM=FG$,则 $\triangle AMF$ 也是等边三角形. 所以 AF、MG 互相垂直平分. 显然有点 D 在 MG 上,$\angle AGD=30°$,$\angle DGC=50°$. 又 $\angle EGC=\angle EBC=50°$,所以 E 也在 MG 上. 从而 $\angle BDE=90°-\angle NAD=70°$,所以 $\alpha=70°-\angle BDC=70°-40°=30°$.

练习与思考

下列证明是否正确？若不正确，错在哪里？

如图，已知 $AB = AC$，$\angle A = 20°$，点 D、E 分别在两腰 AC、AB 上，$\angle CBD = 60°$，$\angle BCE = 50°$，连接 DE，则 $\angle BDE = n°$，n 为任意值.

证明　依题意，易得

$\angle 1 = 20°$，$\angle 2 = 30°$，$\angle 4 = 40°$，$\angle 7 = 180° - (n° + 40°) = 140° - n°$.

在 $\triangle AED$ 中，$\angle 6 = 180° - 20° - \angle 7 = 20° + n°$. 我们验证四边形 $BCDE$ 的四个内角的和 $\angle EBC + \angle BCD + \angle CDE + \angle DEB = \angle 1 + 60° + 50° + \angle 2 + \angle 4 + n° + \angle 5 + \angle 3 = 20° + 60° + 50° + 30° + 40° + n° + 180° - (20° + n°) = 360°$.

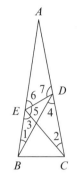

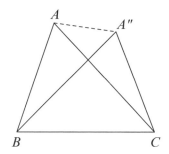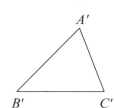

第28章

佩多定理

古今之成大事业、大学问者，必经过三种之境界："昨夜西风凋碧树，独上高楼，望尽天涯路"，此第一境也；"衣带渐宽终不悔，为伊消得人憔悴"，此第二境也；"众里寻他千百度，蓦然回首，那人却在，灯火阑珊处"，此第三境也.

——王国维

§28.1 定理及简史

佩多定理 设 a、b、c 与 a'、b'、c' 分别为 $\triangle ABC$、$\triangle A'B'C'$ 的三边,S 与 S' 分别为它们的面积,则

$$H = a'^2(b^2+c^2-a^2)+b'^2(c^2+a^2-b^2)+c'^2(a^2+b^2-c^2) \geqslant 16SS', \tag{1}$$

当且仅当 $\triangle ABC \backsim \triangle A'B'C'$ 时等号成立.

这是美国几何学家佩多(D. Pedoe)在 1943 年提出并证明过的一个定理,所以佩多定理也称为佩多不等式.其实关于这个不等式,还可追溯到更远.事实上,1891 年,纽伯格(J. Neuberg)就提出过这个不等式,所以也有人称为纽伯格-佩多不等式.这个涉及两个三角形的不等式,以它外形的优美对称,证法的多种多样而吸引着许多学者.近些年,国内外许多人都探讨过这个不等式的证明、加强、推广和应用.

这个不等式首次介绍到国内是 1979 年的事,这些年来,我国数学工作者对不等式(1)给出了各种巧妙的证明,并对其进行了深入广泛地探讨,得出了许多令人振奋的结论.

§28.2 定理的证明

首先我们给出佩多教授的一个证明,这个证明是他给出了第一个证明过后的 20 年(1963)给出的,当然比他的第一个证明简捷,它发表在 1963 年的《美国数学月刊》上.

证法 1 如图 28-1,在 $\triangle ABC$ 的 BC 上,向 A 点所在一侧作 $\triangle A''BC$,使 $\triangle A''BC \backsim \triangle A'B'C'$.

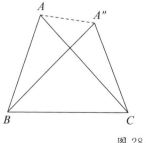

图 28-1

由余弦定理有

$$AA''^2 = AC^2 + A''C^2 - 2AC \cdot A''C \cdot \cos \angle ACA''.$$

因为 $AC = b, A''C = a \cdot \dfrac{b'}{a'}, \angle ACA'' = |C' - C|$，所以

$$\begin{aligned}
a'^2 AA''^2 &= a'^2 b^2 + a^2 b'^2 - 2aa'bb' \cdot \cos(C' - C) \\
&= a'^2 b^2 + a^2 b'^2 - 2aa'bb' \cdot \cos C \cos C' - 2aa'bb' \sin C \cdot \sin C' \\
&= \frac{1}{2}(H - 16SS').
\end{aligned}$$

显然，当且仅当 $\triangle ABC \backsim \triangle A'B'C'$ 时，点 A'' 与 A 重合，即 $A''A = 0$，由此得到不等式(1)，证毕.

证法 2 由柯西不等式有

$$16SS' + 2(a^2 a'^2 + b^2 b'^2 + c^2 c'^2)$$

$$\leqslant \sqrt{[16S^2 + 2(a^4 + b^4 + c^4)][16S'^2 + 2(a'^4 + b'^4 + c'^4)]}$$

$$= (a^2 + b^2 + c^2)(a'^2 + b'^2 + c'^2). \text{(利用秦九韶公式)}$$

所以

$$(a^2 + b^2 + c^2)(a'^2 + b'^2 + c'^2) - 2(a^2 a'^2 + b^2 b'^2 + c^2 c'^2) \geqslant 16SS',$$

即

$$a'^2(b^2 + c^2 - a^2) + b'^2(c^2 + a^2 - b^2) + c'^2(a^2 + b^2 - c^2) \geqslant 16SS'.$$

证毕.

§28.3 定理的引申与推广

限于篇幅，我们只给出一些结论，其证明均略去.

定理 28.1 (程龙，1980)设 a、b、c 与 a'、b'、c' 分别为 $\triangle ABC$、$\triangle A'B'C'$ 的三边，S、S' 分别表示它们的面积，则

$$H \geqslant 16SS' + \frac{2}{3}\left[(ab' - a'b)^2 + (bc' - b'c)^2 + (ca' - c'a)^2\right].$$

定理 28.2 (高灵，1981)设 $\triangle ABC$ 及 $\triangle A'B'C'$ 的边长分别为 a、b、c 及 a'、b'、c'，面积分别为 S、S'，则

$$a'(b + c - a) + b'(c + a - b) + c'(a + b - c) \geqslant \sqrt{48SS'}.$$

重庆二十三中高灵的这一点结论发表在美国《Mathematics Magazine》第 55 卷第 5 期(p. 299)上.

同一年,中国科技大学的杨路、张景中又给出了一个高维推广,即

定理 28.3 若 A、B 是 n 维单形,$V(A)$,$V(B)$ 分别表示 A、B 的体积,设 A 的顶点是:A_1、A_2、$\cdots$、A_{n+1},B 的顶点是 B_1、B_2、$\cdots$、B_{n+1},且

$$a_{ij}=|\overline{A_iA_j}|,b_{ij}=|\overline{B_iB_j}|.$$

以 S_i 表示 $\{B_1,B_2,\cdots,B_{n+1}\}/B_i$ 所成之 $(n-1)$ 维单形之面积,Q_{ij} 表示 S_i 与 S_j 之夹角,则有不等式

$$\sum_{i<j}a_{ij}^2S_iS_j\cos Q_{ij}\geqslant n^3V(A)^{\frac{2}{n}}V(B)^{2-\frac{2}{n}}.$$

上式称为 n 维空间的佩多不等式.

当佩多教授得知这一结论后,深有感触地说:"这项工作给我极深刻的印象,因为据我所知,在西方没有任何人试图去做这件事."

定理 28.4 (喜爱贵、常庚哲,1982)设 a、b、c 与 a'、b'、c' 分别是 $\triangle ABC$、$\triangle A'B'C'$ 三边,S、S' 分别表示它们的面积,则

$$H\geqslant 8\left(\frac{a'^2+b'^2+c'^2}{a^2+b^2+c^2}S^2+\frac{a^2+b^2+c^2}{a'^2+b'^2+c'^2}S'^2\right).$$

当且仅当 $\triangle ABC\backsim\triangle A'B'C'$ 时等号成立.

定理 28.5 (苏化明,1982)设 m_a、m_b、m_c 与 m'_a、m'_b、m'_c 分别为 $\triangle ABC$、$\triangle A'B'C'$ 的中线,S、S' 分别表示它们的面积,则

$$m_a^2(m_b'^2+m_c'^2-m_a'^2)+m_b^2(m_c'^2+m_a'^2-m_b'^2)+m_c^2(m_a'^2+m_b'^2-m_c'^2)\geqslant 9S\cdot S'.$$

当且仅当 $\triangle ABC\backsim\triangle A'B'C'$ 时等号成立.

定理 28.6 (高明儒,1983)设 a、b、c 与 a'、b'、c' 分别为 $\triangle ABC$、$\triangle A'B'C'$ 三边,S、S' 分别表示它们的面积,则

$$H\geqslant 8(S^2+S'^2).$$

不成立的充要条件为三实数 $a^2-a'^2$,$b^2-b'^2$,$c^2-c'^2$ 同号,且三正数 $\sqrt{|a^2-a'^2|}$,$\sqrt{|b^2-b'^2|}$,$\sqrt{|c^2-c'^2|}$ 能构成一个三角形,其余情况均成立.

定理 28.6 解决了美国杜克大学教授卡利茨(L. Carlitz)想解决而没能解决的问题.

定理 28.7 (杨克昌,1984)设 a、b、c 与 a'、b'、c' 分别为 $\triangle ABC$、$\triangle A'B'C'$ 三边,S、S' 分别表示它们的面积,实数 k_1,k_2,k_3 满足条件

$$k_1+k_2+k_3=\sqrt{-(k_1k_2+k_1k_3+k_2k_3)}>0,$$

则

$$a'^2(k_1a^2+k_2b^2+k_3c^2)+b'^2(k_3a^2+k_1b^2+k_2c^2)$$
$$+c'^2(k_2a^2+k_3b^2+k_1c^2)\geqslant 16(k_1+k_2+k_3)SS'.$$

定理 28.8 （高灵,1984)设 $ABCD$ 和 $A'B'C'D'$ 是两个圆内接凸四边形,$AB=a,BC=b,CD=c,DA=d,A'B'=a',B'C'=b',C'D'=c',D'A'=d'$,面积分别为 S,S',则

$$4(ab+cd)(a'b'+c'd')-(a^2+b^2-c^2-d^2)(a'^2+b'^2-c'^2-d'^2)\geqslant16SS'.$$

当且仅当对应角 B 和 B' 相等时等式成立.

这一结论发表在加拿大数学刊物《Crux Mathematicorum》上.

定理 28.9 （王坚,1985)若两个 n 边形边长分别为 $a_1、a_2、\cdots,a_n$ 和 $a'_1、a'_2、\cdots、a'_n$,面积分别为 $S、S'$,并满足

$$a_1\geqslant a_2\geqslant\cdots\geqslant a_n,且\ a'_1\leqslant a'_2\leqslant\cdots\leqslant a'_n$$

或

$$a_1\leqslant a_2\leqslant\cdots\leqslant a_n,且\ a'_1\geqslant a'_2\geqslant\cdots\geqslant a'_n,$$

若 $p_1,p_2\geqslant1,p=p_1+p_2$,则

$$a_1'^{p_1}(-a_1^{p_2}+a_2^{p_2}+\cdots+a_n^{p_2})+a_2'^{p_1}(a_1^{p_2}-a_2^{p_2}+\cdots+a_n^{p_2})+\cdots+$$
$$a_n'^{p_1}(a_1^{p_2}+a_2^{p_2}+\cdots+a_{n-1}^{p_2}-a_n^{p_2})$$

$$\geqslant n(n-2)\left[\frac{4\tan\left(\dfrac{\pi}{n}\right)}{n}\right]^{\frac{p}{2}}\cdot S'^{\frac{p_1}{2}}\cdot S^{\frac{p_2}{2}}.$$

定理 28.10 （安振平,1986)在△ABC 和△$A'B'C'$中,设边长半周长分别为 $a、b、c、p$ 和 $a'、b'、c'、p'$,面积分别为 $S、S'$,则

$$a'(p'-a')(p-b)(p-c)+b'(p'-b')(p-c)(p-a)+c'(p'-c')(p-a)(p-b)\geqslant2\cdot SS'.$$

等式仅当△$ABC\backsim$△$A'B'C'$时成立.

定理 28.11 （陈计、何明秋,1988)设 $a、b、c$ 与 $a'、b'、c'$ 分别为△ABC 和△$A'B'C'$的三边,S,S' 分别表示它们的面积,则

$$a^2(b'^2+c'^2-a'^2)+b^2(c'^2+a'^2-b'^2)+c^2(a'^2+b'^2-c'^2)$$
$$\geqslant16SS'+2(ab'-ba')^2.$$

当且仅当 $C=C'$ 时等号成立.

定理 28.12 （陈计、马援,1988)设 $a、b、c、d$ 与 $a'、b'、c'、d'$ 分别为四边形 $ABCD$ 和 $A'B'C'D'$ 的四条边,S,S' 分别表示它们的面积,则

$$a^2(-a'^2+b'^2+c'^2+d'^2)+b^2(a'^2-b'^2+c'^2+d'^2)+$$
$$c^2(a'^2+b'^2-c'^2+d'^2)+d^2(a'^2+b'^2+c'^2-d'^2)+$$
$$4\left(\frac{a'^2+b'^2+c'^2+d'^2}{a^2+b^2+c^2+d^2}\cdot abcd+\frac{a^2+b^2+c^2+d^2}{a'^2+b'^2+c'^2+d'^2}\cdot a'b'c'd'\right)\geqslant16S\cdot S'.$$

关于讨论佩多不等式的文章,还在不时出现,愿那些辛勤的耕耘者得出更丰硕的果实.

§ 28.4　定理的应用

例 28.1　设 $\triangle ABC$ 三边为 a、b、c,面积为 S,求证:

$$a^2+b^2+c^2\geqslant4\sqrt{3}\,S.$$

(第 3 届 IMO 试题,1961 年)

证明　在佩多不等式中,令 $\triangle A'B'C'$ 的三边 $a'=b'=c'$,则

$$S'=\frac{\sqrt{3}}{4}a'^2.$$

代入佩多不等式,即得

$$a^2+b^2+c^2\geqslant4\sqrt{3}\,S.$$

这个不等式叫作外森比克不等式.

例 28.2　证明定理 6.1.

证明　令四边形 $ABCD\cong$ 四边形 $A'B'C'D'$,则 $\angle B=\angle B'$,$a=a'$,$b=b'$,$c=c'$,$d=d'$,$S=S'$,代入定理 28.12,得

$$4(ab+cd)^2-(a^2+b^2-c^2-d^2)^2=16S^2.$$

令 $p=\frac{1}{2}(a+b+c+d)$,整理化简,即得

$$S=\sqrt{(p-a)(p-b)(p-c)(p-d)}.$$

练习与思考

设 $\triangle ABC$ 三边为 a、b、c,面积为 S,求证:

$$a^2+b^2+c^2\geqslant4\sqrt{3}\,S+(b-c)^2+(c-a)^2+(a-b)^2.$$

[外森比克不等式(例 28.1)的推广]

燕式七巧板

八卦七巧板

十五巧板

曲线七巧板

蛋形九巧板

心形九巧板

第**29**章

东方魔板——
七巧板

一块方形、一块菱形和五块大小不同的三角形，中国人称之为"七巧图"，欧洲人则称之为"唐人图"。这与几何剖分、静态对策、变位镶嵌等有关.

——李约瑟

§29.1 七巧板及简史

七巧板 我国古代一种著名的拼图玩具.它由 2 块大等腰直角三角形、1 块中等腰直角三角形、2 块小等腰直角三角形、1 块正方形和 1 块平行四边形共 7 块组成(如图 29-1).七巧板也称"七巧图""智慧板".七巧板与九连环、华容道被称为我国古代智力游戏三绝.

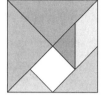

图 29-1

七巧板的历史可追溯到我国先秦的古籍《周髀算经》,其中有正方形切割术(见第 1 章"弦图"),到明代基本定型.我国学者傅起凤经过 30 多年的考据证明,她在专著《七巧世界》中指出:七巧板应该来源于 4000 年前中国古老的测量工具——矩.从文化数理渊源来看,七巧板源于人们对"矩"——直角三角形的认识."七巧板最显著的特点,是全部图形都以矩为基础构成,七巧游戏可以说是矩的游戏.""我们的祖先对矩情有独钟,认识、研究、应用矩非常之早.中国古代的数学经典《周髀算经》和《九章算术》中,最早讨论了矩的性质和勾股定理的应用问题,在世界科学史上具有极其重要的作用."

清代陆以湉在《冷庐杂识》卷一中写道:"宋黄伯思燕几图,以方几七,长短相参,衍为二十五体,变为六十八名.明严澂蝶几图,则又变通其制,以勾股之形,作三角相错形,如蝶翅.其式三,其制六,其数十有三,其变化之式,凡一百有余.近又有七巧图,其式五,其数七,其变化之式多至千余.体物肖形,随手变幻,盖游戏之具,足以排闷破寂,故世俗皆喜为之."

这段文字讲述了七巧板的演变过程.大致是:宋代"燕几图"—明代"蝶翅几"—清初到现代的七巧板.

宋朝黄伯思(北宋进士,1079—1118)对几何图形很有研究,他热情好客,发明了一种用小桌子组成的"燕几"(燕通案,桌子)——请客吃饭的小桌子.最初由六件长方形"燕几"组成,可分可合,后根据朋友建议,改为七件.它可根据客人人数的不同,把桌子拼成不同的形状,比如 3 人拼成三角形,4 人拼成四方形,6 人拼成六方形……这样用餐时人人方便,气氛更好.明朝严澂(黄伯思同乡)受黄伯思燕几的启示,又设计了一种"蝶翅几",它是由十三件不同的三角形案几组成,可以拼成一只蝴蝶展翅的形状,故称为"蝶翅几","蝶翅几"根据不同的拼法可拼出一百多种图形.

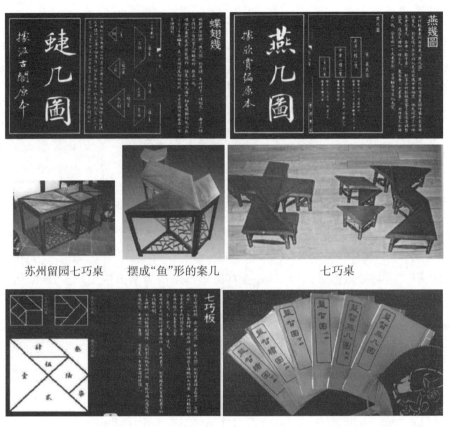

苏州留园七巧桌　　　摆成"鱼"形的案几　　　　七巧桌

图 29-2

后来,人们在"燕几图""蝶几图"的基础上,把"燕几"缩小改变为只有大小不等的 5 个三角形、1 个正方形和 1 个平行四边形,共 7 块板,用它拼图,演变成一种玩具,这就是现在的七巧板. 它的形成大约在 1780 年.

图 29-3

历史上关于七巧板的记载最早见于 1813 年出版的《七巧图合璧》一书. 由钱芸吉编著的《七巧八分图》对七巧板作了系统的介绍,这套书由商务印书馆出版,按十五类分为六册,后来还有续集发行. 北京故宫博物院现存的清朝宫廷玩具中,就有一副盛放在铜盒中的七巧板.

18 世纪,七巧板流传到日本和欧美国家,引起人们的广泛兴趣. 我们从 19 世纪法国的一幅漫画(图 29 - 4)中,就可以看出七巧板受欢迎的程度. 这对法国父母热衷于比赛排七巧板,竟然无视摇篮中哭闹的婴儿,最后爸爸先排出来,兴奋地推倒椅子,而墙上挂钟指着凌晨五点! 其对七巧板的痴迷程度,可见一斑! 国外称七巧板为"唐图(Tangram)""东方魔板". 在欧洲,在 1805 年出版的《新编中国儿童谜解》中有 24 幅七巧图并附有一份木制的七巧板. 随后,1810 年在法国,1818 年在德国和美国都纷纷出版了关于七巧板的书,在意大利出版的书中还介绍了中国历史. 1817 年,德国一位教师发表了一篇《用中国七巧板通俗解释欧几里得定律》的文章.

图 29 - 4

据说法国拿破仑被放逐后就常常玩七巧板来消磨岁月. 还有亚当、杜雷、爱伦坡以及卡洛儿等,他们都是七巧板的狂热爱好者. 1903 年,美国著名谜语专家 61 岁的山姆·洛依德的新著《第八茶皮书》出版,他在介绍这本书的"历史"的时候提到,他在母亲过世后得到两本祖传的有关七巧板的书,他写道:"按照百科全书的介绍,七巧板游戏渊源极为古老. 在中国,它作为一种消遣性玩物,其历史可追随到 4000 年前……"1960 年,荷兰作家罗伯特·范·古利克(Robert Hars Van Gulik)在他的小说中写了一个哑巴男孩用七巧板拼字来补充他的手势. 李约瑟(J. Needham)在其巨著《中国科学技术史》第三卷数学卷里说:"另一种几何玩具是一套有多种排列的木板(1 块正方形、1 块菱形和 5 块大小不同的三角形),

中国人称之为'七巧图',欧洲人称之为'唐人图'.这与几何剖分、静态对策、变位镶嵌等有关."

海外出版的有关七巧板的书

图 29 - 5

现在英国剑桥大学图书馆里还珍藏着一本《七巧新谱》的书.美国作家埃德加·爱伦坡特竟用象牙精制了一副七巧板.苏联趣味数学专家一再介绍这款游戏,他很赞赏七巧板在培养青少年几何学感性认识的重要意义.他说:"有人从中国给我带来了一个小小的方盒子(七巧板)……它不仅能拼成一个正方形,而且能拼成两个相同的正方形.这个有趣的特性是古希腊智慧大师毕达哥拉斯(Pythagoras)最先(用逻辑推理的方式)发现的……你会发现,用七巧板拼成的各种有趣图样,能够给你带来有益的知识."

1978 年荷兰人 Joosf Elffers 编写了一本有关七巧板的书,书中搜罗了 1 600 种图形,并被译成多国文字出版.

有关七巧板的书在国外一直风靡不衰.

§29.2 七巧板游戏规则及玩法

(一) 拼图规则及玩法

1. 七巧板拼图基本规则

(1) 拼图时七个组件都必须使用,而且只能使用这七个组件;

(2) 七个组件之间要有连接,可以点与点、线与线或点与线连接,但不能重叠,即无论拼成什么图形,总面积一定相等;

(3) 可以一个人玩,也可以几个人同时玩.

2. 七巧板的基本玩法

(1) 依图成形　即从已知的图形来仿照拼图;

(2) 见影成形　从已知的图形找出一种或一种以上的拼法;

（3）自创图形　可以自己创造新的玩法、拼法；

（4）数学研究　利用七巧板来求解或证明数学问题.

3. 图形变换

给出两个拼图 A（如三角形）和拼图 B（如矩形或平行四边形），通过移动部分组件将图形 A 变为图形 B，可以移动一个组件，也可以整体移动几个组件（相对位置不变，算一次移动），可以多人玩，移动步数最少者胜.

4. 增减正规七巧图边数游戏

图 29 - 6 从左到右是边数不断增加的正规七巧图，从右到左是边数逐步减少的正规七巧图. 游戏规则可以按逐步增加（或减少）进行，每次移动一个组件，要求边数增加（减少）一条，移动后要求仍为正规七巧图，无法继续者输.

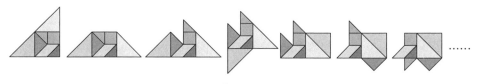

图 29 - 6

也可以从一个边数为 10 或 11 的正规七巧图开始，一人增加边数，另一人减少边数（后面一人不能移动前一个人移动的组件），无法继续者输.

因为正规七巧图的边数最多是 18（图 29 - 7），最少是 3，因此步数有限.

国外也发明了它的许多新奇玩法. 七巧板的玩法可以不断创新，这正是七巧板的魅力所在！

图 29 - 7

（二）七巧板拼图举例

1. 数字

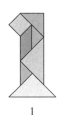  

1　　　　　2　　　　　3　　　　　4

图 29 - 8

2. 字母

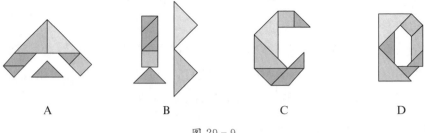

A　　　　B　　　　C　　　　D

图 29 - 9

3. 花果虫鱼

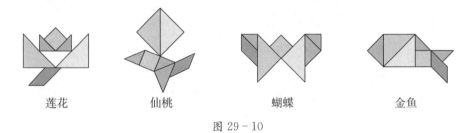

莲花　　　　仙桃　　　　蝴蝶　　　　金鱼

图 29 - 10

4. 飞禽走兽

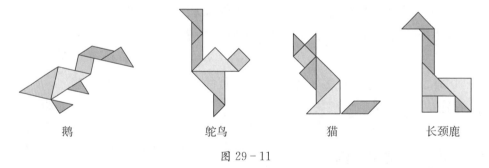

鹅　　　　鸵鸟　　　　猫　　　　长颈鹿

图 29 - 11

5. 车亭船桥

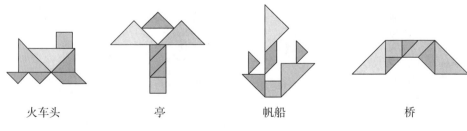

火车头　　　　亭　　　　帆船　　　　桥

图 29 - 12

6. 工具兵器

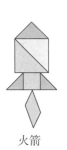
火箭

烛台

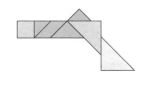
手枪

高射炮

图 29 - 13

7. 房屋建筑

房屋

民居

蒙古包

瞭望塔

图 29 - 14

8. 生活百态

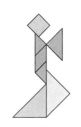

窈窕淑女

步行者

跪拜

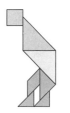
老者

骑马

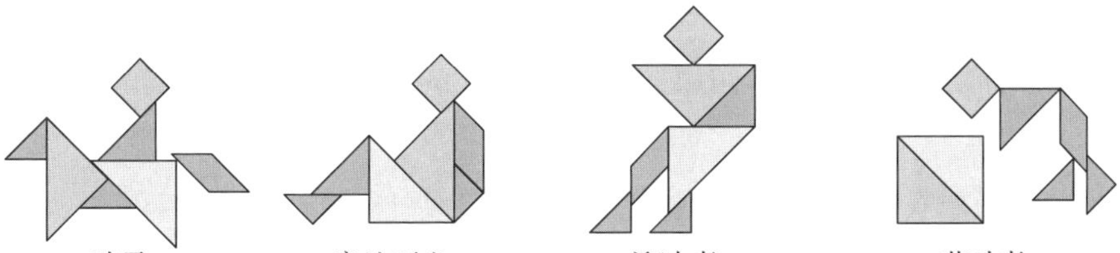

席地而坐

溜冰者

劳动者

图 29 - 15

§29.3　由七巧板提出的数学问题

现行中小学教材及各类考试,常看到以七巧板为背景的问题.七巧板蕴含的数学问题,涉及几何、代数、图形运动、等积变换以及组合学、拓扑学、图论等,有人称为七巧板数学.首先我们对七巧板作些基本分析.

1. 七巧板基本要素分析

形状:有三角形 5 个(2 个小的,1 个中等的,2 个大的),正方形 1 个和平行四边形 1 个,共 7 个,7 为素数,表明不能分为对称的两半.若把最小的三角形称为基本三角形,则每个图形均可以分解为基本三角形,一幅七巧板由 16 个基本三角形组成.

边:有四种长度,从小到大,若设最短边的长为 1(后面的讨论都基于此),则是 $1,\sqrt{2},2,2\sqrt{2}$,按 $\sqrt{2}$ 的等比递增,依次为一螺旋等腰直角三角形的斜边,见图 $29-16(a)$.

角:有 3 个,从小到大为 $45°$、$90°$、$135°$,形成 $1:2:3$ 的关系.

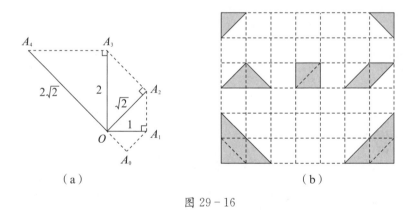

（a）　　　　　　　　（b）

图 29-16

面积:设正方形面积为 1,则面积为 $\dfrac{1}{2}$ 的有 2 个(2 个小三角形),面积为 1 的有 3 个(中三角形、正方形、平行四边形),面积为 2 的有 2 个(2 个大三角形),整体为 8,存在 $1:2:4:8$ 的关系.

把七巧板放在边长为 1 的方格纸上,则顶点都可以放在格点上,落在纵横线上的边长都可以用整数表示,称为"有理边";斜着的边长为无理数,称为"无理边".由此可以发现,夹 $45°$、$135°$的两边,一个是有理边,一个是无理边.

在拼图游戏中,如果组件是通过有理边与有理边、无理边与无理边相连的七巧图被称为正规七巧图.换句话说,正规七巧图没有有理边与无理边相连的情况.图 29-17 所拼的三角形、矩形、平行四边形均为正规七巧图.

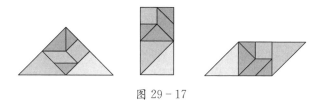

图 29-17

这些奇妙关系,正是它的精巧所在,蕴含着许多数与形的奥秘! 因此可以提出不同层次的涉及面积、数式变形、等积变换、分形以及组合学、拓扑学、图论等数学问题.

2. 能拼多少凸多边形?

这个问题是 20 世纪 30 年代由日本数学家提出,即:用一副七巧板拼凸多边形,可以拼多少个? 1942 年,浙江大学两位学者王福春和熊全治解决了这一问题. 他们的论文《关于七巧板的一个定理》发表在 1942 年《美国数学月刊》第 49 卷上, 结论是用一副七巧板能拼出的凸多边形有 13 个(图 29-18).两位学者在破解这一问题时,首先意识到七巧板拼成的凸多边形必须是正规七巧图,其次是把七巧板看成是 16 个基本三角形给予考虑,进而又得出这样的凸多边形边数不超过 8,这就使最后的证明大大简化. 著名专栏作家马丁·加德纳赞说:"他们的证明方法是有独创性的!"

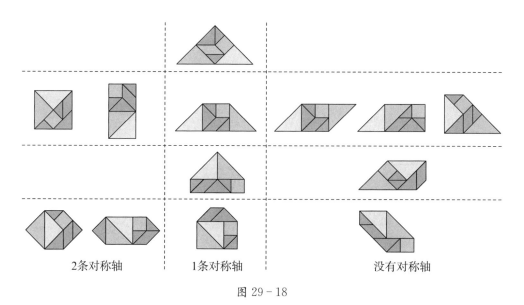

2条对称轴　　　　1条对称轴　　　　没有对称轴

图 29-18

在这 13 个凸多边形中,三角形有 1 个,四边形有 6 个,五边形有 2 个,六边形有 4 个;对称图形有 8 个,不对称图形有 5 个.有人做过研究,这 13 个凸多边形,共有 142 种拼法.

3. 七巧板拼五边形

用一幅七巧板可以拼多少五边形? 这个问题由哈里·林德格伦提出,马丁·加德纳在《科学美国人》"数学游戏"专栏作过介绍.得出的结论是七巧五边形是 53 个,其中正规的 22 个,非正规(可以有理边与无理边相连)的 31 个,但无法给出形式化证明.我国学者吴鹤龄与莫海亮也拼出 53 个七巧五边形.平了这个世界纪录.

至于用七巧板拼六边形问题,至今还没人彻底弄清.

4. 有空洞的七巧图

马丁·加德纳提出过下列问题:能不能拼出具有 3 个空洞的七巧图? 这 3 个空洞可以是 2 个三角形加 1 个正方形,也可以是 2 个矩形加 1 个三角形.或者能不能拼出有 2 个面积各为 1 的内部空洞且彼此不相连的七巧图?

马丁·加德纳自己给出了一组答案,如图 29 - 19.

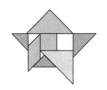 

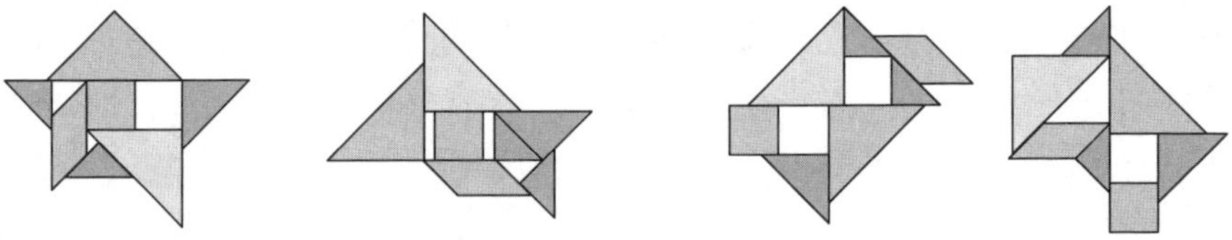

3个空洞的七巧图　　　　　　　　　　2个面积为1的空洞的七巧图

图 29 - 19

图 29 - 20 是一些空洞面积为 1 的七巧图:

图 29 - 20

由此进一步提出问题:空洞外围最多有多少条边? 空洞的最大面积是多少?

图 29 - 21 可能是最优结果,外围有 14 条边,空洞的最大面积为 $2.5 + 6\sqrt{2}$.

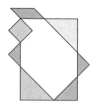

图 29 - 21

5. 七巧板悖论

图 29 - 22 的图形都是同一块七巧板拼的,右边的图形比左边都多出了一块,为什么?

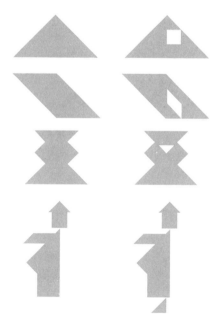

图 29 - 22

6. 七巧图扩展成凸多边形

这是荷兰学者提出的问题:如果用最少数量的基本三角形对正则七巧图进行拓展,使之成为凸多边形,最多能有多大面积?

如图 29 - 23,是 8 个七巧五边形,若要将其扩展为凸多边形,则所需要的基本三角形的数量依次是 $2,4,5,6,7,8,12,12$,我们把七巧图扩展为凸多边形所需要的基本三角形的数量称为"凸性数",这样 13 个凸多边形七巧图的凸性数就是 0. 图

29-23 的 8 个七巧图的凸性数分别为 2,4,5,6,7,8,12,12.

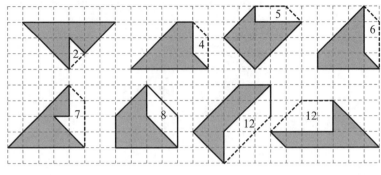

图 29-23

荷兰学者详细研究了七巧图凸性数的分布情况,得出凸性数为 1 的七巧图共计 133 个.具体如下:

表 29-1 凸性数为 1 的七巧图

类型	图例
1. 三角形缺一角的 27 个	……
2. 正方形缺一角的 17 个	……
3. 长条楔形的五边形 8 个	……
4. 平行四边形缺一角五边形 23 个	……
5. 六边楔形 28 个	……
6. 矩形缺两角的六边形 12 个	……
7. 扩展为凸七边形的 18 个	……

凸性数为 2 的七巧图,有 549 个,即凸性数越大,七巧图越多.而正规七巧图最多是 18 条基本边,故凸性数是有限的.图 29-24 是暨南大学的王紫薇老师通过计算机找到凸性数为 41 的 3 个七巧图.

后来,深圳的莫海亮又找到 14 个凸性数为 41 的七巧图.

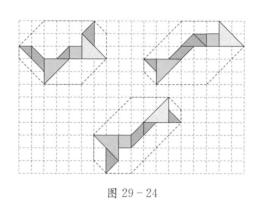

图 29-24

§29.4 七巧板的各种变式及应用

1. 由七巧板衍生的各种拼图玩具

随着七巧板的风靡与盛行,衍生出许多拼图游戏的问世.较有影响的有(如图 29-25):

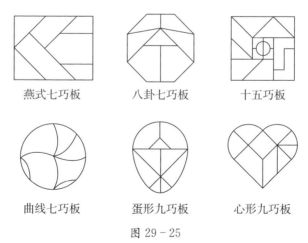

| 燕式七巧板 | 八卦七巧板 | 十五巧板 |

| 曲线七巧板 | 蛋形九巧板 | 心形九巧板 |

图 29-25

其中十五巧板又叫益智图.它由晚清文人童叶庚于清同治元年(1862 年)夏首创."益智图"与"七巧板"相比,该游戏更加精巧奥妙.童氏率其五子,用"益智图"拼出了数以千计的文字.后经童氏整理,由其幼子童大年逐笔勾画,出版了《益智图千字文》.该书详细描述了"益智图"这一拼图游戏及其引人入胜的精妙玩法.当时文人公认童氏发明,构思巧妙,启发心智.清恭亲王亲笔为该书作了题字.除此书之外,童氏还著有《燕矶图》一书,专收用"益智图"所拼其他图案.

图29-26中的鸟是由蛋形九巧板拼出的.蛋形九巧板又叫曲线九巧板和百鸟朝凤九巧板,在拼鸟类有其独特优势.故在国外也叫"蛋生鸟"九巧板.

蛋形九巧板

图 29-26

2. 立体七巧板

立体七巧板,国外叫"索玛方块(Soma Cube)",由丹麦人皮亚特·哈恩于1933年发明.据说他是在听德国著名理论和量子物理学家海森伯格的课,讲到宇宙可分为一些立方体,受启发灵感涌现而发明的.和七巧板一样,立体七巧板也是由7块组成(图29-27).

图 29-27

它们的特点是:

(1) 1 个由 3 个小立方体,其他 6 个是由 4 个小立方体通过面与面相连组成,一共有 27 个小立方体;

(2) 它们都是凹多面体;

(3) 其中⑤和⑥互为镜像.

拼大正方体   用立体七巧板拼一个大正方体($3 \times 3 \times 3 = 27$).英国剑桥大学数学家康威和他的同事盖伊巧妙地证明了一共有 240 种方法可以拼成大正方体.因为组块⑤和⑥交换可以得到镜像的 240 种,因此准确地说,是 480 种.

拼各种造型   立体七巧板能拼很多种造型,如金字塔、井、摩天大楼、台阶、椅子、沙发、城堡及各种动物等(图 29-28).美国加州的西维·法希在 1982 年写了一本《立体七巧板世界》,用立体七巧板拼出了 2 000 多个结构.后来托莱夫·布恩德加特则收集了 6 400 种.

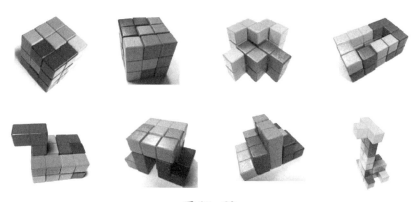

图 29-28

3. 剪纸片《巧在七中》

用七巧板形式,生动地再现了"守株待兔"的故事,并获得第七届中国电影金鸡奖最佳美术片提名奖,这就是 1987 年在央视上映的剪纸片《巧在七中》.影片构思巧妙,制作新颖,整个形式令人耳目一新,具有很强的艺术感染力(图 29 - 29).

图 29 - 29

练习与思考

1. 如图,每一小块图形的面积是整个正方形面积的几分之几? 1、4、5、6 四块图形的面积之和是整个正方形面积的几分之几?(此题见法国初中数学教材《数学5》)

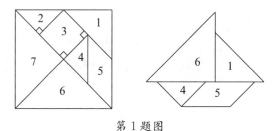

第 1 题图

2. 七巧板是我国古代劳动人民的智慧结晶,在国际上受到广泛重视,英文里有一个专门单词_____(填翻译后的汉语名称)称呼七巧板.图中的 4 幅由七巧板拼成的人物图案中,有 3 幅完全相同,则与众不同的那一幅是(　　).(江苏初中数学文化节赛题)

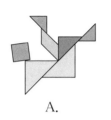　　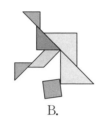　　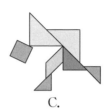　　

A.　　　　　　　　B.　　　　　　　　C.　　　　　　　　D.

3. 马丁·加德纳(1914—2010),美国著名的数学科普作家.他不是数学专业出身,但他妙趣横生的科普作品(如作品《啊哈!灵机一动》)让无数读者为数学着迷.下面这个问题改编自马丁·加德纳的文集:最早的器具型趣题无疑是古代中国的七巧板游戏,它可引出一些极不平凡的数学问题.例如:用一幅七巧板一共可拼出多少种凸多边形(图形均在各边所在直线同侧)? 1942 年,中国浙江大学的两位数学家王福春和熊全治,证明了用一副七巧板只能拼出 13 种凸多边形,图(2)给出了其中一种凸六边形,请在图 2 中画出七巧板的 7 块图形(参考图 1).(江苏初中数学文化节赛题)

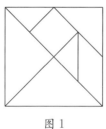　　　　　　　　　　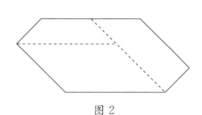

图 1　　　　　　　　　　　　　　　　图 2

第 3 题图

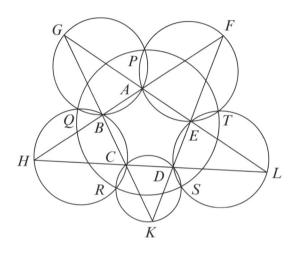

第**30**章

几何名题、
趣题、考题

沁园春·数学

数苑飘香,千载繁荣,百世流芳.读《九章算术》,何其精彩,《几何原本》,意味深长.实变函数,概率理论,壮阔雄奇涌大江.逢盛世,趁春明日暖,好学轩昂.

难题四处飞扬,引无数英才细参商,仰伽罗华氏,辉煌群论,华陈理论,笑傲万方.一代天骄,爱·怀尔斯,求证费马破天荒.欣回首,看满园桃李,无限风光.

——李尚志

§30.1 三大几何作图问题

古希腊雅典智者[①]学派最早提出数学史上著名的三大几何作图问题：

(1) 三等分任意角：已知一个任意角 α，求作一个角，使之等于 $\dfrac{\alpha}{3}$.

(2) 化圆为方：求作一个正方形，使其面积是一已知圆的面积.

(3) 立方倍积：求作一个立方体，使其体积是已知立方体体积的两倍.

解决这三个问题的条件是，只许使用没有刻度的直尺和圆规，并在有限次内完成.

2 000 多年来，几十代数学家绞尽脑汁，耗尽精力，但都没有解决三大几何作图问题. 直到 1837 年，法国数学家万泽尔(P. LWantzel，1814—1848)在笛卡儿建立解析几何后，把几何作图问题转化为代数问题，才证明了尺规作图不能作出三等分任意角和立方倍积两个问题. 又过了 45 年，即 1882 年德国数学家林德曼(F. Von Lindemann，1852—1939)证明了圆周率 π 的超越性，同时证明了尺规不能作出化圆为方的问题.

1895 年，克莱因(C. F. Klein，1849—1925)出版了《几何三大问题》一书，系统整理了前人的研究成果，给出了三大问题不可能用尺规作图的简单证明，最后彻底地解决了三大作图问题.

证明三大问题不可解的工具本质上是代数而不是几何. 可以证明，所有可作图的数都是代数数，它应是以有理数为系数的方程的根(图 30-1)，否则就不可作.

倍立方体 设给定立方体是单位立方体，它的边长是单位长度 1. 若体积是它两倍的立方体边长为 x，则

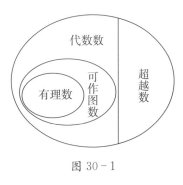

图 30-1

$$x^3 = 2.$$

解得 $x = \sqrt[3]{2}$. 如果问题可解，那么需用直尺和圆规构造出长度为 $\sqrt[3]{2}$ 的线段. 但 $\sqrt[3]{2}$ 是一个不可作图数，故倍立方体不可解.

---

① 原称"诡辩学派"，也有译为"哲人学派""智人学派".

三等分任意角 如图 30-2,OE、OF 是 $\angle AOB$ 的三等分线. 以 O 为圆心,单位长为半径画弧,交 OE 于点 C. 过点 C 作 $CD \perp OA$,垂足为 D. 这样,OE 能否作出,等价于点 D 能否用尺规作出.

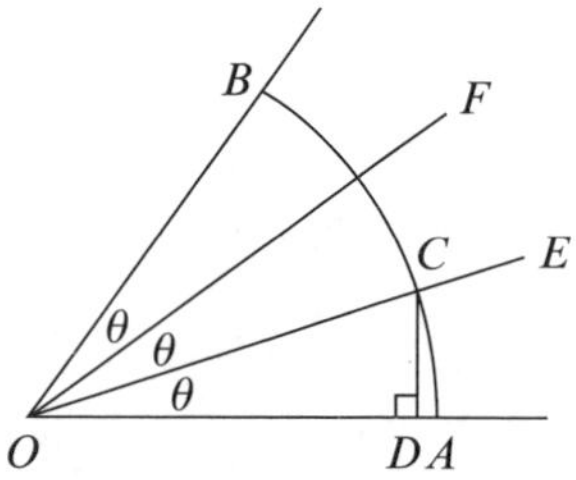

令 $OD = x$,则有 $x = \cos\theta$. 根据三角恒等式 $\cos 3\theta = 4\cos^3\theta - 3\cos\theta$,可得

$$4x^3 - 3x - \cos 3\theta = 0.$$

取一特殊值 $\theta = 20°$ 代入,得

$$8x^3 - 6x - 1 = 0.$$

这个方程没有有理根,也没有可作图的根. 特殊情形不可以,一般情形也不可以. 这就表明,用尺规作图,三等分任意角不可能.

需要指明的是,这个结论是对一般情形而言的. 若 θ 等于某些特殊值,如 $\theta = 30°$,这时上述方程变为

$$8x^3 - 6x = 0$$

它的解为 $x = 0$,$x = \pm\dfrac{\sqrt{3}}{2}$,其中 $x = \dfrac{\sqrt{3}}{2}$ 是我们欲求的解,而它是可作图的.

化圆为方 设圆的半径为 1,它的面积为 π,求作的正方形边长为 x,则有

$$x^2 = \pi.$$

解得 $x = \sqrt{\pi}$. 由于 $\sqrt{\pi}$ 是超越数,不是可作图的数,故"化圆为方"不可解.

需要特别指出的是,"不可解"不是"未解决". 前面已经指出,三大问题已在 19 世纪 90 年代彻底解决,即在规定的条件下,三大问题都是不可能解决的,这是通过严格的科学论证得出的结论."不可能"不等于"未解决". 时至今日,仍有人想"一鸣惊人",获得"攻破世界难题"的桂冠,以致虚掷可贵年华. 据 1936 年 8 月 18 日《北平晨报》登载,郑州铁路站汪联松站长耗去 14 年精力,终于"解决"三等分角问题. 继而还有成都吴佑之(1946 年 12 月四川省立科学院之《科学月刊》第四期)、上海杨嘉如(1948 年 1 月 4 日上海《大陆报》)等人作过类似工作. 1966 年以前,中国科学院数学研究所每年都收到不少三等分角解题来稿,以致在《数学通报》多次刊登启事,向读者说明问题实质. 但在 10 多年前,还有人写"试解几何难题三等分角"的论文. 1995 年 11 月,《数学通报》再次发表专文剖析(王富泉文),编者按语说:"我们经常收到(此类)文章,请……数学爱好者不要再研究此问题,更不要把此类文章寄给我们."

三大几何作图难题难就难在限制用直尺和圆规,如果解除这一限制,问题很容易解决. 如三等分任意角问题有帕普斯方法、阿基米德方法;化圆为方有达·芬奇方法;等等.

图 30-2

§ 30.2 哥尼斯堡七桥问题

哥尼斯堡位于普雷格尔河畔,二次大战后更名为加里宁格勒,在俄罗斯境内.这里曾是苏联最大的海军基地.二次大战时,法军就是从这里入侵波兰,后来苏军也从此地打进德国.所以哥尼斯堡是一座历史名城.同时在这里也诞生和养育过许多伟大人物.其中最有名的如 18 世纪著名哲学家康德、19 世纪大数学家希尔伯特.

但是,给这座城市带来更大声誉的是普雷格尔河上,把哥尼斯堡连成一体的七座桥梁.如图 30-3,普雷格尔河横贯城中,在这个繁华的商业中心,有两条支流,在两条支流汇合的地方,有一个河心岛,这七座桥将 4 块分开的土地(河心岛、北岸、南岸、东岸)连成一体.这一别致的桥群,引发人们提出一个有趣的问题:能否在一次散步中每座桥只走一次,最后回到出发点? 问题看起来不难,谁都想试一试,但谁也没有成功.

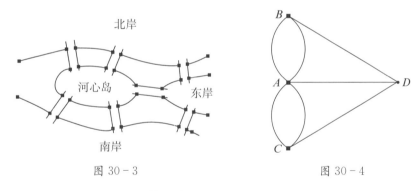

图 30-3   图 30-4

1735 年,有几名大学生写信给当时正在俄国彼得斯堡科学院任职的天才数学家欧拉,请他帮忙解决.一年后,29 岁的欧拉在彼得斯堡科学院作了一场题为《哥尼斯堡七座桥》的报告,圆满地解决了这个问题.欧拉的结论是:不管要求不要求回到起点,不重复地一次走遍七座桥不可能!

欧拉是怎样解决这个问题的呢? 显然这是一个几何问题.但这种几何问题却是欧几里得几何所没有研究过的.因为欧氏几何研究的图形都是由直线和圆组成,讨论的是长度、角度或位置等关系和性质.在七桥问题中,桥的准确位置和长度是无关紧要的,要紧的是每两块陆地间有几座桥.他用四个点表示四块陆地,如图 30-4,点 A 表示岛,点 B 表示北岸,点 C 表示南岸,点 D 表示东岸,用两点间的连线表示连接两块陆地的桥,这样得到图 30-4.七桥问题就转化为:能不能一笔画出这张图,并且最后返回起点?即"一笔画"问题. 如果可以画出来,那么图形中必有一个起点和一个终点,如果这两点不重合,那么与起点或终点相连的线段的条数必是奇数条(称此点为"奇点");如果起点和终点重合,那么连接该点的线段的条数必为偶数条(称此点为"偶点"). 而除了起点和终点外的其他点也必须是"偶点". 由以上分析可知,如果一个图形可以一笔画出来,那么必须满足如下两个条件:1. 图形必须是联通的;2. 图形中的"奇点"数只能是 0 或 2. 由于图 30 - 4 中的四个点都是奇点,可知该图不可能"一笔画出".

七桥问题解决后,人们曾仿编了一个"十五桥问题",如图 30 - 5(a),画成图 30 - 5(b)后我们发现,除点 A、D 为奇点外,其余各点均为偶点,即从 $A(D)$ 出发不重复走完 15 座桥到点 $D(A)$ 结束是可能的.

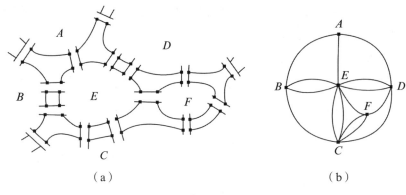

（a）　　　　　　　　（b）

图 30 - 5

哥尼斯堡七桥问题之所以著名,不仅仅因为欧拉的方法巧妙,更重要的是这个问题的解决开创了一个新的数学分支——图论. 它超出了传统几何学,奠定了网络流理论的基础,有效地应用于线性规划、动态规划等实际问题,特别是它与通信工程结合可推动跨地界、跨国界、跨洲际的网络建设事业.

§ 30.3　完美正方形

一个正方形若能分成有限个大小不相同的正方形,则该正方形称为完美正方形.

如图 30 - 6,就是一个完美正方形. 这个正方形的边长为 112,它能分成 21 个边长不等的小正方形(图中的数字表示小正方形的边长),通常将它表示为 $S_{21}(112)$. 其中 21 为所分小正方形的个数,称为阶;112 为大正方形的边长. 数学家已证明完美正方形的阶数不能小于 21. 即图 30-6 是完美正方形的最优解. 这是荷兰数学家杜依维斯廷(A. J. W. Duijvestiju)于 1978 年借助于大型计算机解决的.

将完美正方形问题转化为代数问题,可设正方形的边长为 s,各个小正方形的边长分别为 $s_1, s_2, \cdots, s_r$,当正方形为完美正方形时,有

$$s_1^2 + s_2^2 + \cdots + s_r^2 = s^2.$$

这仅是必要条件. 根据前面的讨论,其中 r 为阶,$r \geqslant 21$.

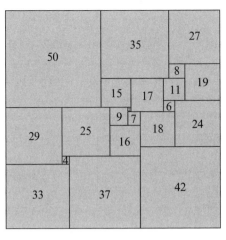

图 30-6

追问这个问题的历史,应有六百多年了. 据载英国诗人乔叟(G. Chaucer, 1340? —1400)在他的世界名著《坎特伯雷故事集》中,讲了这样一个故事:伊丽莎白(Elisabeth)小姐有一个宝盒. 她的珠宝放在一个方盒内. 盒盖为正方形,用珍贵木条与一条 10 英寸长、$\frac{1}{4}$ 英寸宽的黄金条镶嵌而成. 每一个向伊丽莎白(Elisabeth)小姐求婚者都被要求做到:除了那条黄金外,其余部分要分解为一个个尺寸不同的正方形木块. 它们连同金条在一起,镶嵌成正方形宝盒盖. 许许多多年轻人都遭受挫折. 最后有一位成功解决,使有情人终成眷属.

(a)

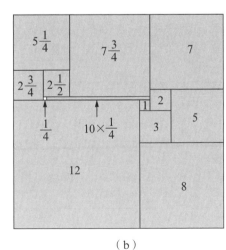

(b)

图 30-7

此题答案如图 30-7(b). 这当然不是完美正方形,但却是完美正方形问题的一个起点. 此后的几百年间,完美正方形问题一直受到数学家的关注.

数学家对完美正方形的探究经历了一个不够完美到完美的过程!

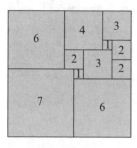

图 30-8

如三次方程求根公式发明人之一、意大利自学成才的数学家塔尔塔利亚(N. Tartaglia,1499? —1557)曾将 13×13 的正方形分割成 11 个正方形(图 30-8),含有六种规格. 虽不够完美(有边长相同的),但为问题的解决迈出了第一步.

苏联数学家鲁金(Н. Н. Луэин,1883—1950)将塔尔塔利亚研究的正方形作了另一种解释,他根据 $5^2+12^2=13^2$,把边长为 13 的正方形分割成 15 块,得到如图 30-9 的关系.

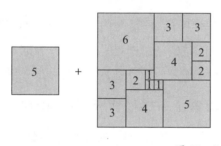

图 30-9

1923 年,波兰利沃夫大学的罗基维茨(S. Ruziewicz)提出:一个矩形能否被分割成一些大小不等的正方形? 当时是作为第 59 个问题出现在《苏格兰问题集》上.

1925 年,波兰数学家莫伦(Z. Moron)给出了 9 阶(即分割为 9 个不同的正方形)、10 阶的完美矩形两例(图 30-10),回答了罗基维茨提出的问题.

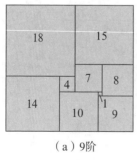

（a）9阶

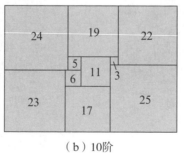

（b）10阶

图 30-10

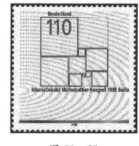

图 30-11

1998 年第 23 届国际数学家大会在德国柏林召开,德国发行了一枚纪念邮票(图 30-11). 图案就是"矩形求方"的一种解法.

1938 年,剑桥大学三一学院四位学生布鲁克斯(R. L. Brooks)、史密斯(C. A. B. Smith)、斯通(A. H. Stone)、塔特(W. T. Tutte)(被称为"剑桥四杰",后都成为蜚声数坛的组合数学专家和图论专家,其中塔特 1980 年曾被邀来我国讲学)也开始研究此问题. 他们提出的构造完美矩形的方法,奠定了研究这个问题的理论基础.

1940 年,H. Reichardt 和 H. Toepkenz 证明完美长方形不低于 9 阶. 后来有人指出 9 阶完美长方形只有 2 个.

1960 年,荷兰数学家 J. Bouwkamp 用电子计算机找出 9~18 阶的所有完美长方形,其结果如表 30 - 1:

表 30 - 1　9 - 18 阶完美长方形

阶	个数	阶	个数
9	2	14	244
10	6	15	2 609
11	22	16	9 016
12	67	17	31 427
13	213	18	110 384

由于完美矩形的存在,激发人们去寻找完美正方形.

1939 年,德国数学家斯普拉格(R. Spraque)终于找到了第一个 55 阶,边长为 4205 的完美正方形 $S_{55}(4205)$.

几个月后,阶数更小(28 阶)、边长更短(1015)的完美正方形 $S_{28}(1015)$ 由前面提到的"剑桥四杰"构造出来.

1948 年,英国银行职员 T. H. Willcock 发现 24 阶完美正方形 $S_{24}(175)$.

1967 年,塔特的学生威尔逊(J. C. Wilson,加拿大)在其长达 152 页的博士论文中,构造出 25 阶完美正方形 5 例,26 阶正方形 24 例.

1973 年,荷兰数学家杜依维斯廷(Duijvestijn)证明完美正方形阶数不能小于 21.

1978 年,最低阶完美正方形终于由杜依维斯廷找到(图 30 - 6). 这个 21 阶完美正方形只有一个,其边长为 112. 同时他也证明了:低于 21 阶的完美正方形不存在.

完美正方形元素中没有一组能构成长方形,则称为简单完美形;其元素能构成一个或两个长方形的分别称为复一完美形或复二完美形. 显然简单完美形条件最强.

关于完美正方形的研究, 对于 31 阶以下的完美正方形已有如下结论:

表 30 - 2　　已发现的 31 阶以下完美正方形

阶	简单	复一	复二
21	1		
22	8		
23	12		
24	30	1	
25	172	2	
26	541	10	1
27	1 372	19	
28		33	4
29		49	1
30		19	14
31	4	36	1

还有一个更难的问题: 如果每个整数尺寸(边长为 1, 2, 3, 4, …)正方形瓷砖恰好使用一次, 能否不留空隙地铺满无穷大平面? 这个问题一直没能解决, 直到 2008 年, 弗雷德里克·亨利和詹姆斯·亨利父子解决了这个问题, 答案是肯定的.

由于完美正方形的存在, 自然提出三维的完美立方体是否存在? 即对于一个长方体箱子, 能否用有限个体积两两不等的立方块装满此箱子?

答案是否定的.

由完美正方形还想到对正方形进行直角三角形分割和锐角三角形分割.

将一个正方形分割成若干边长不等的直角三角形, 使正方形边长尽可能小, 分割成的直角三角形个数尽可能少. 这是由日本的铃木昭雄提出的.

1966 年, 一个边长为 397 870 的大正方形的直角三角形分割第一次找到. 在以后的 15 年内, 边长在 1 000 以下, 分割成 10 以内的正方形分割共找到 20 种. 图 30 - 12 是在 1968 年找到的边长为 1 248 的正方形, 由 5 个直角三角形组成. 图 30 - 13 是 1976 年发现的边长为 48 的正方形, 它可分割为 7 个直角三角形. 这是迄今为止分割的直角三角形个数最少、边长最小的最好纪录, 是否是最终纪录, 还不得而知.

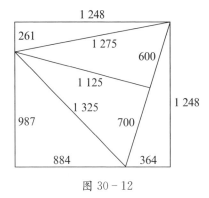

图 30 - 12

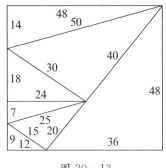

图 30 - 13

图 30 - 14(a)(b)(c)(d)分别给出将正方形分割为锐角三角形的情形,分别被分割为 11 个、10 个、9 个、8 个三角形. 有研究表明,想再减少是不可能的.

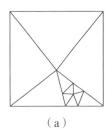
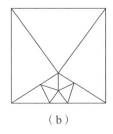
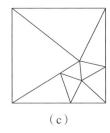
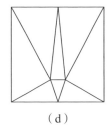

（a） （b） （c） （d）

图 30 - 14

由完美矩形、完美正方形,人们还想到其他完美形(这里的"完美"之意是指将图形分割为规格不一的自相似图形或指定的规则图形),比如完美正三角形、完美平行四边形等等. 但人们经过努力发现,这类完美图形均不存在. 至今只找到一个"完美"等腰直角三角形(图 30 - 15). 需满足条件:$x : y = 3 : 4$,泰勒(R. J. Taylor)曾给出另一种意义上的完美剖分,即仅要求图形形状,不要求边长为整数(因等腰直角三角形存在无理边).

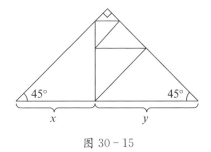

图 30 - 15

图 30 - 16 是将一个平行四边形分割成 13 个小正三角形（据称这是最小阶的分割）. 图 30 - 17 是将一个正三角形分割成 15 个小正三角形，目前为止，人们还只找到这一例. 美国滑铁卢大学塔特（W. T. Tutte）（"剑桥四杰"之一）教授在其著作《三维铺砌》中说，如果把正放的三角形"△"和倒放的三角形"▽"视为不同的三角形的话，图 30 - 17 便是一个完美正三角形.

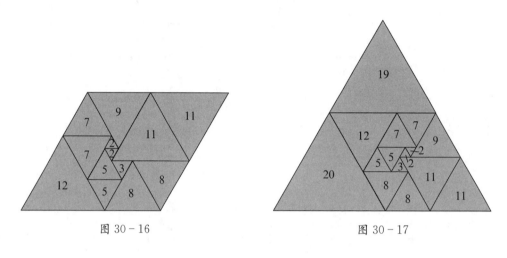

图 30 - 16　　　　　　　　　　　　　　图 30 - 17

§30.4 "五点圆"——密克尔圆

江泽民主席在 1998 年接见我国国际数学奥林匹克竞赛金牌获得者以及在 2000 年澳门回归祖国一周年庆典到濠江中学参观、接见老师时，都一再兴致勃勃地给同学们和老师们给出这样一道几何题：

如图 30 - 18，五边形 $ABCDE$ 五边延长形成△ABG、△BCH、△CDK、△DEL、△EAF，它们的外接圆两两相交. 求证：异于顶点的五个交点 P、Q、R、S、T 共圆.

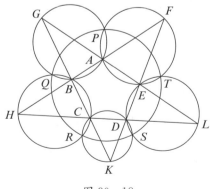

图 30 - 18

上述五点所在的圆被称为密克尔（Miquel）圆.

在解决这个问题之前，我们先介绍完全四边形的有关概念及相关结论.

完全四边形　两两相交又没有三线共点的四条直线及它们的六个交点所构成的图形，叫作完全四边形.

如图 30-19，直线 ABC、直线 BDE、直线 CDF、直线 AFE 两两相交于 A、B、C、D、E、F 六点，可得完全四边形 $ABCDEF$. 线段 AD、线段 BF、线段 CE 为其三条对角线.

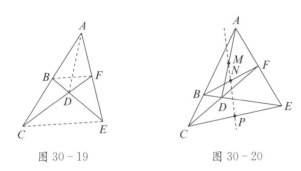

图 30-19　　　　图 30-20

完全四边形有如下性质：

性质 1　完全四边形的三条对角线的中点共线，此线称为牛顿线（图 30-20）.

此结论是牛顿于 1685 年发现的，1810 年，高斯也独立发现并证明了这一结论.

性质 2　如图 30-21，完全四边形 $ABCDEF$ 的对角线 AD 所在直线与对角线 BF 和 CE 所在直线交于点 M、N，则 $\dfrac{AM}{AN} = \dfrac{DM}{DN}$.

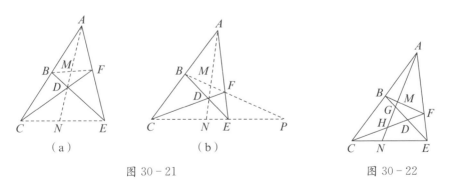

（a）　　　　（b）

图 30-21　　　　　　图 30-22

性质 3　如图 30-22，在完全四边形 $ABCDEF$ 中，过顶点 A 的直线交 BF 于点 M，交 CE 于点 N，交 BD 于点 G，交 CD 于点 H，则 $\dfrac{1}{AM} + \dfrac{1}{AN} = \dfrac{1}{AG} + \dfrac{1}{AH}$.

性质 4 图 30 - 23,完全四边形 $ABCDEF$ 中 $\triangle ACF$、$\triangle BCD$、$\triangle DEF$、$\triangle ABE$ 的外接圆共点 M,点 M 称为它的密克尔点.

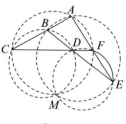

图 30 - 23

上述性质的证明留给读者.下面证明密克尔圆定理.

证明 如图 30 - 24,在完全四边形 $LAGBHC$ 中,$\triangle ABG$、$\triangle BCH$、$\triangle AHL$ 的三个外接圆共点于 Q,也就是说 H、Q、A、L 四点共圆.

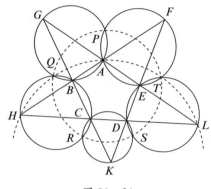

图 30 - 24

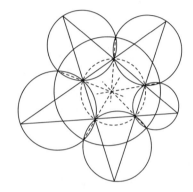

图 30 - 25

在完全四边形 $HAFELD$ 中,$\triangle AHL$、$\triangle DEL$、$\triangle AEF$ 的三个外接圆共点于 T,则有 A、H、L、T 四点共圆.

所以有 H、Q、A、T、L 共圆.

所以 $\angle QHC + \angle QTL = \angle QHC + \angle QTS + \angle STL = 180°$.

其中 $\angle QHC = \angle QRC$,$\angle STL = \angle SDL = \angle SRC$,于是

$$\angle QRC + \angle SRC + \angle QTS = 180°.$$

这说明 Q、R、S、T 共圆. 同理,P、Q、R、S 共圆. 两圆中有三点相同,所以是同一个圆. 故 P、Q、R、S、T 五点共圆.

由此可得:

密克尔圆定理 五边形五条边延长,两两相交形成五个三角形. 它们的外接圆两两相交. 除了顶点以外有五个交点,此五个交点共圆(密克尔圆).

密克尔圆定理还有如下推论:

推论 1 将内接于圆的五边形五条边延长,两两相交成五个三角形,它们的外接圆两两相交,相邻两圆交点连线,五线共点(图 30 - 25).

推论2 如图 30 - 26,有不同的两组三线共点,每组含五个共圆点,它们是 AP、HR、LS;BQ、KS、FT;CR、LT、GP;DS、FP、HQ;ET、GQ、KR,依次分别共点于 V、W、X、Y、Z[如图 30 - 26(a)],以及 PK、TD、QC;QL、PE、RD;RF、QA、SE;SG、RB、TA;TH、SC、PB,依次共点于 I、J、M、N、U[如图 30 - 26(b)].

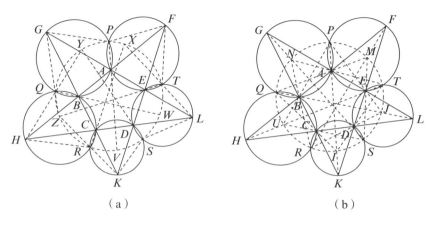

（a）　　　　　　　　　　（b）

图 30 - 26

推论3 在推论2的两组五个共圆点 V、W、X、Y、Z 和 I、J、M、N、U 都在密克尔圆上,连同 P、Q、R、S、T,15 点共圆.

推论4 在密克尔圆定理中,还有五组共圆点. 如图 30 - 27 中的点 H、Q、A、T、L;K、R、B、P、F;L、S、C、Q、G;F、T、D、R、H;G、P、E、S、K.

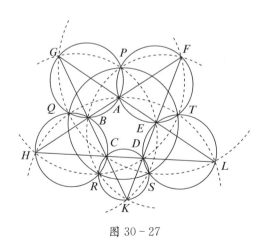

图 30 - 27

§30.5 布洛卡点与一道北大招生考题

2010 年 12 月 25 日北京大学进行了保送生考试,其中第 2 题如下:

如图 30-28,已知在 $\triangle ABC$ 中,O 是三角形内一点,满足:$\angle BAO = \angle CAO = \angle CBO = \angle ACO$,求证:$\triangle ABC$ 三边成等比数列.

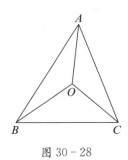

图 30-28

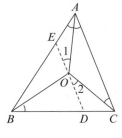

图 30-29

此题有多种解法,如果将结论改为"求证:$\triangle ABC$ 一边是另外两边的比例中项",那么成为一道初中生能解决的问题.

解:过点 O 作 $DE /\!/ AC$ 交 BC 于点 D,交 BA 于点 E,则 $\angle 1 = \angle OAC$(图 30-29).

又 $\angle EAO = \angle OCA$,所以 $\triangle AEO \backsim \triangle AOC$.

所以 $\dfrac{AC}{AO} = \dfrac{OC}{EO}$. ①

又 $DE /\!/ AC$,所以 $\dfrac{AB}{CB} = \dfrac{AE}{CD}$. ②

又 $\angle 2 = \angle OBC$,所以 $\triangle OCD \backsim \triangle BCO$.

所以 $\dfrac{OC}{BC} = \dfrac{CD}{CO}$. ③

①×②×③,得

$$\frac{AC}{AO} \cdot \frac{AB}{BC} \cdot \frac{OC}{BC} = \frac{OC}{OE} \cdot \frac{AE}{CD} \cdot \frac{CD}{OC}.$$

因为 $AO = OC$,$AE = OE$,

所以 $\dfrac{AC \cdot AB}{BC^2} = 1$,

即 $BC^2 = AC \cdot AB$.

所以 $\triangle ABC$ 三边成等比数列.

此题源于一个著名的几何问题,图形中的点 O 称为三角形的布洛卡点. 布洛卡(Brocard,1845—1922)是一位法国军官,数学爱好者,1875 年他发现了三角形的这个特殊点. 由于引起莱莫恩(Lemoine,1840—1912)、塔克(Tucker,1832—1905)等一大批数学家的兴趣,一时形成研究热潮. 有人统计,在 1875—1895 这 20 年间,有关研究著述达 600 种之多,甚至有"布洛卡几何"一说的流传.

其实,布洛卡点早在 1816 年就已被数学家和数学教育家克雷尔(A. L. Crelle,1780—1855)发现. 克雷尔曾是德国柏林科学院院士和彼得堡科学院通讯院士,他对几何学有很高的造诣,发表了关于三角形的许多研究成果,其中包括"布洛卡点"的发现,只是当时没有引起人们的注意.

定理 在 $\triangle ABC$ 中,过点 A、B 且与 BC 相切的圆;过点 B、C 且与 CA 相切的圆;过点 C、A 且与 AB 相切的圆,这三圆共点 O. 类似地,过点 A、B 且与 AC 相切的圆;过点 B、C 且与 BA 相切的圆;过点 C、A 且与 CB 相切的圆,这三圆共点 O'. 点 O,O' 称为 $\triangle ABC$ 布洛卡点,也有学者把它们分别称为正布洛卡点和负布洛卡点(图 30－30).

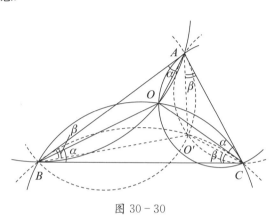

图 30－30

证明 先证明正布洛卡点,过点 A、B 和过点 B、C 的两圆除有交点 B 外,还有交点 O. 则 $\angle AOB = \pi - \angle ABC$(弦切角等于弦所对的圆周角). 同理 $\angle BOC = \pi - \angle ACB$,所以有

$$\angle AOC = 2\pi - (\pi - \angle ABC) - (\pi - \angle ACB) = \pi - \angle BAC.$$

即点 O 在过 A、C 的圆上. 类似地,可证另三个圆交于点 O'.

关于布洛卡点,有许多有趣性质. 我国学者梁绍鸿、谢培珍、沈建平、樊秀珍、李有毅、胡明生、胡炳生、黄书绅、苗大文、杜明成、赵权等对布洛卡点问题有深入研究. 下面列举部分.

性质 1 若 $\triangle ABC$ 的布洛卡角为 α,则

(1) $\dfrac{1}{\sin^2 \alpha} = \dfrac{1}{\sin^2 A} + \dfrac{1}{\sin^2 B} + \dfrac{1}{\sin^2 C}$;

(2) $\cot \alpha = \cot A + \cot B + \cot C$.

性质 2 设 P、Q 为 $\triangle ABC$ 的布洛卡点,则

$$\angle PAB = \angle PBC = \angle PCA = \angle QAC = \angle QBA = \angle QCB,$$

即图 30－30 中的 $\alpha = \beta$. 此角称为布洛卡角.

性质 3 若 $\triangle ABC$ 的布洛卡角为 α,面积为 S,三边分别为 a、b、c,则

$$\cot \alpha = \frac{a^2 + b^2 + c^2}{4S};$$

$$\sin \alpha = \frac{2S}{\sqrt{a^2 b^2 + b^2 c^2 + c^2 a^2}};$$

$$\cos \alpha = \frac{a^2 + b^2 + c^2}{2\sqrt{a^2 b^2 + b^2 c^2 + c^2 a^2}}.$$

性质 4 若 $\triangle ABC$ 的布洛卡角为 α,则 $\alpha \leqslant 30°$,且仅当三角形为正三角形时 $\alpha = 30°$.

性质 5 设 P 为 $\triangle ABC$ 的正布洛卡点,点 P 到 AB、BC、CA 的距离分别为 d_{AB}、d_{BC}、d_{CA},则

(1) $PC = \dfrac{a^2 b}{\sqrt{a^2 b^2 + b^2 c^2 + c^2 a^2}}$;

(2) $PB = \dfrac{c^2 a}{\sqrt{a^2 b^2 + b^2 c^2 + c^2 a^2}}$;

(3) $PA = \dfrac{b^2 c}{\sqrt{a^2 b^2 + b^2 c^2 + c^2 a^2}}$;

(4) $PA : PB : PC = b^2 c : c^2 a : a^2 b$;

(5) $d_{AB} : d_{BC} : d_{CA} = b^2 c : c^2 a : a^2 b$;

(6) $S_{\triangle PAB} : S_{\triangle PBC} : S_{\triangle PCA} = b^2 c^2 : c^2 a^2 : a^2 b^2$.

性质 6 若 $\triangle ABC$ 的三边分别为 a、b、c,P 为 $\triangle ABC$ 的正布洛卡点,延长 AP、BP、CP 分别与三边相交于点 D、E、F,则

$$\frac{AF}{FB} = \frac{b^2}{c^2}, \frac{BD}{DC} = \frac{c^2}{a^2}, \frac{CE}{EA} = \frac{a^2}{b^2}.$$

性质 7 设 P 为 $\triangle ABC$ 的正布洛卡点,记 $\triangle PBC$、$\triangle PCA$、$\triangle PAB$、$\triangle ABC$ 的外接圆半径分别为 r_1、r_2、r_3、R,则

$$R^3 = r_1 \cdot r_2 \cdot r_3.$$

性质 8 设 P 是 $\triangle ABC$ 的布洛卡点,则

(1) $\dfrac{PA}{\sin \alpha} = \dfrac{PC}{\sin (A - \alpha)} = \dfrac{b}{\sin A}$,$\dfrac{PB}{\sin \alpha} = \dfrac{PA}{\sin (B - \alpha)} = \dfrac{c}{\sin B}$,

$\dfrac{PC}{\sin \alpha} = \dfrac{PB}{\sin (C - \alpha)} = \dfrac{a}{\sin C}$;

(2) $\dfrac{PA}{\frac{b}{a}} = \dfrac{PB}{\frac{c}{b}} = \dfrac{PC}{\frac{a}{c}} = 2R\sin \alpha.$

性质 9 设 P 是 $\triangle ABC$ 的布洛卡点,则

(1) $bPA \cdot PB + cPB \cdot PC + aPC \cdot PA = abc$;

(2) $cPA + aPB + bPC = \sqrt{a^2b^2 + b^2c^2 + c^2a^2}$.

性质 10 设 P 是 $\triangle ABC$ 的(正)布洛卡点,α 为布洛卡角,三个三角形 $\triangle PAB$、$\triangle PBC$、$\triangle PCA$ 的外接圆半径分别是 R_1、R_2、R_3,$\triangle ABC$ 的外接圆半径为 R,内切圆半径为 r,则

(1) $PA \cdot PB \cdot PC = 8R^3 \sin^3 \alpha$;

(2) $PA \cdot PB \cdot PC \leqslant R^3$;

(3) $\dfrac{R_1 + R_2 + R_3}{3} \geqslant R \geqslant 2r$.

性质 11 设点 P 为 $\triangle ABC$ 的正布洛卡点,点 P 到 AB、BC、CA 的距离分别是 d_1、d_2、d_3,则

$$\frac{d_1^2}{b^2} + \frac{d_2^2}{c^2} + \frac{d_3^2}{a^2} \leqslant \frac{1}{4}.$$

性质 12 设点 P 为 $\triangle ABC$ 的正布洛卡点,a、b、c 为 $\triangle ABC$ 的三边,则

(1) $PA + PB + PC \leqslant \sqrt{a^2 + b^2 + c^2}$;

(2) $\dfrac{1}{PA} + \dfrac{1}{PB} + \dfrac{1}{PC} \geqslant \dfrac{9}{\sqrt{a^2 + b^2 + c^2}}$.

证明留给读者.

练习与思考

1. 若干年后,哥尼斯堡普雷格尔河下游的北岸和东岸之间架起第 8 座桥,这 8 座桥能形成一笔画吗? 又过若干年,在东岸和南岸之间建起第 9 座桥,这 9 座桥能形成一笔画吗?

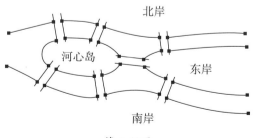

第 1 题图

2. 如图，D、E 分别为 AB、AC 上的点，BE、CD 交于点 F，M、N、P 分别为 AF、DE、BC 的中点，求证：M、N、P 三点共线（牛顿线）.

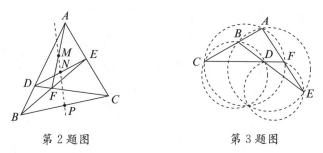

第 2 题图　　　　　　　　第 3 题图

3. 如图，求证：在完全四边形 $ABCDEF$ 中，$\triangle ACF$、$\triangle BCD$、$\triangle DEF$、$\triangle ABE$ 的四个外接圆共点（密克尔点）.

4. 设 O 为 $\triangle ABC$ 的正布洛卡点，记 $\triangle OBC$、$\triangle OCA$、$\triangle OAB$、$\triangle ABC$ 的外接圆半径分别为 r_1、r_2、r_3、R，则

$$R^3 = r_1 \cdot r_2 \cdot r_3.$$

参考文献

［1］克莱因.古今数学思想［M］.上海：上海科学技术出版社,1979－1982.

［2］张顺燕.数学的源与流［M］.北京：高等教育出版社,2006.

［3］梁绍鸿.初等数学复习及研究（平面几何）［M］.北京：人民教育出版社,1978.

［4］考克瑟特,格雷策.几何学的新探索［M］.北京：北京大学出版社,1986.

［5］矢野健太郎.几何的有名定理［M］.上海：上海科学技术出版社,1986.

［6］吴文俊,吕学礼.分角线相等的三角形［M］.北京：人民教育出版社,1985.

［7］沈文选,杨清桃.几何瑰宝［M］.哈尔滨：哈尔滨工业大学出版社,2010.

［8］黄家礼.初中数学教学的探索与实践［M］.香港：香港文汇出版社,2009.

［9］李文林.数学史教程［M］.北京：高等教育出版社,施普林格出版社,2000.

［10］解延年,尹斌庸.数学家传［M］.长沙：湖南教育出版社,1987.

［11］黄家礼.梅涅劳斯定理的推广和应用［J］.中学数学（武汉）,1984,7.

［12］黄家礼.三角形角平分线定理的一个推广［J］.中学数学报,1983,10.

［13］易南轩,王芝平.多元视角下的数学文化［M］.北京：科学出版社,2007.

［14］张顺燕.数学的思想、方法和应用［M］.北京：北京大学出版社,2003.

［15］黄家礼.中位线定理及其推广［J］.中学数学（武汉）,1986,6.

［16］沈康身.历史数学名题赏析［M］.上海：上海教育出版社,2002.

［17］黄家礼.托勒密定理［J］.数学教师,1988,4.

［18］沈康身.数学魅力［M］.上海：上海辞书出版社,2006.

［19］黄家礼.阿波罗尼斯定理及其推广和应用［J］.数学教师,1997,6.

［20］张景中.数学杂谈［M］.北京：中国少年儿童出版社,2005.

［21］戴维·威尔斯.奇妙而有趣的几何［M］.余应龙,译.上海：上海教育出版社,2006.